Piazza Spinelli

Übungsraum für die Stadt

Sally Below
Christopher
Dell
(Hg.)

jovis

Piazza
Spinelli

Inhaltsverzeichnis

Einführung

Sally Below und Christopher Dell

Sally Below ist Urbanistin, Kuratorin und Beraterin von Ministerien, Kommunen und Institutionen. Sie ist Inhaberin des Büros sbca und Initiatorin zahlreicher Stadtentwicklungsprojekte. Schwerpunkte ihrer Arbeit sind die Gestaltung von nachhaltigen urbanen Transformationsprozessen, Forschungen zu Stadt und Gesellschaft, Interventionen im öffentlichen Raum, Ausstellungen und vielfältige Diskursformate. Sally Below hat mit Jens Weisener von der Stadt Mannheim das Spinelli FreiRaumLab initiiert.

Christopher Dell ist Städtebau- und Architekturtheoretiker und Komponist. Er war Professor für Städtebautheorie an der HafenCity Universität Hamburg, der TU München und der Universität der Künste, Berlin, und ist Leiter des ifit, Institut für Improvisationstechnologie, Berlin. Von 2022 bis 2023 war er Stipendiat am Bundesatelier für Architektur an der Cité Internationale, Paris. Christopher Dell entwickelte mit Sally Below die Piazza Spinelli und das Programm des Symposiums.

Wie kann Stadtplanung im Sinne der Bauwende das Bestehende weiterdenken, statt fortwährend nach Neuem zu fragen? Die Agenda lautet (oder sollte zumindest lauten): umnutzen statt abreißen. Dies gilt für Gebäude und öffentliche Räume gleichermaßen. Wie lässt sich aus der Substanz das Maximale machen? Wie müssen wir zukünftig anders investieren und anders organisieren – es besser, gemeinschaftlicher und auch gerechter machen?

Um diese Fragen zu beantworten, heißt es, mit bestehenden räumlichen Situationen umgehen zu lernen und sie in ihren Aufgaben und Programmen zu erweitern, zu verändern, neu zu programmieren. Mit dem Um- und Weiternutzen des Bestands ist nicht nur das Erforschen von Raum und damit auch das Gewinnen von Erkenntnissen verbunden. Hier steht auch die gewohnte Arbeitsweise der planenden Disziplinen mit ihrer linearen Abfolge von Verfahrensschritten zur Disposition. Als zu starr und formal geschlossen erweisen sich die bisherigen Herangehensweisen in Verwaltung und Planung. Zu wenig noch werden dabei Nutzungen, Interessen und Lebensformen der beteiligten Akteur:innen vor Ort aufgegriffen – die wir als Teil des Bestehenden verstehen. Hier kommt die vielbesprochene „Leistungsphase Null" ins Spiel: die Analyse eines Ortes vor der eigentlichen Veränderung oder Planungsaufgabe. Doch hierfür fehlen entweder die planerischen Instrumente, oder sie sind noch zu wenig geübt worden. Die Bauwende braucht auch eine Wende im Lesen des städtischen Raums.

In diesem Sinne dokumentieren wir in diesem Buch die Arbeit des Spinelli FreiRaumLabs in Mannheim, wo wir genau dieser disziplinären Lücke nachgehen. Wir reflektieren diese Fragestellung mit Positionen vieler Akteur:innen und Expert:innen, die daran mitwirken oder als Gäste mit ihrem Wissen und ihren Erfahrungen zur Entwicklung dieses neuen Ortes für die Mannheimer Stadtgesellschaft beitragen.

Wie lassen sich komplexe städtische Situationen lokal verankert weiterdenken und -entwickeln? Brauchen wir eine neue Planungskultur? Wie kann man dafür neue Schnittstellen zwischen der Verwaltung und den Handelnden vor Ort herstellen?

Diese Fragen bilden den konzeptionellen Hintergrund für dieses Buch. Der räumliche Ausgangspunkt ist Mannheim-Käfertal, ein Stadtteil, der aufgrund der Konversion ehemaliger Militärflächen gegenwärtig einer außergewöhnlichen dynamischen Transformation unterliegt. In Käfertal-Süd entstanden in den letzten

Jahren auf den ehemaligen Spinelli Barracks ein neues Quartier und die Bundesgartenschau 2023, deren Gelände nun ein öffentlicher Park geworden ist.

Diese Entwicklung war Auslöser für das Spinelli FreiRaumLab. Das Netzwerk aus ansässigen Akteur:innen wie einer evangelischen und einer katholischen Gemeinde, einem Sportverein und Nachbarschaftsgruppen entwickelt derzeit gemeinsam mit der Stadtverwaltung in einem experimentellen Prozess an der Schnittstelle zwischen Alt und Neu ein neues soziales und grünes Zentrum. Die Rahmenbedingungen sind herausfordernd, wenn etwa die beiden hierfür zentralen Kirchen möglicherweise aufgegeben werden, wenn Nutzungskonflikte auf den Grünflächen und institutionelle Barrieren bestehen und wenn gleichzeitig nicht nur Sportverein und Nachbarschaft flexibel nutzbare Räume brauchen. Das Netzwerk will durch das Teilen von Räumen, Wissen und Ressourcen Hürden überwinden und konstruktiv zeigen, dass diese städtische Situation eine Zukunft hat, die in der Kooperation liegt.

Zwischen institutionsübergreifenden Verhandlungen, Quartiersentwicklung, dem Herstellen von Öffentlichkeit und Interventionen im Maßstab 1:1 entstehen hier sowohl ein Konzept für die Weiterentwicklung der vorhandenen Räume drinnen und draußen unter Einbeziehung von neuen sozialen Einrichtungen und Protagonist:innen als auch eine neue kooperative Methodik zum Umgang mit städtischen Situationen.

Konversion wird dabei nicht nur architektonisch und städtebaulich in ganz unterschiedlichen Maßstäben gedacht – von den ehemaligen Militärliegenschaften über einen Grünzug, der Stadträume verbindet, bis hin zu einem Kirchenumgang –, sondern auch gesellschaftlich. Es geht um die Lebendigkeit und Aufenthaltsqualität von Orten sowie die Wertschätzung dessen, was wir in der Stadt vorfinden.

Der Titel *Piazza Spinelli* verweist auf den Schauplatz in Käfertal, also auf das Areal zwischen den zwei Kirchen, der Bezirkssportanlage, den Vereinssportflächen, dem neuen Quartier und dem Grünzug. Zugleich steht er für eine Interventionspraxis, die dort entwickelt wurde, sowie übergreifend für die Frage, wie man Räume der Stadt nutzt, teilt, zugänglich macht, aktiviert und sieht. Der Untertitel *Übungsraum für die Stadt* verweist auf die Frage des Wissens, das im Tun selbst liegt. Wir sehen Übungsräume als Räume, die man mit anderen Menschen teilt, um beim Tun zu lernen. Zusammen üben heißt, etwas gemeinsam zu tun

11

Sally Below und Christopher Dell

und dabei auch zu lernen, es besser oder vielleicht auch anders zu tun. Im kollektiven Tun – ob es das Entwickeln von Konzepten ist, das Bauen, das Sprechen, das Sitzen, das Essen, das Turnen, das Zuhören, das Ausstellen oder das Spazierengehen – üben die Übenden also immer beides: das Verhältnis zu sich selbst und zu anderen. Die alltäglichen Aktivitäten der Raumnutzer:innen enthalten ein Wissen, das für eine zukünftige Planungskultur unerlässlich ist. Dabei ist festzustellen, dass die Art und Weise, wie dieses Wissen erscheint, immer an eine Verräumlichung gebunden ist.

In diesem Sinne hat der Übungsraum des Spinelli FreiRaumLabs die Aufgabe, zu nachhaltigen Nutzungskonzepten zu gelangen, die bei den gegenwärtigen Nutzer:innen eine hohe Akzeptanz erreichen und die Räume für zukünftige Nutzer:innen öffnen. Die formelle Vorgehensweise an einem solchen Ort wäre ein Wettbewerb zur Organisation der Flächen. Doch hier können offene, situationsspezifische Herangehensweisen an den Ort erprobt werden. Sie lassen sich im Anschluss als Vorstufe für eine gezielte weitere Planung verwenden.

Dass ein solcher Prozess vielfältige Materialien erzeugt, zeigen wir im letzten Abschnitt des Buchs. Sie verdeutlichen die unterschiedlichen Methoden und Perspektiven, die bei der Entwicklung angewandt und eingebracht wurden und werden – der Prozess ist ja noch lange nicht zu Ende. Die Materialien sind, wie die Arbeit selbst, extrem heterogen: Rahmenplan, Pläne, Handzeichnungen, Logbuch, Postkarten, Programme, Ausstellungsplakate und Projektdokumentationen. Die Vielfalt der Beiträge und Dokumente bildet einen Spiegel der Reichhaltigkeit der Ereignisse, die sich seit 2017 auf und um Spinelli abspielten und abspielen. Angesichts der Fülle und Beschaffenheit des Materials kann es hier nicht die eine Erzählung geben.

Gleichzeitig möchten wir auch das Darstellen und Zeigen selbst zum Thema zu machen, denn dieses wird jenseits von Planzeichnungen für den Umgang mit dem Bestand immer wichtiger.

Wir hoffen, mit diesem Buch fruchtbare Einblicke in die Arbeit des Spinelli FreiRaumLabs zu geben, einen konstruktiven Beitrag zum aktuellen Diskurs in der Stadt- und Quartiersentwicklung zu machen und die Ansätze für andere Orte übertragbar und fruchtbar werden zu lassen. In diesem Sinne laden wir auch alle Leser:innen auf die Piazza Spinelli nach Mannheim-Käfertal ein!

12

Übungsraum 1:
Der Bestand

Die nachfolgende Fotostrecke zeigt den baulichen Bestand und die Freiflächen des Spinelli FreiRaumLabs im gewachsenen Stadtteil Käfertal. Hier liegen in dichter Nachbarschaft beieinander: die katholische Kirchengemeinde Maria Magdalena mit der Kirche und dem Gemeindezentrum St. Hildegard, die evangelische Gemeinde Käfertal und im Rott mit der Philippuskirche, der TV 1880 Käfertal e. V. mit seinen Sportanlagen und dem Vereinsheim, die städtische Bezirkssportanlage und der Caritasverband Mannheim mit dem Joseph-Bauer-Haus und dem Franz-Völker-Haus. Direkt an die Flächen des TV 1880 Käfertal schließen sich das neue Quartier und der neue Park an, der im Jahr 2023 Teil der Bundesgartenschau war.

Das Spinelli FreiRaumLab – Teilen von Raum, Ressourcen und Wissen

Sally Below

Gemeinsam mit mit Jens Weisener von der Projektgruppe Konversion und wichtigen Akteur:innen im alten und neuen Stadtteil initiierte Sally Below das Spinelli FreiRaumLab. Welche Relevanz hat die intensive Auseinandersetzung mit einem Ort im Kontext der heutigen Stadtentwicklung? Welche Rolle spielen darin Netzwerke? Und was kann eine solche Arbeit für die Zukunft der Stadtplanung aufzeigen? In ihrem Text stellt Sally Below dar, in welcher Weise das Spinelli FreiRaumLab auf die Entwicklung des neuen Quartiers Spinelli einwirkt und wie es den alten mit dem neuen Stadtteil verbindet.

Im Jahr 2015 kam ich zum ersten Mal nach Mannheim und habe mich gleich wohlgefühlt. Die Stadt ist urban, lebendig und vielfältig. Und ich konnte dort bei der Wiedererweckung der faszinierenden Multihalle von Frei Otto im Herzogenriedpark, die anlässlich der Bundesgartenschau (BUGA) 1975 gebaut wurde, mitwirken – eine schöne Aufgabe. Ein Jahr später startete eine weitere beratende, konzeptionelle und kuratierende Aufgabe vor Ort, mit der ich bis heute beschäftigt bin und die Thema dieses Buches ist: die Entwicklung auf und an den ehemaligen Spinelli Barracks, eines von mehreren großen Konversions- arealen in Mannheim, und in Zusammenhang damit das Spinelli FreiRaumLab. Das FreiRaumLab arbeitet heute an der Schnitt- stelle zwischen dem alteingesessenen Stadtteil Käfertal und dem neuen Quartier Spinelli an einer Kooperation, deren Ziel es ist, Räume, Ressourcen und Wissen zu teilen.

Zur Vorgeschichte: Im Jahr 2010 schloss das US-amerikanische Militär einen Großteil seiner Einrichtungen in Mannheim, und ein neues Kapitel öffnete sich für die Stadt. Die Herausforderung bestand darin, rund 510 Hektar Fläche sinnvoll neu zu nutzen und zu gestalten. Die Stadt erwarb einen Teil der Areale vom Bund, um neuen Raum für Grünflächen, Wohnen, Arbeiten und Freizeit zu schaffen. Für die Aufgabe, die Flächen städtebaulich zu entwickeln, richtete die Stadtverwaltung eine Art Taskforce ein: die Projektgruppe Konversion. Parallel belebte man die Mann- heimer Entwicklungsgesellschaft wieder, die die Planungen umsetzen sollte. Ein Weißbuchprozess, der zahlreiche Veranstal- tungen mit Bürger:innen umfasste, sollte dazu beitragen, die Interessen der Stadtgesellschaft programmatisch zu fixieren.

Mehr als die Hälfte der Areale waren anteilig für eine grüne Entwicklung vorgesehen. Somit konnte der notwendige klima- ökologische Stadtumbau Mannheims vorangetrieben werden. Ein wichtiger Teil der Planung konzentrierte sich auf den Grün- zug Nordost, der als Frisch- und Kaltluftkorridor dient und die Lebensqualität in der Stadt erhöhen soll. Im Zusammenhang damit bewarb sich Mannheim erneut für eine BUGA, die im Jahr 2023 auf dem Gelände Spinelli zu einem wichtigen Motor für die Entwicklung des Grünzugs wurde. Die rund 80 Hektar große ehemalige BUGA ist heute ein öffentlicher Park. Ein Radschnell- weg verbindet ihn mit der Innenstadt.

Zwei Flächen bildeten den Kern der städtebaulichen Konversion: Spinelli und das ehemalige Franklin Village. Durch ihre Entwick- lung wurde der im Norden Mannheims gelegene Stadtbezirk Käfertal der am stärksten wachsende Stadtteil Deutschlands.

2020 hatte er knapp 27.000 Einwohner:innen. Rund 15.000 neue Bewohner:innen kamen und kommen in den nächsten Jahren hinzu.

Der Rahmenplan für Spinelli – Entwicklung des neuen Quartiers

Auf der Basis eines städtebaulichen Entwurfs wurde ein Städtebaulicher Rahmenplan für das Quartier Spinelli erarbeitet. Gemeinsam mit Jens Weisener von der Projektgruppe Konversion entwickelte ich eine Reihe von Werkstatt-Veranstaltungen zu verschiedenen Themen wie Soziales, Biodiversität, Holzbau und Städtebau, deren Ergebnisse in den Rahmenplan einflossen. Vertreter:innen der entsprechenden Verwaltungsressorts, Expert:innen von Universitäten oder Initiativen und lokale Akteur:innen waren gleichermaßen beteiligt. Parallel arbeiteten Vertreter:innen des Karlsruher Instituts für Technologie (KIT) und der Hochschule für Technik Stuttgart (HFT Stuttgart) an einer Klimaoptimierung und neuen Nachhaltigkeitsansätzen für den Wettbewerbssieger im Städtebau.

Darüber hinaus luden wir zu Veranstaltungen für die Mannheimer Stadtgesellschaft und die Nachbar:innen in die U-Halle ein und öffneten die Tore des vorher nicht zugänglichen Geländes für viele, die sich informieren, Anregungen oder Kritik loswerden oder ihr Interesse an einer Wohnung bekunden wollten.

Die Idee, eine BUGA auf dem Gelände auszurichten, wurde nicht von allen begrüßt. Ein Bürgerentscheid im Jahr 2013 ergab nur eine knappe Mehrheit für das Vorhaben, und einige Bürger:innen wollten das Ergebnis nicht akzeptieren. Und natürlich gab es, wie überall, Ängste vor Veränderungen oder Befürchtungen, beispielsweise dass der Bau des neuen Quartiers ein erhöhtes Verkehrsaufkommen und Parkplatzkonkurrenzen mit sich bringen würde. Vor diesem Hintergrund waren die Veranstaltungen, die in den Jahren 2017 und 2018 auf Spinelli stattfanden, sehr wichtig. Sie sollten informieren, Teilhabe sicherstellen und zugleich den Aufbruch feiern. So luden wir die Wissenschaftler:innen von KIT und HFT ein, ihre Mitarbeit an den Entwicklungen vorzustellen, der Allgemeine Deutsche Fahrrad-Club (ADFC) informierte über den Radschnellweg, und das für den Städtebau verantwortliche

Büro sowie BUGA-Vertreter:innen stellten die Planungen vor. Auch eine Werkstatt mit Jugendlichen sammelte Wünsche und Wissen ein.

Ein entscheidender Beitrag war die aktive Teilnahme der Institutionen und Vereine aus Käfertal-Süd, die sich auf die neuen Nachbar:innen freuten. Vertreter:innen der Kirchengemeinden und des TV 1880 Käfertal – die heutige Kerngruppe des Spinelli FreiRaumLabs – etablierten früh eine gemeinsame Willkommenskultur. Zur steigenden Akzeptanz und einer positiven Grundstimmung trug nicht zuletzt die Projektgruppe Konversion bei, die sich intensiv und sehr transparent mit allen Anregungen, Einwänden und Ideen der Bürger:innen auseinandersetzte.

Alle Ergebnisse wurden gesichert und mithilfe des Städtebaulichen Rahmenplans, der vom Gemeinderat der Stadt Mannheim beschlossen wurde, in eine Art Programm transformiert. Der Rahmenplan war mit seinen Leitbildern „Quartier statt Siedlung" und „Stadt weiterbauen" die Grundlage für die weitere Entwicklung des Modellquartiers für über 4000 Bewohner:innen. Auch ein Zwölf-Punkte-Programm zur Wohnungspolitik wurde in diesem Kontext entwickelt, um eine durchmischte Bewohnerschaft und anteilig kostengünstigen Wohnungsbau zu generieren.

Die Schnittstelle zwischen Alt und Neu

An der Ausarbeitung des Rahmenplans waren die unterschiedlichsten Gruppierungen beteiligt: eine fachübergreifende Kooperation mit Ressorts wie Sport, Jugend und Bildung, externen Fachleuten, Vertreter:innen der Gemeinden sowie lokalen Einrichtungen. Ein Resultat der engen Zusammenarbeit war die Erkenntnis, dass die Schnittstelle zwischen Käfertal-Süd und Spinelli der Ort ist, an dem ein neues soziales und grünes Zentrum die Nachbarschaften zusammenbringen soll. Hier treffen die katholische Kirchengemeinde Maria Magdalena mit der St.-Hildegard-Kirche, die evangelische Gemeinde Käfertal und im Rott mit der Philippuskirche, der TV 1880 Käfertal mit seinen Sportanlagen und dem Vereinsheim, die Bezirkssportanlage und der Caritasverband Mannheim mit dem Joseph-Bauer-Haus und dem Franz-Völker-Haus sowie eine Grünanlage

28

aufeinander. Gleich nebenan sind eine neue Grundschule und eine Kita im Bau. Sie wurden, städtebaulich ergänzend, zur Stärkung des bereits vorhandenen sozialen Clusters in unmittelbarer Nähe zum neuen Quartiersplatz für Käfertal-Süd und Spinelli verortet.

Die genannten Kirchengebäude standen zu der Zeit schon auf der Liste der Liegenschaften, die die jeweilige Landeskirche möglicherweise aufgeben würde. Gleichzeitig braucht nicht nur der Sportverein mehr Platz für seine Aktivitäten, auch in der Nachbarschaft besteht ein hoher Bedarf an flexibel nutzbaren Räumen. Und die Bezirkssportanlage wird von Vereinen genutzt, ist aber die meiste Zeit nicht in Betrieb. Eine einfache Öffnung ist aber aus verwaltungsrechtlichen Gründen vorerst nicht möglich, hier spielen auch Sicherheits- und Betreuungsfragen eine Rolle. Parallel erschweren Nutzungskonflikte auf den Grünflächen sowie institutionelle Barrieren erst einmal neue Wege.

Diese Situation war Auslöser für die Überlegung, den Wandlungsprozess an der Schnittstelle zwischen Alt und Neu intensiver zu begleiten. So begannen Jens Weisener und ich, den Austausch aus den Werkstatt-Veranstaltungen fortzuführen. Daran nahmen unter anderem die Vertreter:innen der Gemeinden und des TV 1880 Käfertal sowie die Vorstandsvorsitzende des Caritasverbands Mannheim teil. Im Rahmen intensiver Gesprächsrunden überlegten wir gemeinsam, wie man mit den Unsicherheiten und Unvorhersehbarkeiten an verschiedenen Stellen umgehen könnte, während gleichzeitig wachsende Raumbedarfe vorhanden waren und vor Ort bereits viele Aktivitäten, davon auch einige gemeinschaftliche, stattfanden.

Das Netzwerk – Neucodierung von (Stadt-) Räumen

Um hier gute Lösungen zu finden, mussten wir neuen Wege eröffnen. So gingen wir in eine konstruktive Zusammenarbeit über, um mit dem Netzwerk Spinelli FreiRaumLab ein Modellprojekt zu entwickeln. Seine Grundidee ist das Teilen von Räumen, Ressourcen und Wissen. Neben der katholischen und der evangelischen Gemeinde, dem Sportverein und dem Caritasverband Mannheim sprachen wir früh die Wohngruppen

NeighborWood, Oikos und WohnWerk sowie den Projektentwickler Anundo an, die auf Spinelli gebaut haben. Sie alle verfügen über Räume für Gemeinschaftsaktivitäten und schlossen sich der Idee an.

Das Spinelli FreiRaumLab will institutionelle Hürden überwinden und konstruktiv zeigen, dass diese städtische Situation eine Zukunft hat, die in der Kooperation liegt. Es verfolgt den Ansatz, die vorhandenen und neu entstehenden Räume zu öffnen, um sie intensiver und gemeinschaftlich zu nutzen. Im Zentrum der gemeinsamen Arbeit stehen die Fragen: Welche Flächen gibt es vor Ort? Wie werden sie bisher genutzt? Und auf welche Weise kann ihre Nutzung durch neue Verbindungen von Akteur:innen und Handlungen erweitert werden? Ein zentrales Leitbild ist die von Dr. Karl-Heinz Imhäuser – Vorstand der Montag Stiftung Denkwerkstatt und Mitglied des Kuratoriums Internationale Bauausstellung (IBA) Heidelberg 2022 – entwickelte These der „Kommunalen Wissens-Schaffens-Zentren". Er schreibt dazu: „Bestehende und neue Orte zum Vorhalten, Schaffen und Vermitteln von Wissen sind in einer offenen Gesellschaft sowohl Orte der Bildung als auch der Begegnung und des Miteinanders. Aufgabe wird sein, diese Infrastrukturen für die Zukunft zu qualifizieren und für die Nachbarschaft zu öffnen. Im Mittelpunkt stehen Konzepte, welche die Vielfalt im Quartier durch ihre Multifunktionalität fördern und deren attraktive städtebauliche Gestaltung."

Die um eine grüne Mitte gruppierten alten und neuen Einrichtungen bilden ein Cluster, das zukünftig miteinander vernetzt werden soll, um allen Nutzer:innen möglichst kurze Wege anzubieten. Mit einer Neuordnung des Areals entsteht das neue soziale Zentrum, das nur einen Block entfernt vom neuen Quartiersplatz mit ÖPNV-Haltepunkt und Läden liegt. Eine früh entworfene landschaftsarchitektonische Studie für die Durchwegung des Areals mit seinen zahlreichen Zäunen und Barrieren wurde zugunsten des offenen Prozesses zurückgestellt, wird aber sicher wieder relevant sein, wenn die Strukturen sich noch weiter entwickelt haben.

Als FreiRaum im Sinne des Netzwerks gelten Grün- und Erholungsflächen, Kirchen- und Gemeinderäume, Sportflächen und Umkleiden, der Speisesaal im Pflegeheim oder die Gemeinschaftsräume der Wohngruppen. Viele von ihnen sind vielfältig nutzbare sogenannte weiße Räume, die, multicodiert und unspezifisch, für die Nutzung und Aneignung aller Altersgruppen und ihrer Bedürfnisse geeignet sind.

In der institutionsübergreifenden und flexiblen Nutzung solcher Räume liegt großes Potenzial. Das bezieht sich auf die Förderung der Gemeinschaft ebenso wie auf finanzielle Aspekte und solche der Nachhaltigkeit: Der Bestand wird intensiver genutzt, Kosten werden reduziert, Neubau ist nicht erforderlich. Wir verbinden mit der effizienteren und institutionell übergreifenden Nutzung bereits bestehender Einrichtungen, Flächen und Freiräumen die Chance, dass sich Menschen diese offenen Raumpotenziale aneignen können, ohne dass die Nutzung bereits komplett vorgegeben ist. Weil die Flächenkonkurrenz in der Stadt so massiv ist, muss es künftig möglich werden, mehrere Nutzungen miteinander zu kombinieren und dadurch auch kostengünstige Mehrangebote für viele zu schaffen. Umnutzung ist ein Schlüsselwort für die Stadtentwicklung. Aus diesem Grund haben wir auch mit Stefan Rettich zusammengearbeitet, der eine Studie zu sogenannten obsoleten Orten in Mannheim erstellt hat.

Dieses Vorgehen soll flächenschonend sein und zudem Kosten für weitere, auch personelle Ressourcen reduzieren. Angesichts des knappen Budgets von Kommunen lässt sich auch in Bezug auf die Gestaltung öffentlich nutzbarer Räume Geld sparen. Mancherorts kann ein solch vorausschauendes Handeln auch verhindern, dass später die Einrichtung eines Quartiersmanagements nötig wird. Nicht zuletzt trägt die Bereitstellung von Raum für Wissenstransfer und Austausch auch zur Förderung demokratischer Prozesse bei, die stets erprobt werden müssen.

Auch weil eine solche Vorgehensweise Institutionsleiter:innen, Kämmer:innen, Planer:innen, Nutzer:innen und Versicherungen aktuell noch vor große Herausforderungen stellt, üben wir diese Praxis mit dem Spinelli FreiRaumLab. Für uns ist der Übungsraum der Ort, an dem wir gemeinsam an zukunftsorientierten Kooperationsformen arbeiten.

Die größte Herausforderung ist in unserem Fall die Begleitung der beiden Kirchen in die Zukunft – und das unter Zeitdruck. Denn ohne deren Gebäudeensembles fehlt ein wichtiger Baustein für das neue Zentrum. Die aktive (Um-)Nutzung dieser Gebäude und das Aufzeigen von Alternativen kann die Verantwortlichen für die vorhandenen Raumqualitäten und Nutzungsmöglichkeiten sensibilisieren, die Identifikation mit den Bauwerken als Teil der Stadtteil-DNA fördern und somit deren Abriss verhindern.

31

Sally Below

Kontextualisierung und Förderung – Unterstützung des Prozesses

Dass dieser Ansatz für die Stadtentwicklung auch über Mannheim hinaus Relevanz hat, belegt unter anderem die Nominierung des Spinelli FreiRaumLab als Mannheimer Gastprojekt bei der Internationalen Bauausstellung Heidelberg (IBA) 2022. Diese institutionelle Verankerung verlieh dem Spinelli FreiRaumLab genau die Rückendeckung, die es brauchte, um den experimentellen Charakter des Vorhabens ausleben zu können. Konkret ging es darum, eine performative Installation zu schaffen, die das Spinelli FreiRaumLab stützen kann und ihm dazu verhilft, das Teilen zu erproben. So haben wir im Sommer 2022, im Rahmen des Präsentationsjahres der IBA Heidelberg, die Piazza Spinelli mit zahlreichen Interventionen und Veranstaltungen ins Leben gerufen. Hier kam Christopher Dell als kuratorischer Partner mit ins Spiel.

Im BUGA-Sommer 2023 ging es weiter. Schon früh wurde der Platz von den Netzwerkpartner:innen und der Nachbarschaft entdeckt und genutzt; inzwischen wird kein kuratiertes Programm mehr benötigt. Die Piazza Spinelli ist etabliert, und es ist ganz selbstverständlich, dass auf Einladungen zu Nachbarschaftsveranstaltungen steht: „Wir treffen uns auf der Piazza Spinelli." Ein wichtiger Faktor für die Netzwerkarbeit ist also, dass man nicht nur im kleinen Kreis in herkömmlichen Gesprächsrunden zusammensitzt. Wenn es darum geht, ein neues soziales Zentrum entstehen zu lassen, muss dies bereits im Entwicklungsprozess gelebt werden. Mehr dazu ist in unserem Text zur Piazza Spinelli in diesem Buch nachzulesen.

Mit dem Abschluss der IBA konnte das Vorhaben nicht weiter durch die Stadt Mannheim finanziert werden. Doch dann sprang glücklicherweise das Bundesministerium für Wohnen, Stadtentwicklung und Bauwesen ein; es fördert das Spinelli FreiRaumLab von Januar 2023 bis Juni 2024 im Rahmen der Nationalen Stadtentwicklungspolitik. Diese Unterstützung ermöglicht es, die erarbeiteten Methoden und Strukturen fortzuführen und weiterzuentwickeln. Damit soll der Prozess auch forschend begleitet und als Vorbild für andere Städte und Akteur:innen aufbereitet und nutzbar gemacht werden.

Um die lokalen Fragestellungen des Spinelli FreiRaumLabs mit einem internationalen städtebaulichen Diskurs zu verbinden und sie für eine breitere Fachöffentlichkeit zugänglich und diskutierbar zu machen, brachten wir im BUGA-Jahr 2023 mit dem Symposium „Übungsräume für die offene Gesellschaft – Perspektiven einer kooperativen Planungskultur" nationale und internationale Expert:innen zusammen. Als Ausgangspunkte für die Diskussion stellten wir folgende Fragen: Welche Instrumente hat die Planung, um angemessen auf die realen Entwicklungen der Stadt reagieren zu können? Wie kann sie urbaner Vielfalt flexibel gegenübertreten, diese verfügbar und erlebbar machen? Wie kann sie die Schätze der Stadt heben? Wie können neue gemeinschaftliche Verfahren entstehen, und welche Übungsräume brauchen wir dafür? Einige der Referent:innen des Symposiums haben auch einen Beitrag zu diesem Buch geleistet, sei es in Form eines Textes oder eines O-Tons in der Fotostrecke.

Die oben skizzierten, sehr unterschiedlichen Resonanzräume sind wichtig für den Prozess. Wir arbeiten intensiv und sehr kleinteilig vor Ort und betrachten und reflektieren gleichzeitig immer wieder das große Ganze auf der Metaebene.

Große und kleine Schritte in die Zukunft

Um institutionelle, nachbarschaftliche und organisatorische Grenzen zu überwinden, ist der Aufbau einer tragfähigen Struktur, die das Teilen der bestehenden Flächen und Räume praktisch ermöglicht, essenziell. Wie man sich vorstellen kann, ist es zum Beispiel im Falle der Kirchengebäude, die möglicherweise von den jeweiligen Landeskirchen aufgegeben werden, nicht möglich, auf kurzem Weg zu sagen: „Lasst uns nicht die Kirche schließen, sondern etwas Neues ausprobieren." Es war und ist ein langwieriger Prozess. In den letzten Jahren hat sich einiges entwickelt, und wir stehen jetzt, zum Zeitpunkt der Texterstellung im Februar 2024, an einem ganz entscheidenden Punkt: Der Caritasverband für die Erzdiözese Freiburg wird das Kirchengebäude von St. Hildegard kaufen und in eine Ausbildungsstätte für Erzieher:innen und Pflegekräfte umwandeln.

Diese Nutzung fügt sich gut in das grüne und soziale Zentrum ein – und der bevorstehende Umbau bringt Dynamik in den Gesamtprozess. Es geht nicht darum, St. Hildegard aufzulösen,

33

sondern die Kirche einer anderen Nutzung zuzuführen. Nun gilt es, die Caritas von der Idee des Netzwerks zu überzeugen, sodass vor allem die Räume im Erdgeschoss, etwa eine geplante Cafeteria, auch von Außenstehenden genutzt werden können. Es gab bereits positive Gespräche mit der Caritas und der Schulleitung, die beide Interesse und Offenheit für eine Kooperation bekundet haben.

Eine Bedingung für die Zustimmung des katholischen Pfarrgemeinderats war es, dass die Gemeinde einen neuen Gottesdienstort bekommt. Die evangelische Gemeinde öffnet hierfür die Philippuskirche, in der zukünftig beide Gemeinden Platz finden sollen. Eine Bedingung dafür war, dass die Kirche noch fünf Jahre für Gottesdienste nutzbar ist. Nach einer ersten Verlängerung der Frist zur Entwicklung des Konzepts für dieses Gebäude auf gemeinsamen Antrag des Netzwerks Spinelli FreiRaumLab wurde einer weiteren Verlängerung bis 2029 zugestimmt und so der Weg für die Weiterentwicklung geebnet. Nach dieser Frist wird die Landeskirche keine Mittel mehr für die Philippuskirche zur Verfügung stellen. Das heißt nicht, dass diese und andere betroffene Kirchen als Konsequenz abgerissen werden. Die Kirchen können als Standorte bestehen bleiben, wenn sie sich selbst finanzieren können beziehungsweise zukünftig mitfinanziert werden.

Da die aktuelle Planung eine weiterführende Schule im Quartier Spinelli vorsieht, ist es sehr wahrscheinlich, dass das Vereinsheim des TV Käfertal in den nächsten Jahren für die neue Trassenführung und die Haltestelle einer Straßenbahnlinie weichen muss. Für die Sportfelder gibt es bereits Ersatzflächen in direkter Nachbarschaft. Weiterhin gibt es Bemühungen seitens des Vereins, die Sporthalle der weiterführenden Schule mitnutzen zu können.

Die Spinelli-Grundschule geht im September 2024 in Betrieb, die neue Leiterin wird sich an der Netzwerkarbeit beteiligen. Es gibt bereits Gespräche zwischen ihr und dem Vorstand des TV 1880 Käfertal, um in einer Kooperation Räume für Sport und Freizeit besser zu nutzen. Grundsätzlich wird das Raumthema für Schulen in den nächsten Jahren immer wichtiger, denn ab dem Jahr 2026 wird die Ganztagsbetreuung zur Pflicht. Gleichzeitig werden Querschnittsangebote und die institutionell übergreifende Zusammenarbeit bei der Ganztagsbetreuung an Schulen aufgrund von Personalmangel und steigenden Kosten zu einer zentralen Zukunftsaufgabe.

34

Die Wohngruppen haben ihre Gemeinschaftsräume in Betrieb genommen. Eine von ihnen wird einen Kunst- und Kulturverein, der in das Quartier hineinwirken und die Nachbarschaft miteinander verbinden soll, gründen.

Seit Erstellung des Rahmenplans ist das Areal Spinelli für Angebote der Mannheimer Jugendarbeit und die Etablierung einer Jugendeinrichtung im Gespräch. Hierfür kommen neben der U-Halle auch Räume des Spinelli FreiRaumLabs infrage. Abstimmungen hierzu werden derzeit fortgesetzt.

Im Zuge dieser Entwicklung gewinnt die bereits 2022 von der Projektgruppe Konversion beauftragte landschaftsarchitektonische Planung für eine neue und direkte Durchwegung sowie die Nutzung der Bezirkssportanlage wieder an Bedeutung. Nun kann auch geprüft werden, wie sich die Wegeführung auf dem Areal durch die aktuell entwickelten Bedarfe und nun wandelnden Nutzungen ändern sollte.

Aufbau von Strukturen – das Konzept

Für die weitere Zusammenarbeit und die Etablierung einer langfristig eigenständig agierenden Netzwerkstruktur ist jetzt die verbindliche Erklärung aller Beteiligten wichtig. So wurde eine Kooperationsvereinbarung formuliert, die von den Netzwerkpartner:innen unterzeichnet werden soll.

Als methodische und darstellende Grundlage für das Teilen der Räume wurde ein Raumbuch angelegt. Dieser Katalog beinhaltet alle relevanten Informationen zu den Räumen, die am Netzwerk beteiligte Institutionen und Gruppen zur Verfügung stellen, dazu ihre spezifischen Qualitäten und Eignungen für zusätzliche Nutzungen. Die vorhandenen Raumtypologien sind ausgesprochen vielfältig, was ganz unterschiedliche Nutzungen zulässt. Die im Raumbuch aufbereiteten Informationen sollen im nächsten Schritt in ein Online-Sharing-Programm eingepflegt werden. Dadurch wird es unter anderem möglich, Räume zu reservieren und Einblicke in die Aktivitäten und Angebote der Netzwerkpartner:innen zu erhalten. Das Programm ist bei der evangelischen und katholischen Gemeinde bereits in Betrieb und wurde speziell für die Buchung von Gemeinderäumen entwickelt.

Sally Below

Der wichtigste Schritt in die Zukunft ist das gemeinsame Konzept mit Nutzungsstudien und -szenarien, das derzeit erarbeitet wird. Auch schwierige Organisationsfragen und Themen wie Schlüsselgewalt, Haftung und Finanzierung sind in diesem Kontext konstruktiv zu lösen. Das Konzept beinhaltet eine Darstellung der städtebaulichen Situation, Informationen über die Räume, Szenarien zum Tausch von Räumen und gemeinsamen Nutzungen, zu einer Koordinierungsstelle, zur wirtschaftlichen Machbarkeit und zu Betreibermodellen.

Ein zentrales Thema ist die zukünftige Koordinierung und Betreuung. Fast alle Netzwerkpartner:innen arbeiten ehrenamtlich, doch die Belastung ist groß und wird in den nächsten Jahren nicht weniger werden. Deshalb kommt der Finanzierung einer festen „Kümmerer-Stelle", der Organisationsform und der Trägerschaft eine große Bedeutung zu. Wir hoffen, mit dem erarbeiteten Konzept Mittel für eine solche Stelle aus der Struktur heraus oder im Rahmen von Förderungen zu erhalten.

Somit sind wir vor Ort auf einem guten Weg. Aber es geht uns um mehr: Wir wollen Gemeinschaft, Gestaltung, Problemlösung, Diskurs, Wissensproduktion und Forschung zusammenbringen. Der Ansatz basiert auf der gemeinwohlorientierten Erschließung von Raumpotenzialen und der Entwicklung nachhaltiger Nutzungsstrategien für die Stadtgesellschaft. Ein wichtiger Faktor ist die intensive Zusammenarbeit mit der Verwaltung, hier vertreten durch die Projektgruppe Konversion der Stadt Mannheim.

Wir nennen es das disziplin- und institutionsübergreifende Schaffen einer neuen kooperativen Methodik zum konstruktiven Umgang mit bestehenden städtischen Situationen. Der Fokus liegt darauf, zu fragen, was Anerkennung und Qualifizierung des Bestehenden heute heißen kann. Damit trägt das Spinelli FreiRaumLab auch zum allgemeinen Diskurs über den Umgang mit der gebauten Stadt bei.

2017–2020: Phase 0
Entwickeln

Entwicklung des Rahmen-
plans Spinelli mit folgenden
Prämissen:
- Stadt weiterbauen
- Quartier statt Siedlung
- sozial-integrative
  Voraussetzungen
  schaffen

2018: Beschluss Rahmenplan
durch Gemeinderat
Entwicklung von Zielen
für die weitere Zusammen-
arbeit

2021: Phase 1
Erfinden

erste Netzwerktreffen
Kick-off-Werkstatt
Aufbau gemeinsamer Arbeits-
strukturen
Erarbeitung eines Raumbuchs
mit allen verfügbaren Räumen
Gastprojekt der IBA Heidelberg

2022: Phase 2
Experimentieren

Verstetigung der Netzwerkstruktur
Erprobung unterschiedlicher
Raumnutzungen
fortlaufende Dokumentation
von Prozess und Erkenntnissen
kuratiertes Programm
auf der Piazza Spinelli
Programm für Abschlusspräsen-
sentation der IBA Heidelberg

2023: Phase 3
Ausbauen

Ausbau der Netzwerkstruktur
Konkretisierung des Konzepts
für das Teilen von Räumen und
die Netzwerkorganisation
BUGA und Einzug der Wohn-
gruppen auf Spinelli
kuratiertes Programm auf der
Piazza Spinelli
Symposium „Übungsräume
für die offene Gesellschaft –
Perspektiven einer kooperati-
ven Planungskultur"
Förderung des Programms
„Bewegung auf der Piazza
Spinelli!" durch die BASF
Projektförderung des Bundes-
ministeriums für Wohnen,
Stadtentwicklung und Bauwe-
sen im Rahmen der Nationalen
Stadtentwicklungspolitik

ab 2024: Phase 4
Transformieren

eigenständiges Agieren
des Netzwerks
Entwicklung und Etablierung
einer Organisationsplattform
für das Teilen von Räumen
Umbau der Kirche St. Hildegard
Umzug der katholischen
Gemeinde in die evangelische
Kirche
Durchführung erster stadträum-
licher Maßnahmen
Aufarbeitung der Forschungs-
ergebnisse
Veröffentlichung der Begleit-
publikation
bis Juni 2024: Projektförderung
des Bundesministeriums

Käfertal-Süd

Franz-Völker-Haus

Joseph-Bauer-Haus

St. Hildegard

Philippuskirche

neues Quartier Spinelli

OiKOs

Kita

Grundschule

Neighborwood

Jugendzentrum

Wohnwerk

Anundo

Bezirkssportanlage

TV 1880 Käfertal

BUGA 23
späterer Spinelli-Park

Das Spinelli FreiRaumLab: Aus dem Übungsraum ins ganze Land

Martin Ehret, Anne Keßler und Stephan Willinger

Anne Keßler und Martin Ehret sind im Referat Grundsatzangelegenheiten Stadtentwicklung, Baukultur, Forschung und Koordinierung im Bundesministerium für Wohnen, Stadtentwicklung und Bauwesen und Stephan Willinger ist im Referat Stadtentwicklung im Bundesinstitut für Bau-, Stadt- und Raumforschung (BBSR) für die Nationale Stadtentwicklungspolitik zuständig. Im Rahmen der Nationalen Stadtentwicklungspolitik erhielt das Spinelli FreiRaumLab 2023/24 eine Zuwendung für die Weiterentwicklung des Netzwerks und die kooperativen Formate der Stadtentwicklung. Ziel der Bundesförderung war es, vor Ort experimentelle Planungsmethoden zu erproben und neuartige Netzwerke zu bilden, die als Vorbild für andere Städte dienen können.

Städte sind keine statischen Gebilde, sie sind dynamisch und befinden sich stets im Wandel. Für den Wandel hin zu einer modernen und zukunftsfähigen Stadtentwicklung spielen neben übergeordneten kommunalen Rahmenplänen und Strategien zunehmend experimentelle Formate eine wichtige Rolle. Sie sind für die kommunale Praxis von großer Bedeutung, da sie Innovationen und neue Wege für den Umgang mit aktuellen Herausforderungen aufzeigen.

Das in Mannheim seit 2022 geförderte Projekt Spinelli FreiRaumLab spiegelt dies auf besondere Weise wider: In einem experimentellen Prozess arbeitet das Netzwerk Spinelli FreiRaumLab daran, schon bestehende und in den kommenden Jahren neu entstehende Räume und Grünflächen zwischen dem Stadtteil Käfertal und dem neuen Quartier Spinelli nachbarschaftlich und flexibel nutzbar zu machen und hierbei neue Wege der Kooperation zu gehen. Das Projekt geht vielschichtige Aufgaben an, etwa den Umgang mit dem Klimawandel, die Schaffung von Begegnungsorten sowie die Nutzung und Weiterentwicklung des Bestands bei gleichzeitiger Einbeziehung vieler Akteure aus dem Bereich der Stadtentwicklungspolitik.

Zur erfolgreichen Umsetzung solch experimenteller Formate braucht es gute Rahmenbedingungen. Mit der Nationalen Stadtentwicklungspolitik als Gemeinschaftsinitiative des Bundes, der Länder und der kommunalen Spitzenverbände werden Städte und Gemeinden in Deutschland bestmöglich unterstützt, Chancen für eine nachhaltige Entwicklung zu nutzen.

Um dies zu erreichen, umfasst die Gemeinschaftsinitiative verschiedene Bausteine: Im Rahmen der „Projektreihe für Stadt und Urbanität" werden innovative Verfahren der Stadtentwicklung in partnerschaftlich organisierten und innovativen, meist kleineren Projekten und Formaten erprobt. Seit 2007 unterstützt diese Reihe eine Vielzahl von Pilotprojekten dabei, kreative Ideen beispielhaft für die Umsetzung in der Praxis im Quartier, der Stadt oder der Region zu entwickeln und zu testen. Eines dieser Pilotprojekte innerhalb der Nationalen Stadtentwicklungspolitik ist das Mannheimer Spinelli FreiRaumLab.

Ziel des Bundes ist es, die gewonnenen Erkenntnisse aus den Pilotprojekten schnell in die „gute Praxis" zu integrieren und so die rechtlichen und Förderinstrumente laufend zu modernisieren. Die „gute Praxis" als weiterer Baustein der Initiative beinhaltet die bewährten Instrumente der Stadtentwicklung, vor allem die Städtebauförderung oder die Instrumente der Rechtsetzung wie das BauGB. Der dritte Baustein schließlich, die „Plattform", betreibt die schnelle Vermittlung dieses neu gewonnenen Wissens. Hier sind die Bundeskongresse der Nationalen Stadtentwicklungspolitik, die Hochschultage und Round Tables inzwischen feste Bestandteile der Stadtentwicklungspraxis in Deutschland – und darüber hinaus.

Mit den Bausteinen der Nationalen Stadtentwicklungspolitik sowie deren Mehrebenenansatz in Form der Zusammenarbeit der einzelnen staatlichen Ebenen werden die Ziele der Neuen Leipzig-Charta in Deutschland umgesetzt. Sie ist das Leitdokument für eine zeitgemäße Stadtpolitik in Europa. In einem zweijährigen intensiven Beteiligungsprozess auf nationaler und europäischer Ebene wurden die Ziele einer modernen Stadtpolitik akzentuiert und die „Neue Leipzig-Charta – Die transformative Kraft der Städte für das Gemeinwohl" beim informellen Ministertreffen am 30. November 2020 von allen EU-Mitgliedsstaaten verabschiedet. Der Erarbeitungsprozess war ein Kernvorhaben während der deutschen EU-Ratspräsidentschaft.

Die europäischen Stadtentwicklungsminister haben mit der Verabschiedung der Neuen Leipzig-Charta auch die Bedeutung der vielfältigen Akteure im Bereich der Stadtentwicklungspolitik unterstrichen. Sie beschreiben Partizipation und Koproduktion als einander ergänzende Prinzipien, entlang derer alle Planungsverfahren konzipiert und umgesetzt werden sollen.

Neben die umfangreiche Beteiligung der Bewohnerinnen und Bewohner an allen Verfahren der Stadt- und Quartiersentwicklung treten die selbstbewussten Aktivitäten von Vereinen und Initiativen. Das hat für begriffliche Klarheit gesorgt und die Stellung der Zivilgesellschaft enorm gestärkt, denn bei Koproduktion geht es eben nicht um die traditionelle, top-down organisierte Bürgerbeteiligung! Bei Koproduktion gibt es kein Oben und kein Unten mehr, nur noch gleichberechtigte Partner auf Augenhöhe.

Wenn nun also in Mannheim beim Zusammenwachsen eines neuen und eines alten Quartiers zivilgesellschaftliche Akteure vernetzt und als Träger von Projekten gestärkt werden, dann ist das aus unserer Sicht ein wunderbares Beispiel für dieses neue Verständnis von Stadtentwicklung, das hier exemplarisch umgesetzt wird. Von der Kirchengemeinde bis zum Turnverein, von der Kita bis zur neuen Wohngruppe können Bürgerinnen und Bürger mit ihrem Engagement und mit Kreativität wichtige Impulse für das Quartier geben.

Martin Ehret, Anne Keßler und Stephan Willinger

Die Zusammenarbeit mit diesen Stadtmachern ist für Stadtverwaltungen und die Kommunalpolitik allerdings immer noch Neuland. Doch die großen Herausforderungen von Quartiersentwicklung und Klimawandel, dem Strukturwandel der Innenstädte oder der Verkehrswende erzeugen auch Offenheit für neue Lösungen. In Experimenten werden ungewohnte Formen der Zusammenarbeit getestet, die alten Modelle von Top-down und Bottom-up geraten in Bewegung, die ressortbezogene Planung findet in neue Rollen als Ermöglicherin und Kuratorin, um auf aktuelle Herausforderungen reagieren zu können. Deshalb haben wir das Spinelli FreiRaumLab sehr gerne im Rahmen der Nationalen Stadtentwicklungspolitik unterstützt und begleitet: damit vor Ort etwas Neues erprobt werden kann, von dem dann viele auch an anderen Orten lernen können. Insofern ist die Piazza Spinelli nicht nur in Mannheim ein „Übungsraum für die Stadt", sondern für ganz Deutschland.

44

Konversion als Chance für kuratierte Stadtentwicklungsprozesse

Ein Gespräch mit Peter Kurz

Peter Kurz P K
Sally Below S B
Jens Weisener J W

Dr. Peter Kurz war von 2007 bis 2023 Oberbürgermeister der Stadt Mannheim, zuvor Kultur-, Bildungs- und Sportdezernent sowie Verwaltungsrichter. Er war zudem fünf Jahre Präsident des baden-württembergischen Städtetags und Vorsitzender des Global Parliament of Mayors. Besonders prägend für seine Amtszeit als Oberbürgermeister war die Konversion zahlreicher Flächen, vor allem ehemaliger Militärgelände der US Army.

Jens Weisener ist stellvertretender Leiter der Projektgruppe Konversion des Fachbereichs Stadtplanung der Stadt Mannheim.

Sally Below:

Herr Kurz, Sie haben die Mannheimer Konversionsprojekte verantwortet und über viele Jahre begleitet. Im letzten Unterausschuss Konversion haben Sie angemerkt, dass sich die Konversion nicht nur auf die Militärflächen bezieht, sondern auf die gesamte Stadt, und eigentlich immer weitergeht. Was ist aus Ihrer Sicht wichtig für solche Transformationsprozesse? Welche Räume sollten wir entwickeln? Und was sollten Prämissen und Handwerkszeug sein?

Peter Kurz:

Mit der Freigabe der vielen Militärflächen in Mannheim ergaben sich eine ungewöhnlich große Dimension und ebenso große Anforderungen an ein Projekt. Dabei hatten wir die außergewöhnliche Situation, dass die neuen Räume nicht bereits mit Interessen belegt, sondern per se offen waren. Das bot die Möglichkeit, zunächst sehr breit Ideen zu sammeln und zu fragen, was wir als Stadt brauchen und was wir uns als Gesellschaft wünschen.

Wir haben also einen großen Rahmen aufgespannt und alle eingeladen. Wir haben zudem deutlich formuliert, dass es keine Grenzen gibt, sondern alles gedacht werden darf. Diese Offenheit – die dann natürlich wieder eine Verdichtung braucht – hat den Ton gesetzt, der im gesamten Prozess weitgehend durchgehalten werden konnte. Wie bei einer Ziehharmonikabewegung: Gedankenräume aufmachen, dann verdichten, dann wieder auf Basis dieser Verdichtung öffnen, hinterfragen, dann weiter verdichten, wieder etwas öffnen und so weiter. Diese Anlage des Prozesses habe ich als sehr hilfreich erlebt. Ich glaube, dass man mit der Frage, was die Gelände bedeuten könnten – anstelle der Frage, wie man Gelände „gut" entwickelt und der darin liegenden Hinterfragung nicht nur des Bestands, sondern auch der klassischen ersten Ideen – in solchen Prozessen der Veränderung einen wichtigen Impuls setzt.

SB: Sie haben das ja nicht allein gemacht, sondern hatten Mitstreiter:innen, und Sie haben Strukturen entwickelt, um diese „Ziehharmonika" zu spielen. Wie wichtig ist das Zusammenspiel von Verwaltung, Politik und Akteur:innen?

PK: Ich habe damals den Begriff der Intendanz verwendet. Das bedeutet, dass wir nicht einfach alles offenlassen und dann mal schauen, was sich irgendwie entwickelt. Dies verlangt vielmehr eine agile, neugierige, aber doch auch kuratorische Haltung und eine Prozesssteuerung. Sie muss auch Ressourcen haben, um

Dinge nicht nur als Prozess, sondern auch als versuchsweise Bespielung konkret geschehen zu lassen. Dabei geht es um materielle Dinge: Kann ich zum Beispiel ein paar Stadtmöbel bauen lassen, kann ich eine Veranstaltung organisieren, kann ich Beispiele für Nutzungen zeigen? In der Konversion haben wir immer wieder gemerkt, dass die Öffentlichkeit sich mit einem Vertrauen in Dinge, die noch nicht existieren, sondern in der Zukunft liegen, schwertut.

Wenn man da Überzeugung bilden will, geht das eigentlich nur durch praktisches Erleben und Beispiele, um zu zeigen, um welche Atmosphären es geht und welche Veränderungen es geben kann. Ich meine also eine klare Leitung des Prozesses, die auch immer wieder hinterfragt und eigenständig Punkte setzen darf.

SB: Ein solcher Prozess hat also auch seine Grenzen?

PK: Eine völlige Offenheit ist nicht real, hat am Ende auch gar keine Legitimation und wäre auch nicht erfolgreich. Vielmehr geht es um die Entwicklung von sich zunehmend konkretisierenden Ideen und dem parallelen Gewinnen von Akteur:innen. Ohne diejenigen, die Ideen realistisch über Engagement oder Ressourcen tragen, geht es nicht. Für eine solche Dynamik braucht es auch etwas anderes als die klassische Verwaltungsorganisation. Es hat sich bewährt, dass wir eine eigene Organisation in Form einer GmbH als Projektentwicklungsgesellschaft gegründet haben. Möchte man den gleichen Prozess innerhalb einer Verwaltung erfolgreich gestalten, hat man deutlich größere Hürden zu überwinden.

Dabei geht es vor allem auch um Glaubwürdigkeit und Reaktionsfähigkeit. Auch wenn ich wohlmeinende und engagierte Mitarbeiter:innen habe – wenn diese dann im Zugriff auf Ressourcen nach Überzeugung anderer scheitern oder auch gebremst oder verlangsamt werden, erodiert bei den Beteiligten das Zutrauen in den Prozess und dessen Steuerungsfähigkeit. Dass diejenigen, die die Kompetenz haben, auch den Zugriff auf eine ausreichende Dimension von Ressourcen haben und über diese auch eigenverantwortlich verfügen können, wäre für mich die Voraussetzung dafür, dass solche Prozesse erfolgreich gestaltet werden können.

Jens Weisener:
Ich möchte noch ergänzen, dass die Entwicklungsgesellschaft ganz andere Formate dafür wählen konnte, wie informiert,

47

beteiligt und für Themen sensibilisiert wurde. Wir konnten das unorthodoxer angehen, kooperativer, beratender, beispielsweise in der Art, wie wir Gremien und Planungskommission zusammengestellt haben.

SB: Herr Kurz, Sie haben gesagt, dass die Menschen sich manchmal nicht vorstellen können, wie es denn in der Zukunft sein könnte. Glauben Sie, dass es auch ein Grund für die Krise der Demokratie ist, dass die Vorstellungskraft nicht da ist, sich etwas Positives vorzustellen, und dass auch positive Erfahrungen in politischen Prozessen fehlen?

PK: Mit der fehlenden Vorstellungskraft lässt sich die aktuelle Dynamik des Vertrauensverlustes nicht allein erklären. Die Vorstellungskraft hat sich ja in der Menschheitsgeschichte nicht geändert. Aber generell: Natürlich haben sich die Geschwindigkeit und die mediale Lage verändert und damit die Möglichkeiten der Intervention, auch durch Leute, die nicht unmittelbar beteiligt sind. Das ist ein Risiko in solchen Prozessen. Sie funktionieren dann, wenn es gelingt, eine kritische Masse an Engagierten und Interessierten zu bilden, die dann wiederum stabil ist gegen politische Interventionen.

Was in dieser Ausprägung ein neueres Phänomen ist, ist, dass es nicht nur aus der Bevölkerung, sondern auch aus der Politik heraus Akteur:innen gibt, die – aus unterschiedlichen Motiven heraus – in solchen Prozessen letztlich destruktiv intervenieren. Mit kritischer Masse meine ich, dass diese stabil und groß genug ist, um als „Bevölkerung" wahrgenommen zu werden. Ein positiv konnotierter Prozess stabilisiert sich selbst und wird damit widerstandsfähiger, auch gegen Angriffe von außen.

Im Format Konversion ist uns das überwiegend gelungen. Die Frage ist deshalb, wie ich es schaffe, Prozesse selbst zu stabilisieren. Denn grundsätzlich führen diese einen neuen Zustand herbei, verändern einen bestehenden und sind damit fast immer vulnerabel. Die Frage ist, ob ich diese Prozesse offen genug gestalten und damit auch Lösungen herbeiführen kann, die in klassischen Prozessen wahrscheinlich nicht entwickelt würden; und ob ich gleichzeitig dafür sorgen kann, dass ein solcher Prozess und seine Ergebnisse resilient und geschützt sind. Das hat etwas mit Atmosphäre und dem Gewinnen und Unterstützen von Engagierten zu tun. Und da würde ich Ihren Punkt aufgreifen, nämlich dass das über gemachte Erfahrungen funktioniert, nicht über Pläne.

48

JW: Was meinen Sie mit gemachten Erfahrungen? Können Sie das näher beschreiben?

PK: Ein signifikantes Beispiel war die Präsenz der Kirchen auf der Bundesgartenschau 2023 hier in Mannheim. Sie waren dort außerhalb ihrer üblichen Räume, nur ein paar Baumstämme und Wimpel symbolisierten, dass da eine Kirche ist, dass dies ein ökumenischer Ort ist, der Menschen zusammenbringt. Es entstand eine einmalige Atmosphäre, die den Wunsch erzeugte, das behalten zu wollen, diese Erfahrung wieder machen zu können. Das kann vieles sein: eine Veranstaltung, eine organisierte Begegnung, eine temporäre Installation oder eine Intervention im öffentlichen Raum, die etwas auslöst und Zustimmung erfährt, und die dann den Möglichkeitssinn anregt und Zutrauen ins Gelingen schafft.

JW: Ich habe oft den Eindruck, dass Veränderungen durch viele per se abgelehnt werden, weil sie immer noch zu sehr top-down durchregiert werden und letztendlich nicht das Gefühl da ist, als zukünftige Nutzer:innen Einfluss auf den Prozess zu haben. Und dass die Kenntnisse aus den Quartieren, in denen etwas durchgeführt wird, in diesen Verfahren immer noch zu wenig berücksichtigt werden. Könnte das ein Grund sein, dass Veränderungen oft abgelehnt werden?

PK: Wenn ich einen neuen, nicht belegten Raum zu füllen habe oder vor Ort einen bislang nicht gedeckten Bedarf erkenne, der nicht in Konkurrenz zu anderen steht, habe ich es relativ leicht, vielleicht nicht nur Mitstreiter:innen, sondern auch Zutrauen zu gewinnen. Diese Situation ist allerdings eher die Ausnahme als die Regel. Viel öfter bin ich in der Situation, dass ich eine bestimmte Programmatik schon gesetzt habe, wenn wir beispielsweise noch eine Schule brauchen, wenn wir vulnerable Gruppen unterbringen wollen, der Auffassung sind, dass wir den schienengebundenen öffentlichen Personennahverkehr verbessern müssen, oder eine neue Buslinie planen, und die muss an einer Stelle auch durch eine Seitenstraße. In diesen, ja im Alltag überwiegenden Fällen muss man realistisch sein, dass ich mich hier schnell einer derartigen Kritik aussetze, denn ich habe in einem bestimmten Umfang schon eine Vorfestlegung.

Aus meiner Erfahrung habe ich keinen Beleg dafür, dass man über Beteiligungsprozesse automatisch Akzeptanz oder sogar Legitimität steigert. Für mich stehen vielmehr zwei Aspekte im Vordergrund, die Sie auch schon angesprochen haben. Das ist einmal das Thema Qualitätssicherung, und das ist dann im

49

Ergebnis ab und an auch akzeptanzstärkend. Es gibt viele Aspekte zu berücksichtigen. Wenn Dinge top-down festgelegt werden und möglicherweise den Nutzungsinteressen entgegenstehen, ist das qualitativ natürlich nicht so gut wie bei einem Weg, der diese Fragen durch Beteiligung bedacht hat.

Der zweite Aspekt ist die Aktivierung. Wenn diese gelingt, ist das auch eine Chance, die Akzeptanz zu erhöhen. Aber es gibt keinen Automatismus. Ich habe bereits gesagt, dass Prozesse angreifbar sind. Dies geschieht zum Teil auch aus der Politik. Das heißt, eine schlecht gemachte Beteiligung, die die Ausgangslage und die Akteurslandschaft nicht ausreichend berücksichtigt, ist aus meiner Sicht schlechter als keine. Sie kann Akzeptanz schwächen, weil sie für Destruktivität Räume geöffnet hat. Das heißt, dass wir ein Bewusstsein für Qualität und Ressourcen von Beteiligung brauchen. Wir dürfen da nicht oberflächlich sein. Enttäuschungen führen auch zu Irritation in der Verwaltung über den Wert von Beteiligungsprozessen insgesamt.

JW: Man muss sich Zeit nehmen, um zu gucken, was das richtige Verfahren ist, um eine Maßnahme, die man erfolgreich umsetzen will, mit der Akzeptanz, die man braucht, hinzubekommen. Das ist stark davon abhängig, mit welchen Spieler:innen ich an der Stelle zu tun habe.

PK: Ja, absolut. Zunächst muss ich wissen, worüber ich als Verwaltung überhaupt verhandlungsfähig und verhandlungsbereit bin und was als Rahmen gesetzt ist. Wenn das nicht klar ist, habe ich den Vorwurf der Täuschung auf dem Tisch. Von Anfang an muss auch klar sein, worüber nicht geredet wird, sondern was als Ergebnis steht. Dafür haben wir einen Auftrag. Nicht im Sinne des Vorwegnehmens von Ergebnissen, sondern um die gesamte Akteurslandschaft wahrzunehmen. Dabei müssen wir uns auch über zukünftige Akteur:innen Gedanken machen, denn diese sind ja noch nicht dabei. Damit meine ich nicht nur zukünftige Generationen, sondern auch Menschen, die sich möglicherweise erst interessieren, wenn sich etwas verändert.

Um es noch einmal deutlich zu sagen: Ich bin für solche Prozesse, aber dabei geht es um drei unverzichtbare Voraussetzungen: eine saubere Analyse der Ausgangslage, ein Bewusstsein für die erforderlichen Ressourcen und Professionalität. Wenn ich an einer dieser drei Stellen Schwächen habe, wird man das im Prozess merken.

SB: Die meisten Städte und Kommunen haben tatsächlich nur sehr eingeschränkte Ressourcen. Wenn man nicht die große Chance hat wie Mannheim mit den Konversionsflächen und nicht im wachstumsstarken Baden-Württemberg liegt: Wo sollte man dann Schwerpunkte setzen?

PK: Viele Städte stehen ja vor der Herausforderung, dass sich der öffentliche Raum im Zuge der Klimaanpassung und beschleunigt durch die Pandemie verändern muss. Dieser Prozess ist in hohem Maße konfliktträchtig. Hier könnten experimentellere Prozesse wichtige Bausteine sein, weil sie nachvollziehbar zeigen können, wie es in Zukunft anders sein kann.

Da das Investitionsvolumen für diese zwangsläufigen Vorhaben ohnehin enorm ist, relativiert sich die Frage des zusätzlichen Bedarfs für vorbereitende und begleitende Prozesse – oder sie sollte es zumindest, denn insbesondere bei Fragen der Neuorganisation des öffentlichen Raums, der blau-grünen Infrastruktur, des ruhenden Verkehrs und der Aufenthaltsqualität in unseren Städten stehen wir knietief in hochkonfliktären Veränderungen. Wenn man das gelingend gestalten will, ist das ein großes Feld für neue Formen gemeinsamer Gestaltungsprozesse.

JW: Die von Ihnen angesprochenen Veränderungen beziehen sich fast ausschließlich auf den öffentlichen Raum. Muss nicht deshalb die Stadt mehr Einfluss gewinnen, beispielsweise dadurch, dass sie mehr Grundstücke und Immobilien besitzt, die sie selbst programmieren kann, und das nicht dem freien Markt überlässt? Und dort auch mit Ideen reingehen?

PK: Wir haben ja gerade eine veritable Diskussion über das Wohnen, und das kann ich natürlich nicht über öffentlichen Raum lösen. Aber ich teile die Ansicht, dass unsere Möglichkeiten der Einflussnahme auf Privatgrundstücke deutlich zu gering sind. Der jetzige Zustand ist unbefriedigend.

Beim öffentlichen Raum steht der Wandel direkt an. Dabei wird es genau um das gehen, was wir bereits besprochen haben: Mitgestaltung, Koproduktion und Menschen, die sich um diesen Raum kümmern wollen. Das ist auch eine Ressourcenfrage, denn wir werden das nicht in der Qualität wie verlangt allein vonseiten der öffentlichen Hand leisten können. Dafür brauche ich Identifikation. Und ich muss mir auch Gedanken darüber machen, ob ich Verantwortlichkeiten für den öffentlichen Raum teilen kann – also ein höheres Maß an tatsächlicher Gemeinschaftlichkeit und nicht

51

allein darüber, dass ich halt Steuern zahle. Dies ist auch relevant, um solche Veränderungen politisch zu stabilisieren.

Meine Beobachtung aus den letzten Jahren ist, dass politische Entscheidungen extrem stark von der Befürchtung geprägt sind, Mehrheiten zu verlieren. Wer oder was Mehrheiten darstellt, wird dabei nicht analysiert, sondern basiert darauf, wer sich medial artikuliert. Immer mehr stellt sich für Verwaltungen die Frage, wie sie Unterstützung organisieren für das, was fachlich richtig ist. Die Adressierung von Gremien ist nicht mehr genug. Auch dafür sind aktivierende Prozesse von großer Bedeutung. Sie können wiederum der Politik Zutrauen in die Vermittelbarkeit der Fachkonzepte geben und Ängste und Fehleinschätzungen reduzieren.

Übungsraum 2: Das Neue

Diese Bildstrecke bietet Einblicke in die Entwicklung der einstigen Spinelli Barracks zum Gelände der Bundesgartenschau 2023 und zum neuen Quartier Spinelli. Hier eröffnet die neue Bebauung mit dem Quartiersplatz auch Angebote für die alteingesessenen Bewohner:innen von Käfertal. Lange Jahre trennten nicht zugängliche Militärflächen die Stadtteile Käfertal und Feudenheim. Der Park als Teil des im Rahmen der Konversion neu geschaffenen Grünzugs Nordost führt die Stadtteile wieder zusammen.

Die Wohngruppen im neuen Quartier NeighborWood, Oikos und WohnWerk sowie das Wohnprojekt Anundo Park haben in ihren Planungen Gemeinschaftsräume von Anfang an mitgedacht und sind Teil des Netzwerks Spinelli FreiRaumLab. Auch die neue Grundschule im Quartier ist dabei.

Darstellen als Praxis.
Zum Zeigen von Stadt

Christopher Dell

Für die Arbeit von Architektur, Städtebau und Stadtplanung ist das Erstellen von Darstellungen zentral. Sie zeigen, was ist und was werden soll oder kann. Vor diesem Hintergrund diskutiert Christopher Dell Fragen der Darstellung und die aktuelle Bedeutung visueller Medien in Architektur, Städtebau und Stadtplanung. Damit bietet sein Text einen wesentlichen Kontext für beides: sowohl die Darstellungsstrategie dieses reich bebilderten und heterogen gegliederten Buches als auch für das Verständnis der Funktion und Praxis von Medien im Zeigen der Stadt heute.

Kaum etwas scheint in Architektur und Städtebau so selbstverständlich gebraucht zu werden wie Darstellungen. Die Fähigkeit,
darzustellen – das heißt, etwas zu vergegenwärtigen, was nicht
da ist –, gehört zu den entscheidenden intellektuellen Voraussetzungen, aus denen sich die komplexen Formen des Bauens,
aufwendigste Konstruktionen und kühnste Stadtvisionen
entwickeln konnten. Es gibt hierbei aber noch einen zweiten
Aspekt, nämlich dass es sich bei dieser Fähigkeit um eine
Spielart menschlicher Kommunikation handelt. Sie ist dem
Sprechen verwandt, aber teilt sich auf andere Weise mit – über
Visualität.

Doch das Darstellen ist von Krisen durchsetzt. Konventionen,
die einst versicherten, mit Grundriss, Schnitt, Perspektive,
Modell oder Rendering könne man ein Projekt zeigen, erodieren
zunehmend. Nichts explizierte diese Entwicklung besser als
die 15. Architekturbiennale in Venedig im Jahr 2016: Anstatt
Grundriss, Schnitt und Perspektive übernahmen Pappkartons mit
Münzen, eine Axt, ein Fotobuch, eine Dia-Installation, diagram-
matische Statistiken, Comics, eine Videoprojektion, Schnappschüsse und vieles mehr die Funktion architektonischen
Zeigens. Eine immense Heterogenität an Darstellung brachte
althergebrachte Formen des Verhandelns über Architektur und
Städtebau zum Kollabieren. Unterhielt man sich hier vormals
darüber, ob ein Pavillon gelungene Projekte zeigte, kam jetzt zur
Diskussion, was dort wie zu sehen war und weshalb. Ins Zentrum
rückten Materialität und Medialität der Darstellung selbst.

Lange Zeit entwarf man im Studio, fernab der städtischen Wirklichkeit, das Ideal neuer Behausungen. Mochte der Stil sich über
die Epochen hinweg wandeln, das Tabula-rasa-Verfahren blieb
gleich, ebenso wie die damit verbundene Konzeption, Raum als
neutralen Container zu denken. Die Eindeutigkeit dieser Richtung
findet ihr Ende in der aktuellen inhaltlichen Fokusverschiebung.
Statt auf den Entwurf des neu zu Bauenden richtet sich der Blick
auf den Bestand. Von Gewicht ist das, was schon da ist. Die da-
zugehörige Konzeption lautet: Raum ist nicht gegeben, sondern
wird gemacht. Die Frage lautet jetzt: Wie kann und soll man den
Bestand als Zusammenspiel von Handlungen zeigen?

Der bestehende Raum geschieht durch die Handlungen derer,
die vor Ort wohnen, die arbeiten, die leben. Folglich sind Archi-
tekt:innen und Städtebauer:innen dazu aufgefordert, ihre gewohnten Zeigepraxis anzupassen und Handlungssettings zu
visualisieren. Dazu müssen die Darstellungen funktionieren wie
der Raum, den sie zeigen. Sie sollen sowohl relational sein als

62

auch in der Lage, Unbestimmtheit zu integrieren. Der springende Punkt ist: Wie der reale Stadtraum ist auch der Darstellungsraum nicht gegeben, sondern er wird gemacht. Was hier entscheidend zum Tragen kommt, ist die Mobilisierung und Aktivierung der Betrachter:innen im Zeigen und Lesen von dargestellter Stadt. In diesem Sinn ist es zu verstehen, dass wir im Kontext des vorliegenden Buchs ein Konvolut unterschiedlichster Visualisierungsweisen zeigen, die sich zusammengefasst als Stadt artikulieren.

Angesichts dessen handelt der vorliegenden Band von Stadt als Übungsraum im doppelten Sinn: Er will darstellen, wie das Spinelli FreiRaumLab als Beispiel dafür dienen kann, neue Wege im Umgang mit Stadt zu üben. Zugleich will das Buch zeigen, dass damit auch das Üben neuer Sehweisen auf Stadt geboten ist. Diese Sehweisen bringen wiederum ihrerseits neue Darstellungsformen von Stadt hervor.

Im Folgenden möchte ich darlegen, warum wir die Darstellungen in unserem Buch so miteinander verbunden haben:

Vor Ort auf den Bestand zu schauen, bedeutet anzuerkennen, dass man mit einer Kleinteiligkeit und Heterogenität von Akteur:innen, baulichen Situationen und Themenstellungen konfrontiert ist. Daraus folgt, dass auch die Themen des Dargestellten und die Medialität äußerst heterogen sind. Sie reichen von den kontextuellen Bedingungen über Beiträge eines innerhalb des Projekts veranstalteten Symposiums bis zu den Ereignissen in der Netzwerkarbeit und Kommunikation selbst. Dies fächert ein Relais an Darstellungen auf: der Workshops, der performativen Installation Piazza Spinelli als immersive Situation und Serie an heterogenen Ereignissen, der Ausstellung *Urlaub in Käfertal*, der zahlreichen formellen und informellen Sitzungen, Gespräche und Korrespondenzen und vielem mehr.

Wie wir die Darstellungen im Buch versammelt haben, soll als eine Form von Hinweis verstanden werden, wie sich die Darstellungen verwenden lassen: als ein Übungsraum für ein Sehen von Stadt, in dem wir uns in zeitgenössischer Weise mit dem Bestand befassen. Eine Darstellung muss Gegebenheiten, Planungen und das, was da ist, im Moment der Abwesenheit anwesend machen.

Die Form der beispielhaften Vertretung durch eine Darstellung sind diejenigen Menschen, die oft mit Architektur und Städtebau zu tun haben, gewohnt. Sie kennen beispielsweise den Gebrauch eines Rahmenplans und können die Darstellung in diesem Sinn „lesen". Das bedeutet auch: Wenn ich mit einem

63

Plan das Quartier zeige, können dies entweder nur die verstehen, die mit dem Kontext schon vertraut sind, oder die, denen ich das erkläre. Was ich mit einer Darstellung zeige, bleibt für Betrachtende ohne Vorkenntnis des Sinnrahmens unbestimmt.

Die Art und Weise, wie eine Darstellung aussieht, ist nur ein Parameter in der Regel, die festlegt, wie bestimmt werden kann, was etwas zeigt. Die Darstellung kann nur die Eigenschaften zeigen, die sie selbst enthält. Darin liegt ihr prinzipielles Können, ihr Potenzial.

Ob dieses aber zur Entfaltung kommt, hängt von der Situation der Verwendung ab. Ich nehme das Beispiel eines Schnappschusses, der das Bauen der Möbel unter dem Vordach der Kirche St. Hildegard zeigt. Hier sind die Aktionen im Bild erfreulich einfach zu verstehen. Das Entscheidende an der Fotografie ist aber nicht nur, was man sieht, sondern wie dies mit ihrer Verortung zusammenhängt. Denn die Fotografie erscheint ja im Kontext eines Buchs zur Stadtplanung. Was hat das eine mit dem anderen zu tun? Es kann sein, dass dieses „einfach" zu verstehende Bild ohne Kontextualisierung erst einmal als eine für die Planung nicht relevante Handlung wahrgenommen wird.

Wir können den Sinn der hier gezeigten Darstellungen nicht abschließend vorbestimmen. Was wir aber tun können, ist, einen Übungsraum der Sinnerschließung zu offerieren. Wir können und wollen die Prozesshaftigkeit und Offenheit des Spinelli FreiRaumLabs nicht über die Darstellung „festigen". Doch wir können diesem im hier eröffneten Darstellungsraum Struktur und Rahmung verleihen, beispielsweise Elemente und Themen bildlich clustern, inhaltliche Kategorien durch unterschiedliche Typografien kennzeichnen.

Darauf, Unbestimmtheit auch im Lesen der Darstellung konstruktiv zu machen, kommt es an. Es versteht sich von selbst, dass die Ereignisse des Prozesses dem Alltag entstammen. Sie sind also nicht spektakulär. Und darin bestehen ihr Charme und ihre Wahrheit. Bedeutet dies, traditionelle Darstellungswerkzeuge der Architektur und des Städtebaus ad acta zu legen? Keineswegs, doch können sie, die traditionell dem Entwurf, dem Plan und letztlich also der prospektiven Hervorbringung von Architektur vorbehalten waren, nun auf die Analyse bestehender Gebäude und urbaner Situationen übertragen werden und auf diese Weise Information zugänglich machen.

64

Wenn beispielsweise die Mitglieder des Projektbüro Hamburg in ihrer Situationsanalyse die traditionelle Darstellungstechnik isometrischer Zeichnungen verwenden, dann bezwecken sie damit, dass die Betrachtenden auf intuitive Weise eine bestehende räumliche Struktur und deren formale und kompositionale Eigenheiten schnell und unkompliziert erfassen können. Die freigestellten Isometrien erlauben, sie analytisch zu dekontextualisieren. Im Zusammenspiel mit den freigestellten Satellitenaufnahmen und fotografierten Straßenelementen, Texten, dokumentarischen Situationsfotografien und Schwarzplänen, Scribbles etc. entsteht ein Bild des Bestands, das es erlaubt, sich in die städtebauliche Situation hineinzuzoomen und Potenziale zu erkennen.

Die konstellative Verschaltung heterogener bildlicher und sprachlicher Darstellungen gestattet es, (stadt-)räumliche Situationen in ihrem spezifischen Kontext beschreibbar zu machen. Aus der kataloghaften Anordnung der Darstellungselemente in diesem Buch lassen sich, so hoffen wir, Differenzen und Analogien ableiten, die wiederum auf zukünftige Transformationsverfahren der Stadt übertragbar sind. Dieses Buch will das Feld der möglichen Interventionen ausdehnen, indem es sich am eigenen Beispiel über die Netzwerke, Institutionen und Apparate klar wird, in denen heute städtebauliche Projekte zur Erscheinung kommen und öffentlich diskutierbar werden können.

65

Christopher Dell

Die Piazza Spinelli

Sally Below und Christopher Dell

Mit der Piazza Spinelli haben Sally Below und Christopher Dell ein spezifisches Format in das Spinelli FreiRaumlab eingeführt. Die Piazza Spinelli ist vieles: öffentlicher Treffpunkt des Netzwerks und der Nachbarschaft, Ort des Versammelns gemeinschaftlicher Handlungen wie Stühle bauen, kochen, Vorträge veranstalten, musizieren, aber auch Ort des Diskurses und des Aushandelns darüber, was wir als Stadtgesellschaft heute voneinander erwarten und miteinander tun können. Das übergeordnete Format, das diese vielgliedrigen Ebenen zusammenfasst, ist das der performativen Installation. Was eine performative Installation ist, was sie kann und weshalb diese der Bildenden Kunst entnommene Form für die zukünftige Stadtplanung wichtig sein kann, erläutern Below und Dell im folgenden Text.

Die Piazza Spinelli ist der Ort auf dem Areal des Spinelli FreiRaumLabs, an dem Menschen zusammenkommen. Sie ist informeller Treffpunkt und Programm zugleich. Als performative Installation widmet sie sich dem Initiieren und Erforschen des städtischen Zusammenlebens, Raumteilens und Wissensaustauschs. Verortet zwischen den Kirchen, dem Gelände des TV 1880 Käfertal, der Bezirkssportanlage und dem neuen Quartier Spinelli bildet die Piazza Spinelli ein Zentrum, in das unterschiedlichste Akteur:innen der Stadt, des Stadtteils sowie Gäst:innen in multiplen Formaten Wissen hineingeben, mitproduzieren und herausbekommen. Verankert an diesem Ort, ist die Piazza Spinelli beides: Bindeglied zwischen gebauten Strukturen und Grünflächen ebenso wie aktivierende Plug-in-Struktur, die zwischen Lokalem und dem internationalen Städtebaudiskurs vermittelt. Als Teil der Open-Air-Ausstellung *Urlaub in Käfertal* war die Piazza Spinelli zudem ein offener Raum, der sich erkundenswert zeigte.

Seit dem Bau der einfachen Möbel von raumlaborberlin mit Nachbar:innen und Kindern vom Jugendtreff St. Hildegard verbinden sich hier, an der Schnittstelle zwischen dem bestehenden und dem neuen Quartier, gemeinschaftliche Formate. Offenheit und Dialog sind der Schlüssel hierfür. Als eines von drei Mannheimer Gastprojekten der Internationalen Bauausstellung Heidelberg trug das Spinelli FreiRaumLab mit der Piazza Spinelli auch zum Programm im Präsentationsjahr 2022 bei. In diesem Kontext und anschließend im Rahmen der Bundesgartenschau 2023 richtete sich die Piazza Spinelli an die Nachbarschaft, die Stadtgesellschaft und an diejenigen, die professionell in der Stadtentwicklung arbeiten, sei es aus verwaltungs-, kommunikationsbezogener oder akademischer Sicht.

Inzwischen hat sich das Programm längst verselbstständigt, ein Kuratieren ist nicht mehr nötig. Dass es so weit kam, ist nicht selbstverständlich und brauchte seine Zeit. Die Piazza Spinelli steht für eine „radikale Langsamkeit" in der räumlichen Praxis. Dabei gehen Bereiche wie Planung, Städtebau, Architektur und Installation, aber auch performative, somatische und/oder dramaturgische Praktiken eine strategische Allianz ein. In verschiedenen Maßstäben, Tempi und Zeiträumen entsteht ein Prozess, dessen „radikale Langsamkeit" auf die Pragmatik der Planung provozierend wirken kann. Aber das Resultat dieser Geduld sind greifbare und ungreifbare Qualitäten der Raumerfahrung. Der Begriff „radikale Langsamkeit" steht für einen Aufruf zu behutsamen, feingliedrigen, kaum sichtbaren Akten individueller und kollektiver Verräumlichung, durch die neue

68

Formen der Fürsorge, Verbindung und Widerstandsfähigkeit entstehen könnten. Diese Langsamkeit soll und kann nicht nur einen sinnvollen Dialog zwischen Disziplinen und Kulturen anregen und zu einer anderen Art der Auseinandersetzung mit der Stadt inspirieren, sondern auch zu kritischen Bewusstseinsveränderungen, die nur in der Langsamkeit entstehen können. Dies hat auch den Vorteil, dass der Druck auf die Planung abgemildert wird. Und es besteht eine höhere Chance, dass sich die angeregten Prozesse von allein fortführen und von lokalen Akteur:innen fortgeführt werden.

Angesichts dessen ist das Format der performativen Installation ein flexibles Instrument, mit dem wir bestehende Räume neu aufladen und in Begegnungsräume verwandeln können – im Zusammenspiel von Handlungen, wie etwa gemeinsam Zeit zu verbringen, zu diskutieren, Stühle und Tische zu bauen, Kaffee zu trinken, zu lesen, zu picknicken oder zu turnen. Mit dem Einsatz der intelligenten und mobilen Mikroarchitektur, die keine Zugehörigkeit zu Gruppen signalisiert, zu denen man selbst nicht gehört, bestand unser Ziel darin, einen Zwischenraum zu eröffnen. Dabei lautet die Frage: Wie kann durch Handlung aus einem Ort ein Raum werden? Und wie kann man diesen Prozess zeigen und als Wissensform heben?

Auf der Piazza Spinelli nutzen wir Strategien der bildenden Kunst. So vorzugehen, ist im Planungskontext nicht üblich, hat aber einen triftigen Grund. Die Professorin für Stadtplanung Reneé Tribble hat es folgendermaßen auf den Punkt gebracht: „Planung kann gut sogenannte Möglichkeitszeiträume eröffnen und muss auf der anderen Seite sicherstellen, dass die erzeugten Erkenntnisse und produktiven Aktivitäten auch eine Relevanz bekommen, um wirksam werden zu können. Das ist ein komplexer, kommunikativer Prozess, der zwischen verschiedenen Ämtern, Politik, Wirtschaft und erweiterter Bewohner:innenschaft gegangen werden muss – und der zu bestimmende Gegenstand in künstlerisch-urbaner Praxis ist. In diesen Prozessen entstehen nicht beliebige Ergebnisse, sondern sehr passgenaue. Es wird kein Sollzustand vorab definiert, sondern in einem zielgerichteten, aber ergebnisoffenen Prozess partizipativ eine gemeinsame Vorstellung von Stadt formuliert. Was wir lernen müssen, ist, Ergebnisoffenheit nicht als Gefahr, sondern als Qualität zu verstehen. Zugleich ist es ebenso wichtig, die Planungsprozesse so zu gestalten, dass allen Beteiligten klar ist, wann die erarbeiteten Ergebnisse in den Planungsprozess wie einfließen können. Eine gute Prozessgestaltung erlaubt dann, mit Ergebnisoffenheit produktiv umzugehen."

69

Sally Below und Christopher Dell

In diesem Sinne lässt sich die Piazza Spinelli als eine inhaltliche und praktische Schnittstelle zwischen Planung und künstlerischer Strategie verstehen. In diesem Kontext wollen wir die im Format enthaltenen Ebenen erläutern: Als Installation verfolgt die Piazza Spinelli die Strategie, das Bewusstsein der Teilnehmer:innen dafür zu schärfen, wie Räume konstituiert werden. Es gehört zum Charakteristikum einer künstlerischen Installation, den Raum und das ihn strukturierende Ensemble von Elementen (Dinge und Handlungen) in ihrer Gesamtheit als eine Einheit zu verstehen. Die Piazza Spinelli ist eine Situation, in die sich die Teilnehmer:innen physisch hineinbegeben. Somit unterscheidet sich die Installation von Skulpturen, Malerei, Fotografie oder Video dadurch, dass sie die Betrachter:innen als Teilpräsenz des Raums anspricht und den Tast-, Geruchs- und Klangsinn einbezieht.

Die Piazza Spinelli setzt damit zweierlei voraus: einerseits ein betrachtendes Subjekt, das sich physisch einlässt, um sie zu erleben, und andererseits, dass es möglich ist, die Erfahrung zu kategorisieren. Seit den 1960er Jahren vollzieht die Installationskunst einen radikalen Bruch mit dem Paradigma des Betrachtens: Anstatt ein in sich geschlossenes Objekt zu schaffen, begannen die Künstler:innen, an Orten zu arbeiten, wo der gesamte Raum als eine einzige Situation behandelt wurde. Diese ephemere, ortsbezogene Agenda unterstreicht die unmittelbare Erfahrung der Betrachter:innen. Dies führt im Fall der Piazza Spinelli zu einer Betonung der Unmittelbarkeit der Sinne, die körperliche Beteiligung und ein erhöhtes Bewusstsein für andere Besucher:innen. Es ist dieser Aspekt, der uns hoffen lässt, dass die Piazza Spinelli eine transitive Beziehung zwischen Betrachter:innen und aktivem Engagement in der gesellschaftspolitischen Arena herstellt.

Ihren performativen Charakter gewinnt die Piazza Spinelli durch den Fokus auf die Handlungen der Beteiligten. Es sind vor allem die interaktiven Vorgehensweisen, die dem Ort seine spezifische Erscheinung verleihen, wie das permanente Umstellen der Möbel für eigene Zwecke. Bei einer performativen Installation geht das Werk aus den Ereignissen hervor, die es inszeniert. Das umfasst alle Handlungen: eine Besprechung auf dem Hof, ein Telefonat auf der Wiese, einen Einkauf für das nächste Picknick, eine Besprechung im Stadtplanungsamt, eine Open-Air-Ausstellung, das Einrichten einer Bar, das gemeinsame Aufbauen einer Projektionsleinwand, das Aufräumen der Kirche nach einem Vortrag, die Fahrradfahrt vom Hauptbahnhof Mannheim zur Kirche St. Hildegard: All dies ist Teil davon. Das Teilen und Versammeln ermöglicht es, städtische Flächen von der Ressource möglicher Handlungen und ihrer Verbindung her zu denken. Es bringt aber auch eine neue Form des Raumwahrnehmens hervor: Was gibt es vor Ort, wer kann etwas beitragen, welche Potenziale sind vorhanden und wie können wir sie erkennen?

Im Zentrum dessen steht der radikale Bezug auf die Gegenwart: der gleichsam flüchtige und materiale Moment als herstellendes und konstituierendes Element. Beispielsweise ist die Materialität des Kirchenumgangs und der Stühle und Tische mit den ephemeren Handlungen und Erfahrungen der Teilnehmer:innen gekoppelt. Erst dieses Zusammenspiel generiert die Installation als etwas Performatives. Insofern gehört es zur ereignishaften Form der Piazza Spinelli dazu, dass sie auf ihren spezifischen Kontext angewiesen ist. Die Handlungsformen, die die Teilnehmer:innen herstellen, sind die, die es uns als Stadtforscher:innen erlauben, die Lebendigkeit des Gesamtzusammenhangs einzubeziehen und damit Kategorien des städtischen Alltagslebens neu sichtbar zu machen. Wir sind uns bewusst, dass die Wirksamkeit der Performativität dabei nicht vollständig vorhersehbar und kontrollierbar ist. Paradoxerweise gehört genau dies zu ihren Gelingensbedingungen. Damit unterscheidet sie sich die Performativität deutlich von der Performancekunst. Es geht bei der Piazza Spinelli nicht um ein Ereignis, sondern um das Schaffen soziomaterialer Handlungszusammenhänge als konstituierendes Moment der Installation. Der Raum entsteht durch die Handlung an einem Ort.

Die Tatsache, dass sich die Piazza Spinelli aus der Situation heraus materialisiert, in der sie entsteht, bildet auch ihre erkenntnistheoretische Herausforderung. Wir haben es hier mit einem Raumverständnis zu tun, das dem der alltäglichen Stadtplanungspraxis entgegenläuft: In der für uns maßgeblichen Perspektive ist Raum nicht nur statisch, objekthaft und gegeben, sondern geht auch aus der kollaborativen Raumproduktion aller Beteiligten hervor. Das bedeutet für uns auch, uns zu öffnen und den Rahmen der Piazza Spinelli so zu gestalten, dass er Ereignisse aufnehmen kann, die sich unserer Kontrolle entziehen. Das ist wichtig, denn sonst käme nichts Neues zustande. Daraus ergibt sich auch die Anforderung an unsere kuratorische Arbeit, sehr strukturiert vorzugehen, aber in einer Weise, die Unbestimmtheit zulässt.

Mit dem limitierten Kontrollstatus und der eingesetzten Materialsprache wollen wir nicht nur das Unbestimmte formal zum Ausdruck bringen. Auch der Status der Beteiligten kann unbestimmt bleiben. Um dies in konstruktiver Weise zum Gelingen zu

Sally Below und Christopher Dell

bringen, bedarf es eines langsamen Prozesses. Es ist eine Tiefe kontinuierlicher Feldforschung, zu der auch die zahlreichen Werkstattformate zu rechnen sind, die in der Entwicklung des Rahmenplans für das neue Quartier und dem Aufbau des Netzwerks Spinelli FreiRaumLab stattfanden. Dies kann man als Akt der lokalen Einschreibung bezeichnen. Wir forschen nach einer geeigneten Form des Aktivierens des Ortes und setzen uns dabei mit den planerischen, sozialen, institutionellen und urbanen Strukturen des Bestands auseinander.

Mit dieser geografischen Einschreibung ist auch die Konstitution der Teilnehmer:innen angesprochen, die nicht nur den Aufbau, die Organisation, die Instandhaltung und den Abbau der installativen Ereignisse mit realisieren, sondern auch immer mehr alle Veranstaltungen selbst bestreiten. Jede einzelne Teilnahme macht eine wesentliche performative Ebene aus. Jede Anwesenheit trägt zur Wirksamkeit der Installation bei. Dies führt konsequenterweise zu einer Transformation der Wahrnehmungs- und Rezeptionspraktiken und nicht zuletzt zu einer Neuerung gängiger perzeptiver Modelle und Vermittlungsstrategien in der Stadtforschung und -planung.

Gleiches gilt für die in der Philippuskirche organisierten Vorträge zur Stadtentwicklung, die neue Herangehensweisen an Planung reflektierten. Oder die Open-Air-Ausstellung, die stadtteilbiografischen Momenten den Raum gibt, sich in der Gegenwart neu zu verankern. Stets setzen wir uns mit der Komplexität der Strukturen und Regularien des Bestands auseinander und zeigen gleichzeitig eine der gängigen Planung entgegengesetzte Wahrnehmungsweise auf. Alle Teilnehmer:innen prägen und verändern mit ihren Reaktionen und Handlungen die Situation. Eine weitere performative Dimension der Piazza Spinelli liegt ganz einfach darin, unterschiedliche Menschen zusammenzubringen. Manche sehen sich vermutlich mit Personen konfrontiert, denen sie sonst vielleicht nicht begegnen würden. Auch für die Besucher:innen aus der Mannheimer Kernstadt sind die Anreise und der Weg von der Straßenbahnstation hin zur Piazza Spinelli Teil der Erfahrung. Andersherum ist ihre Präsenz auch für die Nachbarschaft ungewohnt. Für alle Beteiligten kommt es zu einer Begegnung mit dem „Verschiedenen". Indem sie Ort, Rahmen und Gastgeberin der Aushandlung dieser Differenzsituation zugleich ist, öffnet sich die Piazza Spinelli als Übungsraum für eine neue Planungskultur. Auf ihr werden Praktiken der Kollaboration erprobt.

72

Zusammenfassend: Den raumtheoretischen Ausgangspunkt dafür, die Piazza Spinelli als performative Installation zu konzeptionalisieren und zu realisieren, bildet die These, dass Raum weder Objekt noch Container ist. Stattdessen verstehen wir Raum als einen Prozess, der sozial verhandelt wird. Dieser Wechsel ist radikal, wenn man bedenkt, dass die funktionalistische Sichtweise heute noch die Stadtplanung und den Städtebau bestimmen. An unserer Baunutzungsverordnung kann man das sehr gut ablesen. Wo man immer noch zwischen Arbeiten, Wohnen und Leben trennt, hat sich die Wirklichkeit des Raummachens schon lange verschoben.

Die Piazza Spinelli ist ein Kristallisationspunkt zwischen all den Akteur:innen des Spinelli FreiRaumLabs, der Nachbarschaft, den Institutionen, die für die Liegenschaften verantwortlich sind, und der Stadtgesellschaft. Mit dieser Arbeit hoffen wir, zeigen zu können, dass das Experimentieren mit neuen Formen des Raumnutzens und institutionsübergreifenden Interagierens nicht nur enorm freudvoll und bereichernd sein kann. Diese Nutzungsaneignung und Kooperationen sind Ergebnis einer neu codierten Phase Null für eine andere, bestandsorientierte Planungskultur, in der wir forschend fragen: Was bedeutet es, aus der Perspektive der Akteur:innen und Nutzer:innen zu agieren und dies zeitgleich mit den Planungsverantwortlichen zu diskutieren? Welche Prototypen lassen sich für solche Zwecke ausdenken, und wie lassen sich kontextualisierte Formen des Handelns entwerfen, die im Feld verankert und direkt zugänglich sind?

Ein weiterer Aspekt: Eine Aneignung, Uminterpretation, optimierte Zugänglichkeit und Bereitstellung bestehender Strukturen, verbunden mit kooperativer Netzwerkarbeit, kann einer bestehenden räumlichen Situation neue Impulse geben. Das Vorhandene anders und intensiver zu nutzen, bedeutet nicht nur, mehr Optionen auch ohne oder geringfügige bauliche Veranderung zu haben. Auch die Verschwendung von Ressourcen wird verhindert.

Teilen, Versammeln und Wahrnehmen: Das sind die zentralen Aspekte des Übungsraums. Verortet auf der Piazza Spinelli erwächst – so hoffen wir – mit dem Spinelli FreiRaumLab ein konstellativer Prototyp, der zukünftiges Planen zu erweitern hilft.

73

Sally Below und Christopher Dell

Nachhaltig in die Transformation der Quartiere

Davide Brocchi

Davide Brocchi ist Sozialwissenschaftler und erforscht gesell-
schaftliche Transformationsprozesse in Theorie und Praxis –
mit Fokus auf sozialer und kultureller Nachhaltigkeit. Neben
Sozialwissenschaften studierte er Politik, Psychologie und
Philosophie, unter anderem bei Prof. Umberto Eco an der
Universität Bologna, und promovierte am Institut für Kulturpolitik
der Universität Hildesheim. Brocchi arbeitet freiberuflich als
Publizist, Transformationsmanager, Forscher und Dozent. Er hielt
eine Keynote auf dem Symposium „Übungsräume für die offene
Gesellschaft – Perspektiven einer kooperativen Planungskultur".

Beziehung kommt vor Inhalt. So lautet die wichtigste Formel der Kommunikationspsychologie nach Paul Watzlawick. Egal, ob es um Weltpolitik, Wohnpolitik, Wirtschaftspolitik oder Klimapolitik geht: Wie sich die Akteur:innen zu einer Sache verhalten, hängt von der Form und der Qualität ihrer Beziehungen ab. Stimmt die Beziehung nicht, kommt man in der Sache nicht weiter. Will man in der Sache weiterkommen, muss man zuerst die Beziehung klären. Genauso ist es mit Quartiersentwicklung: Es macht einen großen Unterschied, ob sie von oben herab vorgegeben wird oder partizipativ mitbestimmt werden darf, und ob lokale Transformationsprozesse in einer Atmosphäre des Vertrauens oder des Misstrauens stattfinden.

Obwohl menschliche Beziehungen so grundlegend sind, werden sie von den Hauptakteur:innen der modernen Stadtplanung kaum wahrgenommen – und wenn, dann als Störfaktor. So behandelt die öffentliche Verwaltung die Stadt meist wie eine Maschine, deren Funktionsweise garantiert werden soll. Für sie ist das Quartier eine administrative Planungseinheit und die Quartiersentwicklung vor allem eine technische Aufgabe. Die Immobilienwirtschaft hingegen betrachtet die Stadt als Markt. Für sie sind Grund und Boden eine Ware oder gar ein Spekulationsobjekt. Entsprechend gestalten Investor:innen die Quartiersentwicklung nach dem Prinzip der Rentabilität. In beiden Perspektiven werden die Menschen in den Quartieren objektiviert: Einwohner:innen benötigen Wohnungen, Verbraucher:innen Geschäfte, Angestellte Büros und Autofahrer:innen ausreichend Parkplätze. Ausgeblendet werden die Menschen als mündige Subjekte und emotionale Wesen, die an den Orten leben und zu ihnen eine Beziehung aufbauen.

Hat die Jugend in alten, verstaubten Fabriken eigene Klubs eingerichtet? Für die Modernisierung des Quartiers ist dies lediglich ein Hindernis. So werden gelebte Begegnungsorte und alte Bausubstanz geopfert, um neue Einkaufszentren, Luxuswohnungen und Bürogebäude zu bauen. Während Funktionen industriell reproduziert werden können, geht eine zerstörte Mensch-Raum-Beziehung unwiderruflich verloren. So ist das Ergebnis der Modernisierung meistens ein steriles Quartier, das keine emotionale Identifikation entfaltet und nur konsumiert werden kann.

Nachhaltig ist eine Entwicklung nach menschlichem Maß. Dabei ist Bewahrung mindestens genauso wichtig wie Innovation. In dieser Perspektive ist das Quartier weder eine Maschine noch ein Markt, sondern ein lebendiges, einzigartiges Ökosystem aus

Menschen, Räumen und Infrastrukturen, sprich aus biotischen und abiotischen Faktoren. Einerseits ist Nachhaltigkeit eine Notwendigkeit, denn sie betrifft die Widerstandsfähigkeit und die Resilienz von Ökosystemen in einer Zeit der multiplen Krise. Andererseits ist Nachhaltigkeit eine Chance, denn damit ist ein gutes Leben gemeint, das nicht auf Kosten anderer geht: des globalen Südens, der schwächeren Schichten, der künftigen Generationen und der Natur. Zwei Faktoren tragen sowohl zur Krisenresilienz als auch zum guten Leben bei:

Vielfalt. Während Monokulturen (ökonomische inbegriffen) besonders krisenanfällig sind, machen Freiräume und Nischen für Alternativen Quartiere beweglicher gegenüber ihren Problemen. Zudem sind eine soziale und eine kulturelle Mischung das, was Quartiere lebendiger macht.

Sozialkapital. Die Finanzkrise und die Corona-Krise haben gezeigt, worauf es ankommt, wenn internationale Versorgungsstrukturen ins Stocken geraten und alte Sicherheiten nicht mehr gelten: auf die Fähigkeit der kollektiven Selbstorganisation im Lokalen. Es ist die unentgeltliche Solidarität, die Quartiere resilienter und lebenswerter macht. Warum müssen wir immer weiterwachsen, wenn man auch gerecht umverteilen und miteinander teilen kann?

Eine Transformation wirkt nachhaltig, wenn sie als Frage des Zusammenlebens gestellt wird. Dabei können Quartiere als erweiterte Wohngemeinschaften behandelt werden. In der nachhaltigen Transformation ist der Weg das eigentliche Ziel. Für die Formung der Beziehungen ist das *Wie* der Politik und der Maßnahmen entscheidender als das *Was*.

Nachhaltigkeit als Frage des Zusammenlebens

Wie ist ein friedliches Zusammenleben in der Vielfalt auf einem begrenzten Planeten möglich? So lautet die zentrale Frage der Nachhaltigkeit. Bisher beantwortete unsere Gesellschaft diese Frage so: Privatwesen vor Gemeinwesen, Wettbewerb vor Kooperation, Statusorientierung vor Zusammenhalt. Keine Demokratie kann in einem solchen Kontext stabil sein. So dient das Wirtschaftswachstum als künstlicher Stabilisator der gesellschaftlichen Verhältnisse: Weil bei jeder Rezession einem solchen Gesellschaftskonstrukt die Desintegration droht, erfordert die Ordnung Wachstum als Zwang. Die Steuerung dieser Gesellschaft war bisher eine zentralistische und erfolgte von oben nach unten. So wurde die Bevölkerung in den 1990er Jahren nicht gefragt, was sie lieber will: die Agenda 21 für nachhaltige Entwicklung oder die Liberalisierung der internationalen Märkte. Solche Entscheidungen wurden über die Köpfe der Menschen hinweg getroffen, zum Beispiel in informellen Gremien wie G7 und G8. Schon Margaret Thatcher legitimierte ihre neoliberale Politik in Großbritannien mit einem einzigen Satz: „There is no alternative." Doch eine „alternativlose" Politik verkommt zur bloßen Verwaltung von Sachen. So ist Politik nicht mehr die Agora, auf der die Bürger:innen über große Fragen debattieren, zum Beispiel: In was für einer Stadt wollen wir leben? Wem gehört die Stadt? Wie ist in unserem Quartier ein gutes Leben möglich, das nicht auf Kosten anderer geht?

In der Ära der Digitalisierung sind die Freiheit und die Macht der Bürger:innen vor allem virtuell. So darf eine Nachbarschaft nicht einmal die eigene Straße selbstständig verschönern oder für einen einzigen Tag autofrei machen, ohne mit Vorschriften und hohen Auflagen konfrontiert zu werden. In der „freien" Marktwirtschaft herrscht hingegen das Gesetz des Finanzstärksten über den Finanzschwächeren. So haben viele Bewohner:innen den Eindruck, dass sich die Quartiersentwicklung mehr an den Interessen der Investor:innen orientiert als an ihren Bedürfnissen. In einem Kontext der sozialen Ungleichheit bedeutet die „Aufwertung" von urbanen Räumen nur für die einen mehr Lebensqualität, für die anderen hingegen Segregation. So leben privilegierte Menschen immer mehr unter sich, benachteiligte genauso. Zwischen diesen zwei „Planeten" gibt es im Alltag kaum Interaktion – und dies innerhalb derselben Stadt.

Ein solches Modell des Zusammenlebens ist spätestens in den Jahren 2008 bis 2010 endgültig gescheitert. Die Finanzkrise, das Scheitern der UN-Klimaverhandlungen in Kopenhagen und die Skandale um Großprojekte wie Stuttgart 21 haben gezeigt, wohin die Liberalisierung der Märkte und eine zentralistische Steuerung unserer Gesellschaft von oben nach unten führen können. Wie sinnvoll ist es, sich um die Funktionsweise einer Maschine zu bemühen, die gegen eine Wand rennt? Der Weg, der uns aus der multiplen Krise herausholt, kann nicht jener sein, der uns hineingeführt hat. Eine nachhaltige Transformation kann am besten aus dem Lokalen heraus hervorgehen und muss folgende drei Formen von Systemänderung umfassen:

78

Änderung der sozialen Verhältnisse. Wie die Menschen mit ihrer Umwelt umgehen, hängt von den Beziehungen unter ihnen ab. So erzeugen Kooperation und miteinander Teilen einen niedrigeren Naturverbrauch als Konkurrenz und Privatbesitz. Will man die Klimakrise also überwinden, reichen Elektroautos und Windräder nicht aus: Die innergesellschaftlichen Verhältnisse müssen geändert werden. Nachhaltigkeit benötigt mehr Kooperation als Wettbewerb, mehr Gemeinwesen als Privatwesen. Eine Ökonomie der Nähe, in der Produzent:innen und Konsument:innen ein persönliches Verhältnis zueinander pflegen, ist viel fairer als ein anonymer Weltmarkt. Deshalb erfordert Nachhaltigkeit auch mehr Regionalisierung statt Globalisierung. Wenn Markt und Staat den globalen Herausforderungen des 21. Jahrhunderts nicht gerecht werden können, dann sollten sich die Zivilgesellschaft, die Nachbarschaften und die lokalen Institutionen selbst dazu ermächtigen.

Weil das Quartier dem menschlichen Maß entspricht, können sich die Menschen damit stärker identifizieren als mit den übergeordneten Ebenen (Staat, EU usw.). Diese emotionale Identifikation bildet eine wichtige Voraussetzung für die bürgerschaftliche Partizipation und die Übernahme von Verantwortung. Angesichts der zunehmenden Polarisierungen und der abnehmenden Wahlbeteiligung reicht es nicht mehr aus, eine schwache Form von Demokratie zu schützen: Eine *Demokratisierung der Demokratie* wird benötigt. In den Quartieren kann Demokratie gelebt, weitergedacht und weiterentwickelt werden. Hier erleichtert die räumliche Nähe die persönliche Interaktion, sprich die Bildung und die Pflege von Vertrauen. Eben darauf kommt es an, wenn man mehr Kooperation und Gemeinwesen – also Nachhaltigkeit – wünscht.

Änderung der kulturellen Verhältnisse. „Probleme kann man niemals mit derselben Denkweise lösen, durch die sie entstanden sind." (Albert Einstein) Für das Zusammenleben macht es einen großen Unterschied, ob die Akteur:innen zum Homo oeconomicus oder zum Homo solidaricus erzogen worden sind. In den Institutionen dominiert immer noch das misstrauische Menschenbild des Leviathans, als ob nur mehr Chaos entstehen könne, wenn man die Bürger:innen machen lässt. Eine Verwaltung, die sich an diesem Glaubenssatz orientiert, tritt als Ordnungshüterin und nicht als Ermöglicherin auf. Die Folge: Wer alles kontrollieren und selbst machen will, kann am Ende nur überlastet sein. Warum also den Bürger:innen nicht mehr zutrauen? Nach dem Soziologen Norbert Elias ist jede äußere Transformation (Soziogenese) immer mit einer inneren

79

Transformation verbunden (Psychogenese). Wie bringt man also Akteur:innen, die zum Misstrauen und Eigennutz erzogen worden sind, in die Kooperation? Indem die Transformation als individueller und kollektiver Lernprozess verstanden und gestaltet wird. Dafür bilden Quartiere ideale Reallabore.

Änderung der Rahmenbedingungen. „Erst gestalten wir unsere Gebäude und dann gestalten sie uns." (Winston Churchill) So erzieht eine autogerechte und kommerzgerechte Stadt autogerechte und kommerzgerechte Menschen. Einerseits sind Gesetze, Wirtschaftssysteme und Infrastrukturen eine Entlastung für das Individuum, denn sie garantieren eine künstliche Ordnung und nehmen uns Entscheidungen ab. Andererseits verhindern verkrustete Rahmenbedingungen auch bessere Alternativen. Sobald eine nicht nachhaltige Kultur einbetoniert wird, lässt sie sich nur schwer ändern. Wenn kein richtiges Leben im falschen möglich ist (Theodor W. Adorno), dann benötigt eine nachhaltige Quartiersentwicklung also eine Veränderung der Rahmenbedingungen und der Infrastrukturen. Dafür sind breite und bunte Bündnisse sowie neue Allianzen auf Augenhöhe nötig. Nachbarschaften können zum Beispiel mit den Kirchen, den Gewerkschaften und den Umweltinitiativen zusammenarbeiten. Im Rahmen von regionalen Wirtschaftskreisläufen können Quartier-Land-Partnerschaften entstehen. Möglich sind auch Citizen-public-Partnerships anstelle von Public-private-Partnerships.

Im Lokalen lässt sich kollektive Selbstwirksamkeit erfahren. Hier kann die Transformation zur Nachhaltigkeit mitgestaltet und unmittelbar erlebt werden – und was körperlich erfahren und geübt wird, erzeugt einen intensiveren Lerneffekt als ein Darüber-Reden. Wie lässt sich ein Quartier als Spielwiese für Alternativen am besten aktivieren und mobilisieren?

Das Quartier als erweiterte Wohngemeinschaft

Wie wir die Quartiere sehen, ist, wie wir sie gestalten. Partizipation, Kooperation und Gemeinwesen benötigen also geeignete Bilder, um im Lokalen gefördert zu werden. Zum Beispiel das Bild des Quartiers als *erweiterte Wohngemeinschaft*. Darin verbindet sich nicht nur der soziale Aspekt mit dem räumlichen (nämlich als Sozialraum), sondern auch die Individualität der Einzelzimmer mit der Gemeinschaft im Wohnzimmer. Eine Wohngemeinschaft

80

impliziert immer ein „unser", sprich eine kollektive Identifikation und Verantwortung. Die Grenzen einer Wohngemeinschaft stimmen nicht unbedingt mit ihren äußeren Mauern überein, denn dazu können auch Menschen gezählt werden, die hier verkehren und woanders wohnen. Genauso entsprechen die Formen des gelebten Quartiers nicht unbedingt jenen einer geometrischen kompakten Planungseinheit.

In einer Wohngemeinschaft werden gemeinsame Probleme gemeinsam besprochen. Genauso wird das gute Leben geteilt und gemeinsam entwickelt. Gleiches ist im Quartier möglich. Nachhaltig sind *weltoffene* Wohngemeinschaften, die sich mit den Folgen der eigenen Lebensweise auseinandersetzen und sich mental nicht abschotten. Das Gegenmodell zu nachhaltigen Quartieren sind dementsprechend die Gated Communities, sprich die „exklusiven, umzäunten und bewachten Wohn-komplexe, in deren heiler Welt sich die Wohlhabenden häus-lich einrichten" (Stephan Lessenich). In unserer Gesellschaft schützen die Grenzmauern, die immer öfter errichtet werden, nicht nur den Wohlstand, sondern auch die Ursachen der Unordnung „da draußen". So benötigt Nachhaltigkeit Brücken statt Grenzmauern.

Ein Quartier als erweiterte Wohngemeinschaft gründet sich auf drei Elemente:

● *Räume als Gemeingut.* Wo ist das nachbarschaftliche Wohnzimmer im Quartier? Wo ist die gemeinsame Agora, auf der gelebte Demokratie stattfindet? Während urbane Plätze und Jugendzentren, die von oben geplant werden, nicht unbedingt gelebt werden, sind es Kollektive (als Gemeinschaften der Nutzer:innen), die Räume als Gemeingut einrichten, verwalten und leben. Während der Zugang zu kommerziellen Räumen Geld voraussetzt, sind Räume als Gemeingut per se inklusiv und wirken als Identifikationselement (Totem) in der Vielfalt. Im öffentlichen Raum sind die Bürger:innen politische Objekte, bei Gemeingütern hingegen politische Subjekte. Es sind die Wohngenossenschaften, die selbstverwalteten Clubs, die Nachbarschaftshäuser, die Gemeinschafts-gärten usw., die Menschen in den Quartieren zur gelebten Demokratie erziehen. Wenn die Privatisierung des urbanen Raums das Gemeinwesen in unserer Gesellschaft enorm geschwächt hat, dann erfordert seine Stärkung eine Resozialisierung von Grund und Boden. Selbst Straßen und Parkanlagen können in Gemeingüter umgewandelt werden. Es sind solche Räume, die eine ganz andere Dynamik in den Quartieren auslösen.

- *Neuartige Rituale.* Ein lebendiges Quartier braucht eigene Rituale, die von Nachbar:innen für Nachbar:innen konzipiert und realisiert werden. Dabei wird das gute Leben nicht konsumiert, sondern mitgestaltet. Neuartige Rituale sind unkommerziell, denn für die Qualität der sozialen Beziehungen macht es einen großen Unterschied, ob Kaffee und Kuchen in der Nachbarschaft verkauft oder unentgeltlich geteilt werden. So kann eine Atmosphäre des Vertrauens und der Großzügigkeit gefördert werden, die über das Ritual hinaus bestehen bleibt – und sich nachhaltig auswirkt. Neuartige Rituale können an sich als gemeinsame Spielwiese für Alternativen genutzt werden und Lernprozessen dienen. So kann ein Tag der Reparatur in der Nachbarschaft aufgerufen werden, an dem alle Werkzeuge und Kompetenzen geteilt werden. Genauso kann eine Kirche für eine Woche zum Gemeingut umfunktioniert werden. Am jährlich stattfindenden „Tag des guten Lebens" in Köln werden beispielsweise 20 bis 30 Straßen in einem ganzen Quartier auto- und kommerzfrei – und von der jeweiligen Nachbarschaft bespielt.

- *Eigentumsverhältnisse.* In einer Wohngemeinschaft kann man sich zwar viele schöne Dinge ausdenken, aber wie steht dann der oder die Vermieter:in dazu? Im Idealfall duldet er/sie das Zusammenleben der Bewohnerschaft und gestattet den Spielraum. Er/Sie kann sich sogar selbst als Mitbewohner:in an den demokratischen Entscheidungen beteiligen und ihre Umsetzung unterstützen. Doch im Alltag der Quartiere ist dies eher die Ausnahme als die Regel, denn sie sind in eine ungleiche Gesellschaft eingebettet: Zwischen Institutionen, Investor:innen und Bürger:innen herrscht ein strukturelles Machtgefälle. Hierarchien prägen auch die innere Organisation von Verwaltungen und Unternehmen. Darin sind für die Kommunikation mit der Bewohnerschaft meistens die untersten Glieder zuständig. In einem ungleichen Kontext setzen Kooperation und Augenhöhe also einen *sozialen Ausgleich* voraus. Dies gilt für die Verhältnisse innerhalb einer Nachbarschaft genauso wie für ihre Kommunikation mit den Institutionen. Wie kann das Machtgefälle also ausgeglichen werden? Dafür gibt es drei Optionen:
(a) Der mächtigere Teil bietet dem schwächeren Teil eine gerechte Kompensation: Der/Die Investor:in beansprucht

zum Beispiel nur einen Teil der Privatfläche für das eigene Projekt, der Rest wird in Gemeingut umgewandelt und einer Wohngenossenschaft oder einer Nachbarschaft übertragen. (b) Die Bildung von Bündnissen und neuen Allianzen: Als Individuum zählt ein:e Bürger:in wenig, kann jedoch mit anderen Bürger:innen koalieren. So ist es manchen Bürgerinitiativen gelungen, den Bau eines Einkaufszentrums mitten im Quartier zu verhindern. Je größer und bunter Bündnisse sind, desto stärker ist ihre Stimme. (c) Eine Demokratisierung der Demokratie, zum Beispiel durch mehr direkte Demokratie, einen Abbau der internen administrativen Hierarchien und mehr Subsidiarität: Bürgernahe Institutionen (Quartiersräte und Kommunen) sollten die Stärksten und nicht die Schwächsten sein. Zudem sollte die Demokratie die Märkte regulieren statt umgekehrt.

Der Weg ist das Ziel

Während die Modernisierung auf die „Aufwertung" der Quartiere zielt, sorgt sich die Nachhaltigkeit um ihre *Wiederbelebung*. Die Modernisierung entwurzelt, modelliert und standardisiert die Orte. Die Nachhaltigkeit setzt hingegen auf ihre Eigenart, die inneren Potenziale und die Wiederverwurzelung. Während ein Modernisierungsprozess mit der Planung beginnt und dadurch Ziele und Strategien vorgibt, beginnt die nachhaltige Transformation mit der *Exploration* des betroffenen Ortes. Die Modernisierung wird von Autoritäten, Kolonisator:innen, Missionar:innen und Expert:innen initiiert und vorangetrieben, sodass sich die Betroffenen häufig fremdbestimmt fühlen und entsprechend reagieren. Die nachhaltige Transformation wird hingegen von Katalysator:innen erzeugt, die die Kräfte vor Ort neu mischen und verbinden. Es geht also zuerst darum, das Quartier mit dem unvoreingenommenen und neugierigen Blick eines Ethnologen oder einer Ethnologin zu betreten, der oder die verstehen möchte, wie der einzigartige „Planet" tickt. Als Fremde:r ist er/sie auf das Wissen der formellen und informellen Multiplikator:innen vor Ort angewiesen – und führt mit ihnen möglichst viele persönliche Gespräche. Wer die Bürger:innen als Expert:innen statt als Lai:innen behandelt, schenkt ihnen Wertschätzung.

In der Transformation ist das Medium selbst die Botschaft. So macht es einen großen Unterschied, ob die Bewohnerschaft zuerst von Unbekannten durch ein anonymes Mailing zu einer

83

Veranstaltung eingeladen wird oder ob sie eine persönliche Ansprache erfährt. Wer Vertrauen zu den Akteur:innen vor Ort aufbaut, kann sie als Partner:innen, Berater:innen und Brückenbauer:innen im Transformationsprozess gewinnen. Um eine heterogene Bevölkerung zu mobilisieren, muss ihre Vielfalt in der Keimzelle der Transformation vertreten sein.

Vom selben Gebiet gibt es unterschiedliche mentale Landkarten – und dies gilt auch für Quartiere. Wenn es um die Nutzung der gemeinsamen Straße geht, dann sind die Interessen in der Nachbarschaft sehr unterschiedlich: Manche wollen mehr Parkplätze, andere weniger Autos und mehr Radwege, die Kinder würden am liebsten auf der Straße spielen und ältere Menschen mehr Ruhe genießen. Ähnliches gilt für die Wohnpolitik, die Umwelt- oder die Kulturpolitik im Quartier. Wie können also solche unterschiedlichen Vorstellungen in eine gemeinsame Vorstellung von Quartiersentwicklung integriert werden? In ein demokratisches Regierungsprogramm für das Quartier?

Das ist das Hauptanliegen der zweiten Phase einer nachhaltigen Transformation aus dem Lokalen heraus – jener der *Kokreation*. Hier übernehmen die Katalysator:innen vor allem die Aufgabe der Koordination, der Vernetzung, der Moderation und der Supervision – und achten dabei auf eine motivierende, lernorientierte Atmosphäre. Es ist wichtig, die Verantwortung möglichst breit zu verteilen, sodass vor Ort Strukturen entstehen, die selbsttragend wirken. Für die Offenheit und die Augenhöhe ist es wichtig, dass die Akteur:innen nicht auf ihre Funktion und ihr Interesse reduziert werden („Autofahrer:in" vs. „Umweltschützer:in", „Eigentümer:in" vs. „Mieter:in" usw.), sondern vorrangig als Menschen und Nachbar:innen auftreten. Die Spielregeln der Zusammenarbeit werden von den Beteiligten selbst vereinbart. Mit einem Prozess, der mitbestimmt und mitgestaltet wird, identifizieren sich die Akteur:innen stärker.

Parallel zur kokreativen Phase werden *Bündnisse und neue Allianzen* aufgebaut – einerseits mit den Einrichtungen, den Organisationen und den Unternehmen innerhalb des Quartiers (Schulen, Theater, Bürgerzentren, Architekturbüros, Klubs usw.), andererseits mit externen Akteur:innen (sozialen Bewegungen, Umweltinitiativen, Gewerkschaften, Flüchtlingsinitiativen, Wissenschaftseinrichtungen usw.). Die Vielfalt der Perspektiven dient einer Erweiterung der Wahrnehmungshorizonte, sodass ein gutes Leben möglich wird, das nicht auf Kosten anderer geht. Externe Akteur:innen bieten Kompetenzen, ein Wissen und Werkzeuge, die im Quartier nicht immer vorhanden sind.

Durch größere Bündnisse wird die Chance erhöht, gemeinsame Visionen umzusetzen. Im Quartier als Reallabor kann die Zivilgesellschaft lernen, wie eine nachhaltige Transformation in der Praxis gehen kann. Es sind solche Bündnisse, die die Kooperation mit den Kommunalinstitutionen suchen und idealerweise Citizen-public-Partnerships mit ihnen bilden, sodass Gestaltungsräume ermöglicht und die Rahmenbedingungen nach und nach geändert werden. Es werden zusätzlich regionale Wirtschaftskreisläufe gefördert, die sich auf Parallelwährungen stützen können.

Ein solches Verfahren ist keine Utopie. So sind in der Schweiz starke Ortsräte die Regel und nicht die Ausnahme. In Dänemark ist die öffentliche Verwaltung besonders bürgernah. Nach dem finanziellen Kollaps von 2001 wurden in Argentinien starke Allianzen zwischen Nachbarschaften und Arbeiter:innenbewegung gebildet, die erfolgreich mehr Gerechtigkeit erkämpften. Eine Quartiersentwicklung von oben herab ist nur am Anfang effizienter, führt aber im Nachhinein oft zu Fehleinschätzungen, Fehlentscheidungen und Widerständen, denn sie ist nicht unbedingt menschengerecht und im Sinne des Gemeinwohls. Gelebte Demokratie erfordert hingegen zwar am Anfang eine große Kraftanstrengung und mehr Zeit, dies zahlt sich jedoch meistens im Nachhinein aus – und zwar auch im Sinne der Nachhaltigkeit.

85

Vom obsoleten System zum Rohstoff der zirkulären Stadt

Stefan Rettich und Sabine Tastel

Stefan Rettich ist Professor für Städtebau an der Universität Kassel und Gründungspartner von KARO* architekten. Schon im Jahr 2022 war er mit seinem Vortrag „Loosing my religion?" in der Philippuskirche in Käfertal zu Gast. Für die Stadt Mannheim erarbeitete er eine Studie zu obsoleten Orten. In einer Winterschule im Rahmen des vom Bundesbauministerium geförderten Programms „Fachlicher Nachwuchs entwirft Zukunft" kamen im März 2023 unter Federführung der Universität Kassel zum Thema „Zirkuläre Stadt" Lehrende und Studierende von elf deutschen Hochschulen in Mannheim zusammen, um eines der in der Studie herausgearbeiteten Stadtgebiete unter die Lupe zu nehmen. Stefan Rettich war auch Beitragender beim Symposium „Übungsräume für die offene Gesellschaft – Perspektiven einer kooperativen Planungskultur".

Sabine Tastel ist wissenschaftliche Mitarbeiterin am Fachgebiet Städtebau an der Universität Kassel. Sie koordinierte das Forschungsprojekt „Obsolete Stadt" und war verantwortlich für die Winterschule.

In den europäischen Städten fallen immer wieder Gebäude aufgrund gesellschaftlicher Veränderungen aus der Nutzung. Die Treiber hierfür wurden bisher aber nicht systematisch untersucht. Heute steht eine Vielzahl von Typen durch die Megatrends Digitalisierung, Verkehrswende und Wandel der Religiosität unter Nutzungsdruck. Anhand von georeferenzierten Daten lassen sich diese Obsoleszenzen in ihrer Größe und Lage bestimmen – dort, wo sie sich häufen, befinden sich die urbanen Transformationsräume einer zirkulären Zukunft.

Erst mit Aufkommen des modernen Denkmalschutzes, insbesondere infolge des European Architectural Heritage Year (EAHY) von 1975, wurde das unablässige Schleifen der Geschichte eingestellt. Allerdings nur partiell. Man bezog sich auf die Zeit vor 1914, die seither als vermeintlich historisches Stadtbild fest im Raum und in den Köpfen verankert ist. Demgegenüber bleibt die Moderne trotz etwa der intensiven Arbeit des International Council on Monuments and Sites (ICOMOS) und von Privatinitiativen weiterhin unterschätzt. Auch wenn sich in manchen Planungsämtern schon ein Umdenken zeigt, stehen Areale der Moderne meist zur Disposition.

Nun aber werden immer häufiger Gebäude umgebaut, die man noch vor Kurzem nicht für erhaltenswert gehalten hätte. Das bedeutet dreierlei: Erstens fallen immer mehr Profangebäude der letzten Jahrzehnte aus der Nutzung – und weil die Boden-, Material- und Energiepreise stetig steigen, ist ein neues Marktsegment im Entstehen. Zweitens gewinnt dadurch das Profane gegenüber dem vermeintlich Historischen an Wert. Und drittens ist es eine Revolution unter dem Diktum der grauen Energie, die mit der Vorstellung der zirkulären Ökonomie einhergeht. Während das Letztgenannte für Gebäude bereits hinlänglich diskutiert wird, liegt eine Theorie der Obsoleszenz und Wiederverwertung auf Ebene des Quartiers oder gar der gesamten Stadt bislang nicht vor. Eine Vorausschau auf das Recycling von Flächen und Häusern – also eine Strategie der zirkulären Stadt – wird aber in Anbetracht des Klimawandels zunehmend essenziell. Auf welchen Regeln beruht das Phänomen der Obsoleszenz in Architektur und Stadt, gibt es systemische Zusammenhänge, und was bedeutet das für die aktuelle Situation?

88

Wallanlagen – ein historisches Narrativ obsoleter Systeme

In jeder Epoche produzieren Stadtgesellschaften ihre je eigenen soziotechnischen Systeme der Ver- und Entsorgung, des Transports, der Industrie oder auch der militärischen Abwehr. Wenn sich deren Bedingungen grundlegend ändern, werden sie obsolet. Es bleibt die bauliche Struktur selbst, in der enorme Energie und politischer ebenso wie ökonomischer Durchsetzungswille manifest sind, was wohl auf keine andere Weise und in keiner anderen Zeit wiederholbar ist – und im besten Fall Ausgangspunkt für eine soziale Innovation sein kann.

Eindrücklich lässt sich dies an großen Umbrüchen der Stadtentwicklung beschreiben, beispielsweise dem Umgang der Städte mit ihren historischen Befestigungsanlagen. Einst zum Schutz der Bevölkerung als massive bauliche Strukturen angelegt, konnten diese im Zuge der Urbanisierung und der Erfindung neuer Militärtechniken ihren ursprünglichen Zweck nicht mehr erfüllen. Die obsolet gewordenen Anlagen setzten enorme Flächenpotenziale frei. In Städten wie Frankfurt am Main, Bremen oder Hamburg wurden die transformierten Wallanlagen zu öffentlichen Grünräumen, die bis heute der Bevölkerung dienen.

Globalisierung als prägender Treiber urbaner Obsoleszenz der letzten Dekaden

In den letzten Jahrzehnten hatten andere Obsoleszenzen für die Entwicklung der Städte große Bedeutung. Für die seit der Einführung der Container 1956 stetig wachsenden Containerschiffe waren viele Hafenanlagen nicht mehr geeignet. Sie wurden entweder ganz aufgegeben oder verlagert. Weitere Beispiele sind die Auflassung von Kasernen nach dem Fall der Berliner Mauer, Industrieareale, die im Zuge der Globalisierung aus der Nutzung gefallen sind, oder zentral gelegene

89

Güterbahnhöfe, die in Stadtrandlagen verlegt wurden. Weitere vormals städtische Funktionen wie Schlachthöfe, Brauereien oder Großmarkthallen wurden ebenfalls an sogenannte Punkte höchster Erreichbarkeit ausgelagert, weil auch sie in internationale oder zumindest überregionale Produktions- und Lieferketten eingebunden sind.

In der Summe handelte es sich um enorme und zudem wertvolle Flächen für die Innenentwicklung von Städten. Denn sie waren zentral gelegen, gut erschlossen und verhältnismäßig einfach umzugestalten, da das Grundeigentum bei der öffentlichen Hand oder bei Alleineigentümern der Industrie lag. Auf diesen Raumressourcen konnten attraktive Quartiere wie die Hamburger HafenCity, die Bremer Überseestadt, der Ackermannbogen in München oder Kreativviertel wie die Leipziger Baumwollspinnerei entwickelt werden. Diese Flächen wurden auch dringend benötigt, denn seit den Nullerjahren wachsen die meisten Großstädte sowie kleinere Universitätsstädte (Schwarmstädte) rapide, und die Diskussion über Wohnungsmangel und steigende Mieten reißt nicht ab. Hier wirkt im Hintergrund ein Megatrend: Wissenskultur und Wissensgesellschaft treiben einen Strukturwandel auf dem Arbeitsmarkt an. Gerade in den Groß- und Universitätsstädten konzentrieren sich Kreativwirtschaft sowie bedeutende Zentren von Forschung und Entwicklung mit attraktiven, gut bezahlten Jobs.

Megatrends und die Transformationsfelder von morgen

Grundlegende gesellschaftliche Entwicklungen, sogenannte Megatrends, wirken sich also mittelbar auf die Nutzung des Raums aus, sind Auslöser für Flächenverknappung, aber auch für Leerstände mit dem Potenzial neuer Nutzungen. Kann man die Erfahrungen aus der Vergangenheit nutzen, um herauszufinden, welche Flächen der Stadt in Zukunft obsolet und welche Gebäudetypen davon betroffen sein werden? Dazu müssen aktuelle Megatrends auf ihre Raumwirksamkeit untersucht werden.

Während der Lockdowns der Covid-19-Pandemie zeigte sich beispielsweise wie unter dem Brennglas, wie stark sich die Digitalisierung auf fast alle Lebensbereiche und damit auch auf

90

den Wandel von Arbeit und Handel auswirkt. Die Pandemie wirkte hier nur als Katalysator, nicht als Auslöser. Der stationäre Einzelhandel steht schon länger unter dem Druck der Plattformökonomien von Amazon und Co. Im kulturellen Bereich setzen Streamingdienste den Kinos ebenfalls seit geraumer Zeit zu, und im Büro- und Dienstleistungssegment sind es professionelle Video-Clients wie Zoom, die den klassischen Büroturm infrage stellen. Auch im produktiven Sektor kommt es zu Neuordnungen durch Digitalisierungsprozesse. Der wachsende Einsatz von IT und Robotik führt hier zu Flächenüberschuss. Für die sogenannte Industrie 4.0 werden weniger Facharbeiter:innen benötigt, dafür mehr Informatiker:innen.

Fabrikhallen könnten Softwareschmieden weichen, die sich vertikal organisieren lassen – Flächen werden dann für andere Nutzungen frei. Der Einfluss auf den Arbeitsmarkt und damit auf die Flächenbedarfe ist aber branchenabhängig und variiert selbst dort in verschiedenen Fertigungssegmenten erheblich.

Neben der Digitalisierung sind es perspektivisch der Klimawandel sowie die mit ihm verbundene Energie- und Verkehrswende, die sich als Megatrends auf städtische Funktionen und damit auf die Raumentwicklung auswirken werden. Vor allem beim ruhenden Verkehr könnten Flächen – Parkplätze – eingespart werden. Die Frage ist nur, wann und ob es dafür weiterer disruptiver Ereignisse bedarf wie etwa der Diesel-Gate-Affäre, bis politisches Handeln umfassend einsetzt.

Die Flächengewinne wären immens – in einer Stadt wie Mannheim entfallen derzeit über 200 Hektar Grundfläche allein auf ebenerdige Parkplätze (Rettich et al. 2023: 33). Berechnungen des Umweltbundesamtes zeigen, dass ein Carsharing-Auto je nach örtlichen Verhältnissen vier bis teilweise mehr als zehn private Fahrzeuge ersetzt (Umweltbundesamt 2022). Angenommen, der komplette Autoverkehr würde auf Sharing-Dienste verlagert, könnten im Idealfall über 90 Prozent der Stellplätze eingespart werden. Der tatsächliche Wert wird sich in der täglichen Mobilitätspraxis irgendwo zwischen diesem und dem heutigen einpendeln. Noch sind Projekte wie der Gröninger Hof – der Umbau eines Parkhauses in einen genossenschaftlichen Wohnungsbau in der Hamburger Innenstadt – oder der Rückbau des Parkhaus Büchel in Aachen zugunsten eines innerstädtischen Parks Einzelfälle. Aber dass deutschlandweit etwa 600 Autohäuser pro Jahr in die Insolvenz gehen (Fassnacht/Vollmar 2022), ist ein weiteres Indiz dafür, dass das gesamte Arsenal der autogerechten Stadt auf dem Prüfstand steht.

Wandel der Religiosität

Besonders dramatisch ist die Entwicklung bei den kirchlichen Einrichtungen. Prognosen besagen, dass die Mitgliederzahlen in beiden kirchlichen Glaubensrichtungen bis 2060 um annähernd 50 Prozent zurückgehen werden (Evangelische Kirche in Deutschland 2019: 8). In allen Kirchenkreisen und Diözesen wird nach Strategien zur Umnutzung ihrer Immobilien gesucht. Diese besonderen Versammlungsorte haben eine hohe gesellschaftliche Bedeutung, die Thematik ist dementsprechend diffizil. Neben den Kirchen selbst betrifft dies auch die zugehörigen Pfarr- und Gemeindehäuser. Diese sensiblen Immobilien liegen in der Regel sehr zentral in den Nachbarschaften und sind im kollektiven Bewusstsein der Anwohner:innen gut verankert. Sie könnten also auch gut für andere soziokulturelle oder andere bedeutende Nutzungen im Quartier Verwendung finden.

Für die Umwandlung von Kirchen gibt es inzwischen eine Reihe exzellenter Beispiele. Sie reichen von der Kita über die Kunstgalerie bis zur Buchhandlung. Das zweite Phänomen, das sich in diesem Bereich beobachten lässt, ist ein Wandel in der Bestattungskultur. Mehr als ein Drittel der Friedhofsflächen in Deutschland sind sogenannte Überhangflächen – sie werden nicht aktiv genutzt, müssen aber unterhalten werden (IKH 2015: 23 f.). Der Grund liegt hier im Wandel von der Sarg- zur Urnenbestattung, die nur etwa ein Viertel der Fläche benötigt. Große Teile der Friedhöfe könnten daher nach einer Pietätsfrist in Freizeit- und Erholungsflächen umgewandelt werden (Rettich 2017: 42–45).

Bei allen genannten Beispielen ist die Lage entscheidend, denn das Obsoleszenzrisiko einer städtischen Funktion ist nicht an jeder Stelle gegeben oder gleich hoch. Jene Ressourcen aber vorausschauend zu identifizieren und systematisch zu erschließen, scheint aufgrund der akuten Flächenknappheit in den Städten zu einer wesentlichen Aufgabe der Stadtentwicklung zu werden.

Zirkuläre Stadt – Möglichkeiten und Notwendigkeiten

Digitalisierung, Klimawandel, Verkehrswende und Wandel der Religiosität sind demnach die Treiber, die mit teils disruptiven Effekten Obsoleszenzen in städtischen Funktionen und präzise definierbaren Gebäudetypen hervorrufen. Betroffen sind Objekte und Flächen in den Kategorien Handel, Arbeit, Mobilität, Kultur und Religion. Wo aber befinden sich diese konkret in den Städten, und in welchem Ausmaß werden die einzelnen Gebäude- und Flächentypen betroffen sein?

Hier bedarf es einer Annäherung auf mehreren Ebenen. Die Grundlage eines solchen Arbeitens bilden differenzierte georeferenzierte Datensätze, über die mittlerweile die meisten Städte verfügen. Mit ihnen ist es möglich, die Objekte in ihrer Lage abzubilden und deren Größe zu ermitteln. Für Hamburg, Hannover und mittlerweile auch für Mannheim wurden diese Daten für alle potenziell obsoleten Typen kartiert und überlagert sowie Fremdstudien zur empirischen Entwicklung einzelner Segmente ausgewertet. Die Gebiete, in denen sie sich häufen, sind denn auch die Transformationsfelder von morgen. Dort sollte die öffentliche Hand aktiv in Kommunikation, Planung und in den Ankauf von Grundstücken investieren, bevor Preise und Nutzungen weiter vom Markt diktiert werden.

In Mannheim wurden nach dieser Methode 39 Potenzialräume unterschiedlicher Größe identifiziert, die nach stadtspezifischen Prioritäten gewichtet werden können. Dabei handelt es sich um eine reine Analyse ohne erweiterte Planungen. Hier waren dies neben Friedhöfen und Kirchen, die von der Evangelischen Kirche Mannheims zum Verkauf angeboten werden, unter anderem auch die für Mannheim typischen Stadtteilzentren in den historischen Ortslagen. Eine Auswahl an Karten, die die Methodik erläutern, befindet sich im Anhang.

Wesentlich ist zudem die Auseinandersetzung mit den Nutzungen, die perspektivisch in die Städte integriert werden müssen – diese mit den Begabungen obsoleter Typen abzugleichen, ist ein Schlüssel für die Strategie der zirkulären Stadt. Damit sie effizient umgesetzt werden kann, bedarf es allerdings auch einer Flexibilisierung des Planungsrechts. Das heißt, neue

93

Stefan Rettich und Sabine Tastel

Nutzungen müssen schon einziehen dürfen, wenn die alte Nutzung noch (teilweise) am Werk ist. Auf dem viel gelobten Leipziger Spinnereigelände beispielsweise wurden Ateliers und Wohnungen – allerdings als illegale Schwarzbauten – schon realisiert, als in manchen Fabrikhallen noch Reifen-Cord produziert wurde.

Dieser Text basiert auf Erkenntnissen des Forschungsprojekts Obsolete Stadt, das von der Robert Bosch Stiftung gefördert wurde, sowie einem Text von Stefan Rettich, der 2021 im Buch *Stadt nach Corona* von Doris Kleilein und Friederike Meyer (Hg.) erschienen ist. Er wurde leicht bearbeitet und ist zudem in einer längeren Fassung in *archithese* 02/2022 (mit N. Beucker) sowie in einer kürzeren Fassung in der *Bauwelt* 7/2023 sowie auf *Marlowes* am 26.09.2023 online erschienen. 2024 erscheint im JOVIS Verlag das Buch *Die zirkuläre Stadt* von Stefan Rettich und Sabine Tastel, das die Erkenntnisse der gemeinsamen Forschung in einen erweiterten kulturhistorischen und planungs-rechtlichen Kontext einbettet.

Quellen
- Evangelische Kirche in Deutschland: *Langfristige Projektion der Kirchenmit-glieder und des Kirchensteueraufkom-mens in Deutschland. Eine Studie des Forschungszentrums Generationsver-träge an der Albert-Ludwig-Universität Freiburg*. Freiburg 2019.
- https://www.ekd.de/ekd_de/ds_doc/projektion-2060-ekd-vdd-facts-heet-2019.pdf (letzter Zugriff: 18.11.2021).
- Fassnacht, Martin / Vollmar, Jann: „Warum unsere Autohäuser überleben müssen". In: *Frankfurter Allgemeine Zeitung*, 11.07.2022.
- IKH – Institut für Kommunale Haushalts-wirtschaft: *Wirtschaftlichkeit im Friedhofswesen*. Helsa 2015, S. 23 f.
- Rettich, Stefan, et al.: *Mannheim Zirkuläre Stadt* (nicht publiziert). 2023.
- Rettich, Stefan: „Berlin denkt weiter". In: *Garten + Landschaft* 5/2017, S. 42–45.
- Umweltbundesamt: *Carsharing entlastet die Umwelt und spart Ressourcen*. https://www.umweltbundesamt.de/umwelttipps-fuer-den-alltag/mobilitaet/carsharing-nutzen#unsere-tipps, 01.12.2022 (letzter Zugriff: 18.11.2023).

94

TYPOLOGISCHE OBSOLESZENZEN

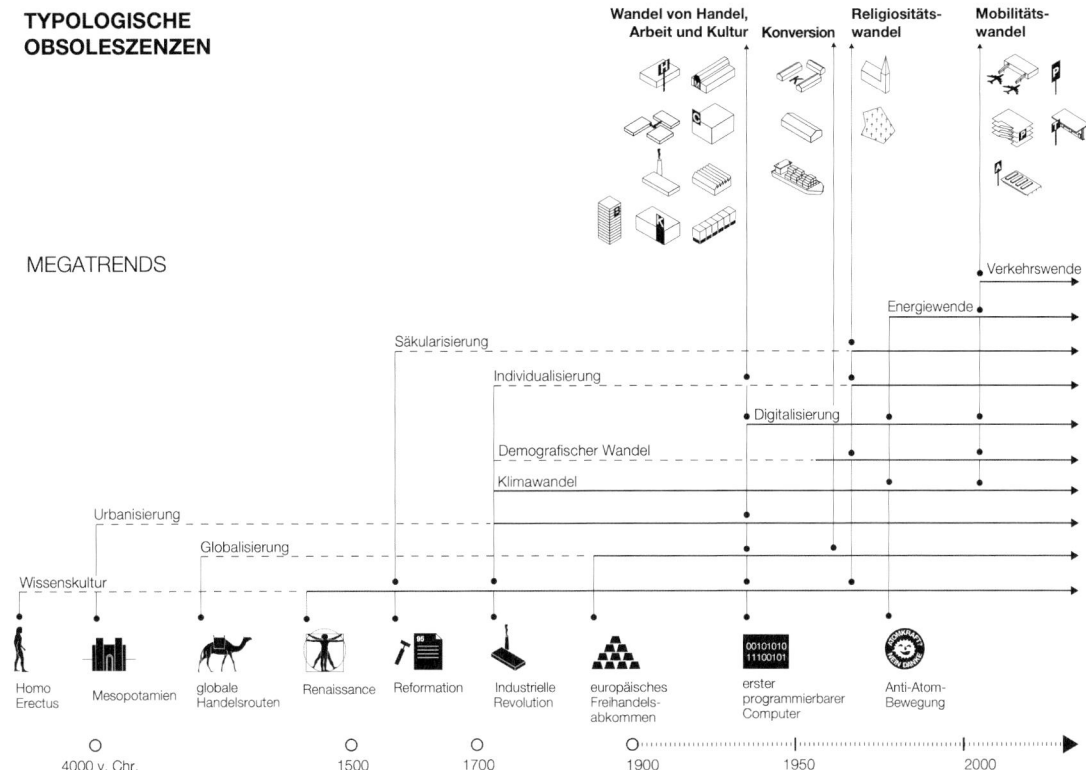

MEGATRENDS

1   Megatrends und typologische Obsoleszenzen

Die Ursprünge von Megatrends liegen teilweise Jahrtausende zurück, und ihre Verläufe waren über einen langen Zeitraum hinweg träge. Bestimmte disruptive Ereignisse wie die industrielle Revolution konnten diesen Megatrends Auftrieb geben oder zum Ursprung eines neuen Trends werden. Die gleichzeitigen und in Wechselwirkung zueinander stehenden Megatrends wirken sich auch auf städtische Funktionen aus und führen dazu, dass bestimmte Flächen- und Gebäudetypologien aus der Nutzung fallen. Die große Veränderung unserer heutigen Städte – unter anderem ablesbar an bereits vorhandenen oder erwartbaren urbanen Obsoleszenzen – lässt sich insbesondere auf drei prägende Megatrends zurückführen: die Digitalisierung (1), den Wandel der Religiosität (2), der in Wechselwirkung mit fortschreitender Säkularisierung und Individualisierung steht, sowie den Klimawandel (3) und die damit verbundene Verkehrswende. (Grafik: Rettich / Tastel 2022)

95

Stefan Rettich und Sabine Tastel

	Handel					Kultur	Arbeit		
	Inhabergeführter Einzelhandel	Großflächiger Einzelhandel	Shoppingmall	Kaufhaus	Messe	Kino	Produzierendes Gewerbe	Industrie	Bürogebä…
Zentrum	+		+	+		+			+
Innere Stadt	+	+			+	+	+	+	+
Urbanisier-ungszone	+	+					+	+	+
Äußere Stadt		+	+		+	+	+	+	+

Vom obsoleten System zum Rohstoff der zirkulären Stadt

	Verkehr					Religiosität		Konversion		
	...haus	Tankstelle	Parkhaus	Parkplatz	Flughafen	Friedhof	Kirche	Kaserne	Gründerzeitfabrik	Hafenlogistik
			+				+			
	+	+	+	+		+	+		+	+
	+	+	+	+		+	+	+		+
		+	+	+	+					

2   Typen-Matrix der obsoleten Stadt

Urbane Obsoleszenzen bilden den Ausgangspunkt städtischer Transformationsfelder. Gesellschaftliche und politische Veränderungen können dazu führen, dass Flächen und Gebäude ihre ursprüngliche Nutzung verlieren. Aus den aktuell wirksamen Megatrends lassen sich spezifische Raum-Nutzungs-Regime potenzieller Obsoleszenzen herauskristallisieren. Ausgelöst durch die Megatrends Digitalisierung, Wandel der Religiosität und Klimawandel zeigen sich Obsoleszenzen in den Bereichen Handel, Kultur, Arbeit, Verkehr und Religion sowie in altbekannten Feldern der Konversion. Sie lassen sich sowohl typologisch als auch in Bezug auf ihre Lage in der Stadt bestimmen. (Grafik: Rettich / Tastel 2022)

97

Stefan Rettich und Sabine Tastel

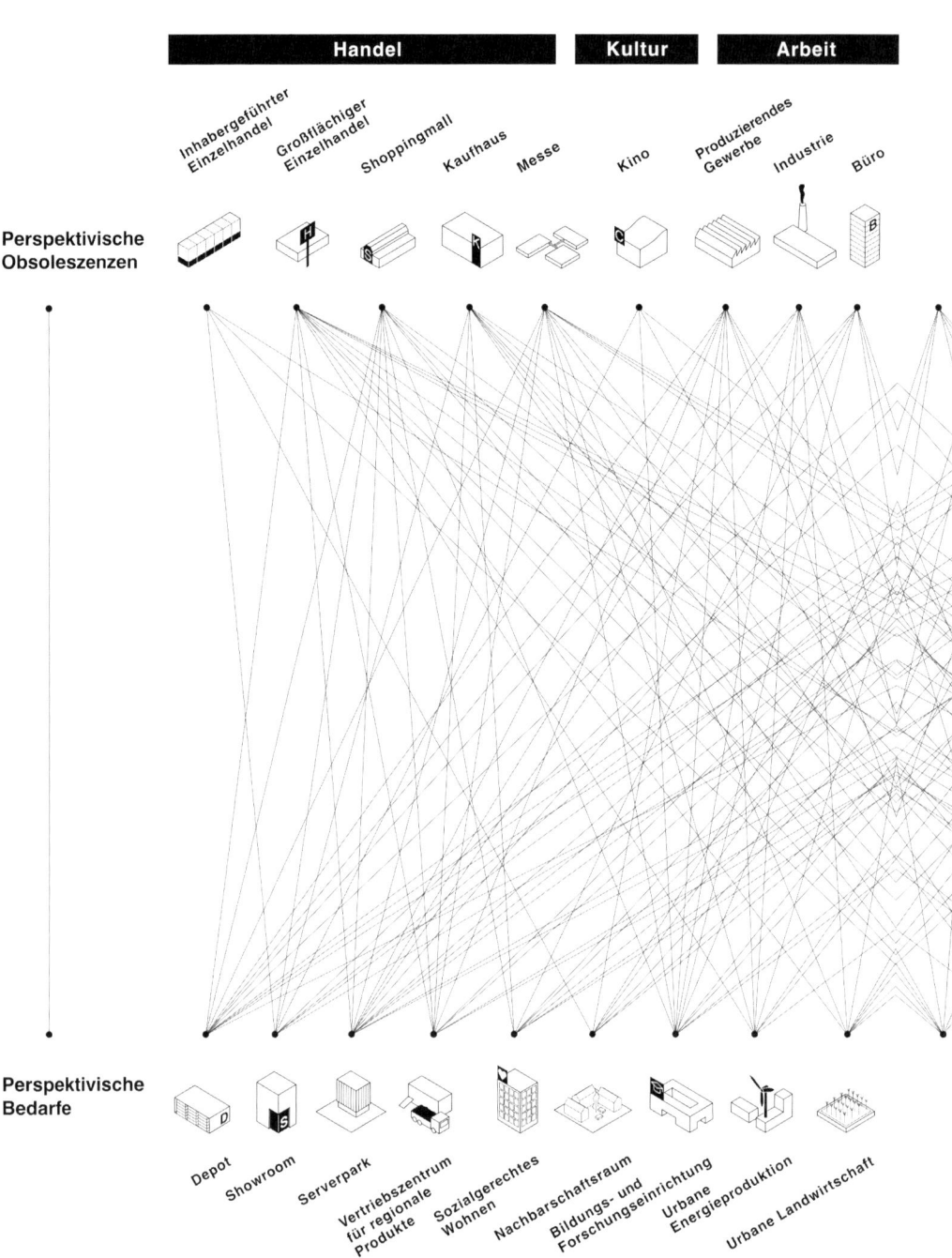

Handel **Kultur** **Arbeit**

Inhabergeführter Einzelhandel · Großflächiger Einzelhandel · Shoppingmall · Kaufhaus · Messe · Kino · Produzierendes Gewerbe · Industrie · Büro

Perspektivische Obsoleszenzen

Perspektivische Bedarfe

Depot · Showroom · Serverpark · Vertriebszentrum für regionale Produkte · Sozialgerechtes Wohnen · Nachbarschaftsraum · Bildungs- und Forschungseinrichtung · Urbane Energieproduktion · Urbane Landwirtschaft

Handel **Soziale, Grüne und Kulturelle Infrastruktur**

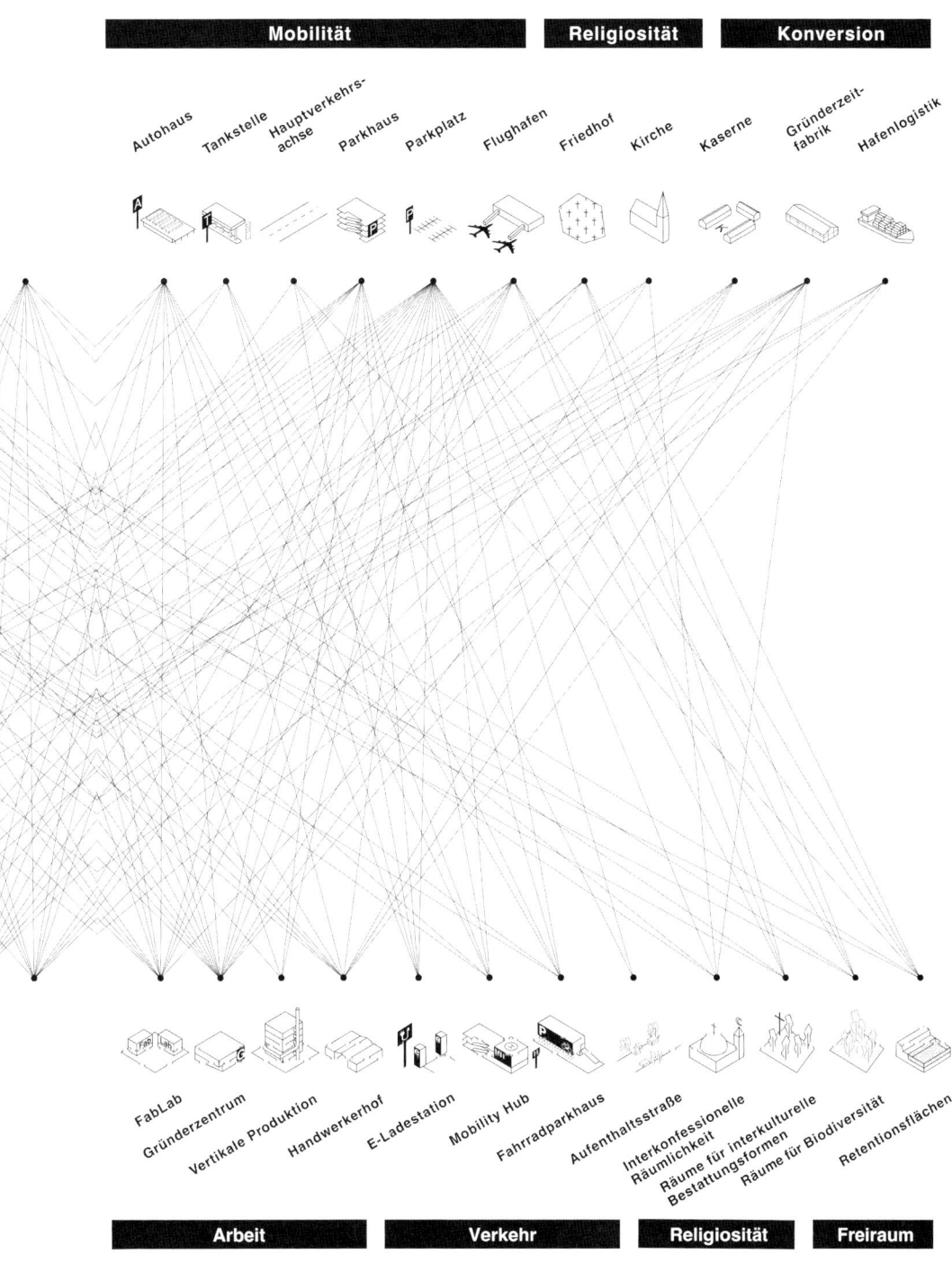

Mobilität   **Religiosität**   **Konversion**

Autohaus · Tankstelle · Hauptverkehrsachse · Parkhaus · Parkplatz · Flughafen · Friedhof · Kirche · Kaserne · Gründerzeitfabrik · Hafenlogistik

FabLab · Gründerzentrum · Vertikale Produktion · Handwerkerhof · E-Ladestation · Mobility Hub · Fahrradparkhaus · Aufenthaltsstraße · Interkonfessionelle Räumlichkeit · Räume für interkulturelle Bestattungsformen · Räume für Biodiversität · Retentionsflächen

Arbeit   **Verkehr**   **Religiosität**   **Freiraum**

3   Bedarfsmatrix – neue städtische Funktionen und Transformationsbegabungen obsoleter Typen

Wesentlich ist die Auseinandersetzung mit den Nutzungen, die perspektivisch in die Städte integriert werden müssen – diese mit den Begabungen obsoleter Typen abzugleichen, ist ein Schlüssel für die Strategie der zirkulären Stadt. Graue Energie wird so zum Grundstock neuer Nutzungen und trägt dazu bei, den Klimawandel entscheidend zu entschleunigen.
(Grafik: Rettich / Tastel 2022)

Stefan Rettich und Sabine Tastel

° Gebiet Nahe der Autobahn A6
° IKEA + MediaMarkt + große Parkplatzfläche
° kleines angrenzendes Gewerbegebiet
° angrenzend an historische Bebauungs-
struktur des Scharfhof

° Gebiet Nahe der Autobahn A6
° kleinflächiges Gewerbe und großflächiger
EZH mit Parkplätzen
° Friedhof Sandhofen

° Stadtteilzentrum Sandhofen
° kleinflächiger EZH + kleinflächiges Gewerbe
° evangelische und katholische Kirchen
° angrenzend an Jakobuskirche (C-Kirche)

° kleines Gewerbegebiet bei Schönau
° Gegenüber der Essity Operations Mannheim
GmbH Papierfabrik

° großes Gewerbegebiet zwischen
Bahnschienen und Altrhein

° heterogenes Gebiet um den S-Bahnhof in
Waldhof
° Pauluskirche und Gethesemanekirche
(C-Kirchen)

° kleines Wohngebiet zwischen Gewerbe,
Hafen und S-Bahnstrecke Luzenberg

° Teil eines größeren Gewerbegebiets

° kleinflächige EZH-Agglomeration entlang
Mannheimer Straße
° südlich angrenzend große Bürokomplexe
° Unionkirche und Philippuskirche
(A/C-Kirchen)

° kleinteiliges Gewerbe angrenzend
an gewerbliche Großstrukturen

° an Autobahnabfahrt
° Gewerbegebiet angrenzend an
Neubauviertel mit hoher Anzahl an TGs und
kleinem EZH-Zentrum

° Hauptfriedhof in Gewerbegebiet mit
angrenzender Wohnbebaung
° Lage an Magistrale B38

° Gewerbegebiet südlich Neuer Messplatz
° angrenzend an Herzogenried Park
° Paul-Gerhardt-Kirche (C-Kirche nach
Fertigstellung Melanchthon)

° kleines Gewerbegebiet
° Lage am Gelände der Bundesgartenschau
° ehemalige Kaserne Spinelli
° Feudenheimer Bürgerpark

° kleines Gewerbegebiet mit angrenzendem
Freidhof bei Wallstadt Ost

° Stadtteilzentrum Wallstadt

° Gewerbe und Wohnen durchmischt
° angrenzend an Autobahn A6
° kein direkter Autobahnanschluss

° Stadtteilzentrum Feudenheim
° Friedhof
° Epiphaniaskirche (C-Kirche)

° Lage in der Innenstadt
° kleinflächiger EZH und Einkaufszentren im
zentralen Versogungsbereich (ZVB)
° Trinitatiskirche (C-Kirche)

° Großmarkt mit angrenzenden Bürokomplexen

100

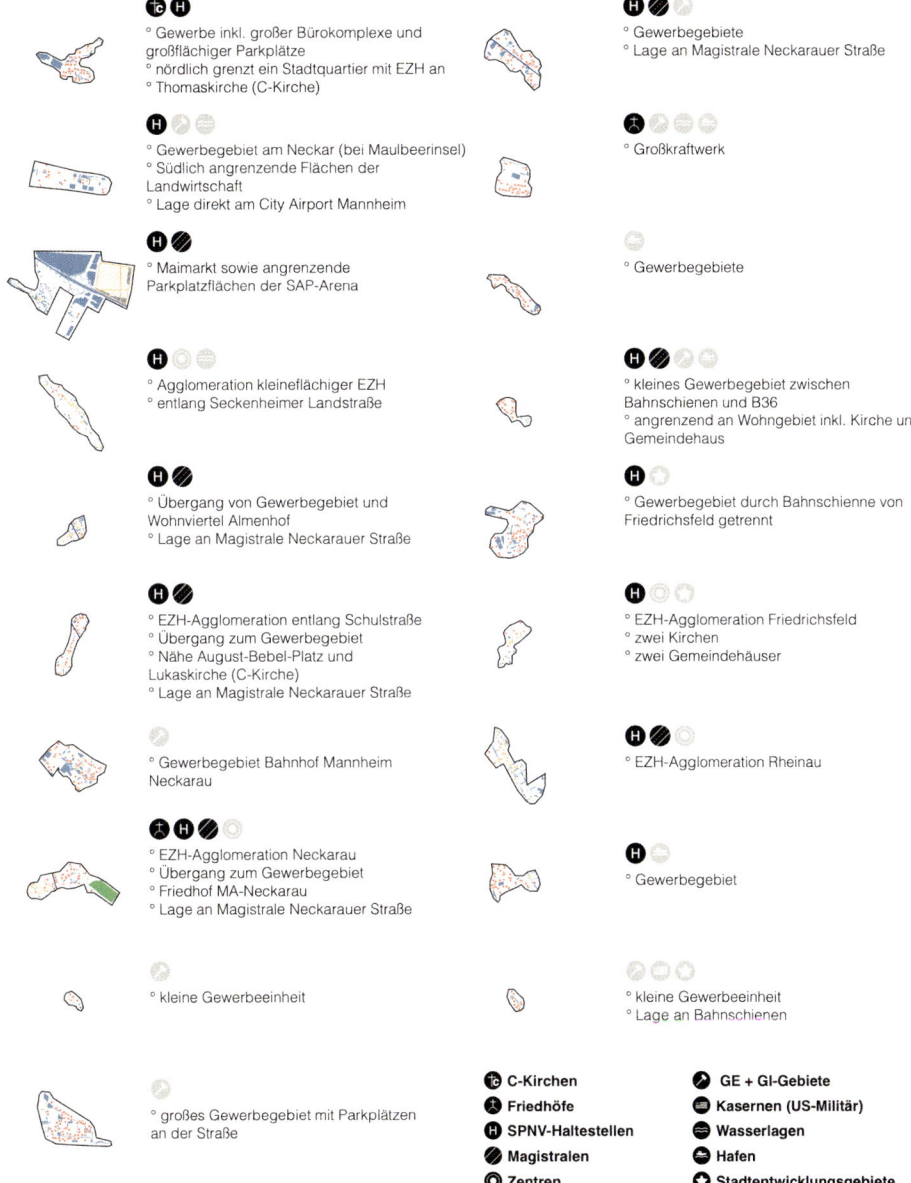

° Gewerbe inkl. großer Bürokomplexe und großflächiger Parkplätze
° nördlich grenzt ein Stadtquartier mit EZH an
° Thomaskirche (C-Kirche)

° Gewerbegebiet am Neckar (bei Maulbeerinsel)
° Südlich angrenzende Flächen der Landwirtschaft
° Lage direkt am City Airport Mannheim

° Maimarkt sowie angrenzende Parkplatzflächen der SAP-Arena

° Agglomeration kleinflächiger EZH
° entlang Seckenheimer Landstraße

° Übergang von Gewerbegebiet und Wohnviertel Almenhof
° Lage an Magistrale Neckarauer Straße

° EZH-Agglomeration entlang Schulstraße
° Übergang zum Gewerbegebiet
° Nähe August-Bebel-Platz und Lukaskirche (C-Kirche)
° Lage an Magistrale Neckarauer Straße

° Gewerbegebiet Bahnhof Mannheim Neckarau

° EZH-Agglomeration Neckarau
° Übergang zum Gewerbegebiet
° Friedhof MA-Neckarau
° Lage an Magistrale Neckarauer Straße

° kleine Gewerbeeinheit

° großes Gewerbegebiet mit Parkplätzen an der Straße

° Gewerbegebiete
° Lage an Magistrale Neckarauer Straße

° Großkraftwerk

° Gewerbegebiete

° kleines Gewerbegebiet zwischen Bahnschienen und B36
° angrenzend an Wohngebiet inkl. Kirche und Gemeindehaus

° Gewerbegebiet durch Bahnschienne von Friedrichsfeld getrennt

° EZH-Agglomeration Friedrichsfeld
° zwei Kirchen
° zwei Gemeindehäuser

° EZH-Agglomeration Rheinau

° Gewerbegebiet

° kleine Gewerbeeinheit
° Lage an Bahnschienen

Legende:

- C-Kirchen
- Friedhöfe
- SPNV-Haltestellen
- Magistralen
- Zentren
- GE + GI-Gebiete
- Kasernen (US-Militär)
- Wasserlagen
- Hafen
- Stadtentwicklungsgebiete

4 Häufungen potenzieller Obsoleszenzen

Um vom singulären Objekt zu einem gesamtstädtischen Transformationsansatz zu kommen, müssen Teilräume identifiziert werden, in denen sich viele – und zudem unterschiedliche – Gebäudetypen häufen. Dabei lassen sich auch weitere räumliche Aspekte mit einer spezifischen Lagegunst feststellen, beispielsweise die Lage an einer Magistrale oder in einem historischen Ortskern. In Mannheim konnten auf diese Weise 39 kleinere und größere Bereiche mit Häufungen potenzieller Obsoleszenzen identifiziert werden. (Grafik: Rettich / Tastel / Gerth 2023)

Stefan Rettich und Sabine Tastel

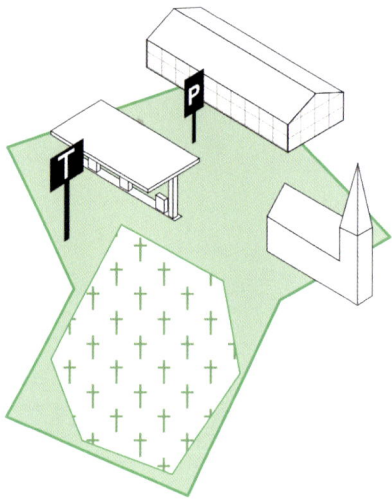

Potenzialräume für eine klimaadaptive Stadtentwicklung.

| Innenstadt

|| städtisch urbane Viertel

5   Besondere Indikatoren

Bestimmte räumliche Parameter stechen als Transformationspotenziale hervor, wobei dies von Stadt zu Stadt variieren kann. Für die Innenentwicklung werden beispielsweise auch Freiräume benötigt, hier können obsolete Friedhöfe eine Ressource bilden. Eine geschickte Transformation von Kirchen kann wiederum aufgrund ihrer herausragenden Lage in den Quartieren einen besonderen programmatischen Impuls geben. Auch eine gute Anbindung an den öffentlichen Nahverkehr kann die Transformation beschleunigen. Besonders wichtig für Mannheim sind aber die historischen Ortslagen. Sie sind identitätsstiftend und helfen, die Transformation obsoleter Strukturen mit der geschichtlichen Entwicklung der Stadt zu verknüpfen. (Grafik: Rettich / Tastel / Gerth 2023)

Vom obsoleten System zum Rohstoff der zirkulären Stadt

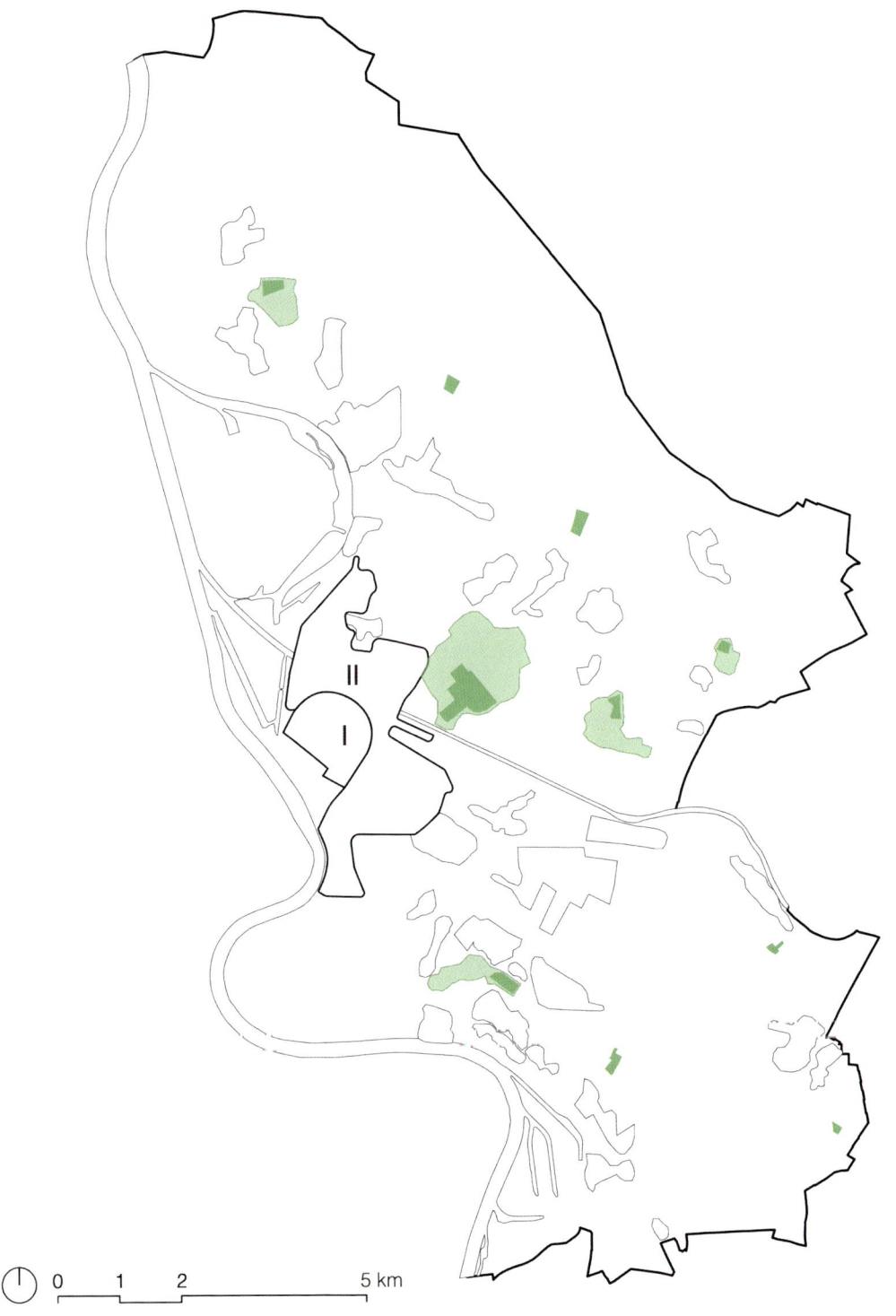

Stefan Rettich und Sabine Tastel

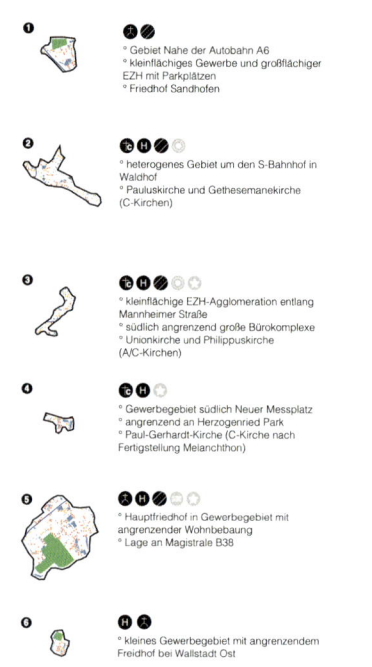

1
° Gebiet Nahe der Autobahn A6
° kleinflächiges Gewerbe und großflächiger EZH mit Parkplätzen
° Friedhof Sandhofen

2
° heterogenes Gebiet um den S-Bahnhof in Waldhof
° Pauluskirche und Gethesemanekirche (C-Kirchen)

3
° kleinflächige EZH-Agglomeration entlang Mannheimer Straße
° südlich angrenzend große Bürokomplexe
° Unionkirche und Philippuskirche (A/C-Kirchen)

4
° Gewerbegebiet südlich Neuer Messplatz
° angrenzend an Herzogenried Park
° Paul-Gerhardt-Kirche (C-Kirche nach Fertigstellung Melanchthon)

5
° Hauptfriedhof in Gewerbegebiet mit angrenzender Wohnbebauung
° Lage an Magistrale B38

6
° kleines Gewerbegebiet mit angrenzendem Friedhof bei Wallstadt Ost

7
° Lage in der Innenstadt
° kleinflächiger EZH und Einkaufszentren im zentralen Versorgungsbereich (ZVB)
° Trinitatiskirche (C-Kirche)

8
° Stadtteilzentrum Feudenheim
° Friedhof
° Epiphaniaskirche (C-Kirche)

9
° Gewerbe inkl. großer Bürokomplexe und großflächiger Parkplätze
° nördlich grenzt ein Stadtquartier mit EZH an
° Thomaskirche (C-Kirche)

10
° EZH Agglomeration Neckarau
° Übergang zum Gewerbegebiet
° Angrenzender Friedhof

° C-Kirchen
° Friedhöfe
° SPNV-Haltestellen
° Magistralen
° Zentren
° GE + GI-Gebiete
° Kasernen (US-Militär)
° Wasserlagen
° Hafen
° **Stadtentwicklungsgebiete**

6   Perspektivräume

In der Überlagerung zeigen sich besondere Perspektivräume mit hohem Transformationspotenzial – in Mannheim gibt es davon zehn. Sie verfügen über mindestens zwei dieser besonderen Indikatoren. Es ist wenig sinnvoll, hier die Innenstadt oder städtisch urbane Viertel zu betrachten: zum einen, weil für den Umbau der Stadtzentren bereits Förderprogramme aufgelegt sind und zu wirken beginnen. Zum Zweiten, weil die Märkte in wachsenden Großstädten wie Mannheim obsolete Gebäude in besonderen Lagen wie den gründerzeitlichen, in Mannheim als städtisch-urban definierten Vierteln schnell absorbieren. Es gibt also kaum Chancen, die Gunst der Obsoleszenz für eine gemeinwohlorientierte Entwicklung zu nutzen. (Grafik: Rettich / Tastel / Gerth 2023)

Stefan Rettich und Sabine Tastel

Übungsräume für eine neue Planungskultur

Ein Gespräch mit Jens Weisener

Jens Weisener   J W
Sally Below   S B
Christopher Dell   C D

Jens Weisener ist Stadtplaner und Stellvertretender Leiter der Projektgruppe Konversion des Fachbereichs Stadtplanung der Stadt Mannheim und hier unter anderem mitverantwortlich für die Entwicklung des Quartiers Spinelli und dessen städtebauliche Verbindung in den Stadtteil Käfertal.

Sally Below:
    Herr Weisener, welche Ziele hatten Sie sich bei den
    Entwicklungen in Käfertal-Süd, das an das neue Quartier
    Spinelli grenzt, gesetzt?

Jens Weisener:
Unser Ziel war es, aus den gewachsenen Strukturen und dem
neu dazugewonnenen Areal ein gemeinsames neues Quartier zu
schaffen. Auf Spinelli haben wir im baulich-räumlichen Kontext
einer gewachsenen Stadt gearbeitet, das Thema war also „Stadt
weiterbauen". Sowohl bezüglich der Einwohnerzahlen als auch
der daraus resultierenden Infrastrukturen soll die Neubebauung
eine Bereicherung für die alten und die neuen Bewohner
darstellen.

Es gibt für bestimmte Bereiche in der Stadt eine notwendige
Anzahl von Nutzern und Bewohnern, um Folgefunktionen, die ein
Quartier lebens- und liebenswert machen, zu etablieren. Und es
gibt ganz viele Bereiche, wo wir nicht genug Einwohner haben,
damit bestimmte Einrichtungen diesen Bereich attraktiv genug
finden, um sich dort anzusiedeln und damit einer Struktur,
beispielsweise einem Wohngebiet, weitere Funktionen hinzuzu-
fügen, die es erst zu einem attraktiven Quartier machen. Vor
diesem Hintergrund hatten wir im Sinn, aus dem Bereich von
Käfertal, der südlich der den Stadtteil durchschneidenden B38
liegt, und dem neu gewonnenen Areal der ehemaligen Spinelli
Barracks einen neuen Stadtteil zu generieren.

Ein wichtiger Aspekt war dabei die Korngröße der Elemente,
die den Städtebau, die Zusammensetzung der Wohnblöcke
und der einzelnen Einrichtungen ausmachen. Wir haben in den
Jahren 2014/15 über einen klassischen Wettbewerbsgewinn
vom Stadtplanungsbüro Studio Wessendorf einen soliden
städtebaulichen Entwurf als Grundlage bekommen. Dann sind
wir mit einer ganz kleinteiligen Vergabe der Grundstücke und
einer Konzeptvergabe, bei der die Qualität und nicht der Preis
im Vordergrund stand, an die Umsetzung gegangen. Die
Qualitäten haben wir als Stadt über den Rahmenplan Spinelli
definiert. Die Grundstücke haben wir an verschiedene Parteien
in unterschiedlicher Zusammensetzung vergeben, von denen
wir dachten, dass sie eine gute Mischung ergeben würden.
Dabei haben wir ziemlich „radikal" gemischt, sowohl was die
Bewohnerschaft anbelangt, also etwa Studenten leben Seite an
Seite mit Best Agern, als auch bezüglich unterschiedlicher
Architektursprachen.

108

So haben wir tatsächlich vom Wohnblock bis zum Punkthaus ganz unterschiedliche Gebäude entwickelt, und, als wichtiges Element, eine gemeinsame, verbindende Grünfläche. Die Bewohner können innerhalb ihres Blocks sowohl ihre privaten Rückzugsflächen als auch gemeinschaftlich eine Fläche nutzen. Diese Flächen und Blöcke sind über Wege miteinander verbunden.

SB: Bei der Entwicklung des Rahmenplans für Spinelli haben wir eine Vielzahl von Expert:innen einbezogen. Und wir haben ganz früh in Werkstätten auch die Nachbarschaft und Institutionen vor Ort mit an Bord gehabt. Aus dieser Erfahrung: Welche Haltung und welche Formate braucht man, um bessere, schnellere und schönere Ergebnisse in der Stadtentwicklung zu erzielen?

JW: Wir haben Werkstattgespräche zu ganz unterschiedlichen Themen durchgeführt, zu einigen sogar mehrere hintereinander. Gerade wenn es um das soziale Miteinander ging oder es aufgrund des Bestands eine komplexe Struktur gab, die man weiterdenken musste, war der Gesprächsbedarf groß. Ob die Werkstatt als solches das geeignete Format ist, mag dahingestellt sein. Man hätte es auch anders organisieren können, aber es war einfach eine gute Form des Miteinander-Redens und der Themenfindung.

Wir hatten uns vorher überlegt, was wir mit dem Ziel „Stadt weiterbauen" erreichen wollen. Dies beinhaltet, dass man besondere Ansprüche im Bereich des sozialen Miteinanders hat und dass das neue Quartier nicht nur ein Ort sein soll, an dem ich mich zurückziehe, wenn ich von der Arbeit komme, sondern dass man rausgeht und sein Umfeld erlebt und die öffentlich zugänglichen Räume für ein Miteinander nutzt.

Es gab natürlich auch Werkstätten zu Themen der Nachhaltigkeit und der notwendigen Klimaanpassung, beispielsweise zur Schwammstadt, oder Materialien, die Spinelli besonders machen. Wir wollten ja vor dem Hintergrund der Bundesgartenschau (BUGA) 2023 ein Modellquartier schaffen, das noch höhere Maßstäbe setzt als das, was wir in Mannheim bisher schon umgesetzt haben. Vor diesem Hintergrund war die Definition von zukunftsrelevanten Themen und die Kooperation mit Universitäten zu sehen: Auf welchem Stand ist man in der Wissenschaft, was wird aktuell diskutiert in der Fachwelt, und was kann man umsetzen an diesem besonderen Ort Spinelli und an der Schnittstelle zwischen Alt und Neu? Wir wollten nicht nur

Best Practice, wir wollten Next Practice. Und dafür haben wir, glaube ich, gute Formate gewählt, sowohl was die Bürgerbeteiligung als auch den Input von Externen betrifft. Es war wichtig, dass wir uns auf diese Art und Weise haben beraten lassen und auf dieser Grundlage dann das Programm für den Rahmenplan Spinelli formuliert haben.

SB: Sie haben die Schnittstelle zwischen Alt und Neu, also Käfertal-Süd und Spinelli erwähnt. Hier agiert genau aus dieser Vorarbeit nun das Spinelli FreiRaumLab. Die Studie eines Landschaftsarchitekturbüros für dieses Gelände wurde aber im Zuge des Netzwerkprojekts erst mal in die Schublade gelegt. Warum?

JW: Das Konzept war ein solider Entwurf, der in der klassischen Form die Räume so definiert, wie man das nach gestalterischen Maßstäben eben macht. Es war gut, dass wir so vorgegangen sind, weil die meisten immer noch in diesen Strukturen denken und wir einen Plan hatten, der zeigte, in welche Richtung wir grundsätzlich gehen wollen. Aber uns hat an der Stelle nicht primär das Ergebnis interessiert. Der Plan hat einfach ein Bild als eine mögliche Option wiedergegeben, das dann über den Austausch mit den Menschen, die dort wohnen oder sich auskennen, oder über eine Erprobungsphase und das Herausdefinieren von bestimmten Funktionen weiterentwickelt werden konnte. Der Plan als Instrument zum Einstieg in das Projekt hat verdeutlicht, dass durch die Möglichkeit, einen Raum umzugestalten, am Ende vieles besser werden kann, ohne dass der Anfangsplan auch zwingend so umgesetzt werden muss.

Mithilfe dieses Plans hat man auch abwägen können, ob sich aus dieser Erprobungsphase vielleicht noch ganz andere Ansatzpunkte ergeben. Aus meiner Sicht würde es jetzt noch mal interessant sein, die Erfahrungen, die wir über fast zwei Sommer vor Ort gemacht haben, in das Konzept einzubinden. Welche Auswirkungen hätte es, wenn wir jetzt alle Zäune wegnehmen, Verbindungswege schaffen, Zugänglichkeiten herstellen, für uns bestimmte Funktionen für bestimmte Bereiche definieren und entsprechend gestalten würden? Würde das Ergebnis so aussehen wie der ursprüngliche Plan? Ich glaube nicht. Man müsste vielmehr mit diesem Input den Entwurf noch einmal überarbeiten. Eine solche Herangehensweise würde ich gerne öfter anwenden.

Übungsräume für eine neue Planungskultur

SB: Mit der BUGA hat die Verwaltung natürlich eine Triebfeder gehabt und das Argument, noch besser zu arbeiten, als sie es sonst schon tut. Wie könnte man es schaffen, so eine Qualität langfristig zu halten?

JW: Die qualitativen Anforderungen sind natürlich im Rahmen einer BUGA besondere. So hat sie zum Anspruch, auch im Umfeld etwas Besonderes zu entwickeln, beigetragen. Ich wünsche mir natürlich, dass wir weiter in diesem Qualitätslevel arbeiten, bin aber, ehrlich gesagt, nicht sicher, dass wir das durchhalten.

Christopher Dell:
Sie haben beschrieben, dass der Entwurf für Sie dazu diente, ein Bild zu erzeugen, welches Verhandlungsoptionen eröffnet. Das ist eher ungewöhnlich und vielleicht ein Umdenken, welches auch aus dieser spezifischen Situation resultiert, in der, wie hier, das alte Käfertal-Süd und die neue Bebauung auf Spinelli zusammengedacht werden müssen. Wie haben Sie diesen Prozess erlebt?

JW: Ich habe ihn als einen sehr langsamen Prozess mit zeitweise auch sehr frustrierenden Momenten erlebt. Wenn man versucht, neue Wege zu gehen, und sehr viel in kurzer Zeit erreichen möchte, wünscht man sich auch eine gewisse Radikalität. Im Prinzip ist es ja gar nicht so schwer, mal einen Zaun wegzunehmen, eine Durchwegung zu schaffen oder eine Installation aufzubauen und zu gucken, was passiert. Was ich aber erlebt habe, ist, dass es aufgrund des Bestands und der Menschen, die an bestimmten Dingen hängen oder sie verwalten oder sich für sie verantwortlich fühlen, ganz viele Widerstände gibt und man gar nicht so schnell und so stark verändern kann.

Für mich war dieser Prozess der absolute Gegenentwurf zu einer Top-down-Vorgehensweise, weil man mit vielen neuen Dingen konfrontiert wurde. Als Planer habe ich viele Top-down-Pläne konzipiert und gedacht, das sei das Beste für alle. Aber nur wenn man sich dabei mit den Menschen und der Situation vor Ort intensiv auseinandersetzt, Respekt vor dem hat, was eingefordert wird, und dies in ein Konzept einfließen lässt, bekommt man ein Ergebnis, das von allen als gut empfunden wird.

SB: Ich glaube, was wir alle gelernt haben – dazu hat unser begleitendes Programm, die Piazza Spinelli, ganz wesentlich beigetragen –, ist, die ganze Kleinteiligkeit, die man leicht übersieht, an so einem Ort wahrzunehmen. Und

111

dadurch, dass wir und die Mitglieder des Netzwerks uns gegenseitig mittlerweile so gut kennen, ist ein Vertrauensverhältnis entstanden. Das erlebe ich als großartig. Aber wie haben Sie die Piazza Spinelli erlebt, Herr Weisener?

JW: Ich habe mich gewundert, dass es nur ganz weniger Dinge bedarf, beispielsweise ein paar Sitzmöglichkeiten zu schaffen oder Aufenthaltsqualität zu erzeugen, damit ein Ort zu einer Piazza wird. Wieso ist darauf nicht schon früher jemand gekommen? Es war ja schon sehr viel vorhanden wie die – räumlich sehr einladende – Geste der Kirche an der Stelle mit dem vorgelagerten Grünbereich, dem alten Baum. Aber da muss erst jemand kommen und Stühle bauen, und dann entsteht eine Piazza. Ist es wirklich so simpel? Neben solchen baulichen Interventionen gehört es auch dazu, ein Programm zu machen und die Leute mit unterschiedlichen Themen zu erreichen.

Von der Metaebene der fachlichen Veranstaltungen bis zu einem geselligen Abend hat ja ein ganz breites Spektrum an Aktivitäten stattgefunden. Und genau das ist es, was ich von so einem uncodierten Ort mit einer bereits in Ansätzen vorhandenen Aufenthaltsqualität erwarte. Mit einfachen Mitteln kann man ihn umfunktionieren und zu einem Hotspot werden lassen, der angenommen wird und ganz viele Funktionen erfüllen kann. Die Haupterkenntnis für mich war, dass es dazu gar nicht viel braucht.

Natürlich haben wir auch gezielt Leute angesprochen, und es hat eine Weile gedauert, bis es angelaufen ist, aber es war genau die richtige Intervention, und ich glaube, dass es sich dabei um eine nachhaltige Form des *placemaking* handelt. Die Piazza ist mittlerweile etabliert.

CD: Was kann die Stadtplanung aus diesen kleinteiligen und langsamen Prozessen lernen? Welche Widersprüche entstehen daraus, und wie wird diese Arbeit vor Ort im Planungsamt verstanden?

JW: Wir hatten ja tatsächlich sehr gute Rahmenbedingungen. Das hat auch damit zu tun, dass wir diesen Ort als Mannheimer Gastbeitrag für die Internationale Bauausstellung (IBA) Heidelberg 2022 vorgeschlagen hatten. Darüber und über die daraufhin eingebrachte These der kommunalen Wissens-Schaffens-Zentren, die vom IBA-Kuratoriumsmitglied Karl-Heinz Imhäuser eingebracht wurde, hatten wir die Möglichkeit, für eine gewisse Zeit relativ frei zu agieren. So konnten wir diesen sogenannten Übungsraum etablieren und die Theorie in die Praxis

112

umsetzen. Für die Stadt war dieser Prozess und ein solcher Umgang mit dem Bestand etwas Neues.

Ich glaube, es braucht Zeit, um das zu würdigen, was wir gemacht haben. Und ich glaube, dass das ganze Projekt auch noch mehr Zeit braucht, um seine Qualitäten zu entwickeln. Das ist ja genau das, was es von diesen klassischen Vorgehensweisen unterscheidet, und deshalb wird es erst einmal kritisch beäugt. Glücklicherweise haben Kommunen immer die Möglichkeit, selbst Themen aufzurufen, neue Wege der Stadtgestaltung einzuschlagen und neue Prozesse zu entwickeln, um zu besseren Ergebnissen zu kommen.

SB: Ein wesentlicher Gedanke der Piazza Spinelli war auch, die gemeinschaftliche Nutzung vorhandener Räume öffentlich zu thematisieren und zu unterstützen. Es ging ja mit einem Planungsthema los?

JW: Auslöser war der Bedarf des TV 1880 Käfertal nach einer Turnhalle, die aber nicht finanzierbar war. Wir sind dann gemeinsam auf den Gedanken gekommen, zu schauen, ob vielleicht vorhandene Räumlichkeiten erst einmal ausreichen könnten, durch eine bessere oder intensivere Nutzung des räumlichen Bestands vielleicht gar kein Neubau nötig ist oder vielleicht der Umbau eines Bestandsgebäudes ausreicht. Dieser kreative Prozess, dieser Umgang miteinander wurde in der Verwaltung als ganz neuer Weg empfunden. Aber mittlerweile habe ich das Gefühl, dass hier und bei allen Beteiligten das Ganze in seiner Komplexität verstanden wird. Es ist ein Reifeprozess für alle gewesen, und auch die Vorteile sind, glaube ich, mittlerweile klar erkennbar.

SB: Sie haben die Problematik der Turnhalle angesprochen. Wir haben an diesem Ort einerseits einen großen Bedarf an gemeinschaftlichen Nutzungen, und gleichzeitig werden die Kirchen möglicherweise aufgegeben. Da kommt ganz viel zusammen, und wir haben das Glück, mit der Förderung durch das Programm der Nationalen Stadtentwicklungspolitik zurzeit dort arbeiten zu können. Wenn wir jetzt weiterdenken: Was wäre denn nötig, um so etwas zu verstetigen?

JW: Wir sind ja ursprünglich gestartet, um hier ein Pilotprojekt zu initiieren. Unser Beispiel sollte aufzeigen, dass es auch Räume geben muss, die nicht programmiert und codiert sind, die Leute nutzen können, wo sie sich austauschen und Wissen

113

weitergeben können, sowohl indoor als auch outdoor. Deswegen haben wir ein Raumportfolio erstellt, das natürlich auch aus einer gewissen Raum- beziehungsweise Finanzierungsnot heraus entstanden ist. Ohne finanzielle Not würde sich jede soziale Institution ihre eigene Immobilie bauen. Aber weil wir alle miteinander in Verbindung bringen, hat es den Effekt, dass man gegebenenfalls durch eine intensivere oder eine andere Nutzung des Bestands bestimmte Dinge gar nicht finanzieren und bauen muss, sondern durch eine bessere Organisation einfach eine höhere Intensität der Raumnutzung erzeugt.

So kann ich zwei Dinge gleichzeitig erreichen: Ich bekomme ein besseres Angebot an Räumen mit unterschiedlichen Programmen, und ich habe Begegnungsstätten geschaffen. Meines Erachtens müsste so etwas in jedem Stadtteil funktionieren. Wenn sich alle an einen Tisch setzen und sagen, wir haben diese und jene Räume zu bieten, die sind nur zu einem bestimmten Teil des Tages wirklich ausgelastet, kann daraus im Rahmen eines Netzwerks ein Raumangebot geschaffen werden, von institutionalisierten Veranstaltungen über Geburtstagsfeiern bis zur Nachhilfe.

Hier schließt sich für mich auch der Kreis zum Thema der kommunalen Wissens-Schaffens-Zentren, denn diese Räume dienen ja – neben den klassischen Bildungsinstitutionen – ebenso dem Austausch und der Wissensaneignung. Zusätzlich kommen sie der Akzeptanz und der Qualität des Quartiers zugute. Ich würde mir wünschen, dass wir so weit kommen, eine Blaupause zu erstellen, mithilfe derer sich andere selbst eine ähnliche Struktur aufbauen können.

SB: Dabei haben wir ja viele Dinge noch gar nicht gelöst. Selbst wenn jetzt beispielsweise die Kirchen sagen, zwei Gemeinden teilen sich ökumenisch eine Kirche und aus der anderen wird etwas anderes, dann gibt es ja noch ganz banale Dinge wie Schlüsselprobleme und Haftungsfragen zu lösen. Auch diese Dinge müssen wir im nächsten Schritt bearbeiten.

JW: Bei solchen Dingen wie dem Schlüsselproblem muss ein Umdenkprozess stattfinden, denn es sind genau diese Kleinigkeiten wie Zuständigkeiten – Wer kümmert sich um was? Was passiert, wenn der Raum nicht aufgeräumt ist? – die dann Leute doch wieder dazu tendieren lassen, sich in ihrer eigenen Institution, mit ihrem eigenen Schlüssel und ihrem eigenen Zeitplan auf ihre eigene Fläche zurückzuziehen. Aber den Schritt

114

zu wagen und ein gemeinsames Angebot zu schaffen, das ist die Herausforderung. Dazu bedarf es einer übergeordneten Koordination, dafür muss jemand eingesetzt werden, und am Ende muss auch kontrolliert werden, beispielsweise, ob alles abgeschlossen ist. Nur dann tritt diese Win-win-Situation ein.

Es wird sicherlich am Anfang Diskrepanzen geben. Aber dieses Hinausdenken über die eigenen institutionellen Grenzen und sich Befreien von Ängsten und Zwängen, die man vielleicht auch liebgewonnen hat, das ist genau das, wodurch sich dieses Projekt auszeichnet, wo wir uns aber auch immer noch in Diskussionen befinden. Aber ich glaube, wenn man daran eine gewisse Zeit arbeitet, darüber redet, bestimmte Probleme ausräumt und gemeinsam bespricht, müsste der Weg geebnet werden können für diese Form gemeinschaftlicher Nutzung.

Räumlich muss dann natürlich auch noch etwas passieren, und da sind wir dann wieder bei dem übergeordneten Plan. Es müssen Zäune wegfallen, es müssen Wegeverbindungen hergestellt werden, es muss einfach alles ein bisschen öffentlicher werden. Natürlich ist das aufwendiger und wirtschaftlich teurer, als einen Bereich für Nichtzugangsberechtigte zu schließen, aber die Situation für alle im Quartier und die Nutzung des Raums als solches stehen bei uns im Vordergrund. Deswegen sollte man bestimmte Ressentiments überwinden. Und das ist die Herausforderung.

Ein Gespräch mit Jens Weisener

Übungsraum 3:
Die Verbindung

Die nachfolgenden Schnappschüsse illustrieren, wie vielfältig die Aktivitäten des Netzwerks Spinelli FreiRaumLab sind. Zu sehen sind Momente des Zusammenkommens und der Treffen, Programmpunkte und öffentliche Auftritte auf der und rund um die Piazza Spinelli, in Gebäuden, im Quartier und auf dem Gelände der Bundesgartenschau (BUGA) 2023. Die Fotos zeigen das gemeinschaftliche Bauen der ersten Möbel, das Zeichnen in der Gruppe, die Netzwerktreffen und sommerlichen Apéros, außerdem Feste und Vorträge, das Symposium „Übungsräume für die offene Gesellschaft – Perspektiven einer kooperativen Planungskultur", die Open-Air-Ausstellung *Urlaub in Käfertal*, den Workshop des internationalen Städtenetzwerks Connective Cities und den Besuch des Baukulturmobils der Bundesstiftung Baukultur.

Ergänzt wird die Bildstrecke durch O-Töne von Akteur:innen aus dem Netzwerk, Gäst:innen auf der Piazza Spinelli und Beitragenden auf dem Symposium.

„Im Kern bedeutet Inklusion in der Stadt, Individuen in all ihren Unterschiedlichkeiten zu akzeptieren und ihr gleichberechtigtes Zusammenleben zu ermöglichen. Im Vordergrund steht nicht mehr die Norm, sondern die Unterschiedlichkeit der Menschen. Sie ist die Basis der Gesellschaft und damit auch die Basis des Zusammenlebens. Nicht die Vielfalt ist die Frage, sondern die notwendige Reorganisation des Denkens und Handelns in der Vielfalt. Die inklusive Stadt ist eine spannende, aber auch eine anstrengende Stadt, in der Unterschiede aufeinandertreffen und divergierende Interessen, Positionen und Bedürfnisse ausgehandelt werden. Wie aber kann man das überhaupt schaffen? Und welche Räume und Orte braucht die Stadt, in denen Aushandlungsprozesse über das Zusammenleben in Vielfalt stattfinden können? Daran müssen wir arbeiten."

Dr. Andrea Benze, Professorin für Städtebau und Theorie der Stadt, Hochschule München, und Beitragende zum Symposium „Übungsräume für die Stadt – Perspektiven einer kooperativen Planungskultur"

„Innovative Stadtentwicklung hört nicht bei der Wahl von
ökologischen Baumaterialien oder dem Einsatz von Photovoltaikanlagen auf, sondern greift auf vielen Ebenen in die Planung ein.
Die Entwicklung einer Idee, wie ein altes Kirchengebäude weiter
genutzt werden kann, kann genauso dazu gehören wie die
Bereitstellung eines Bollerwagens."

Laura Weißmüller: „Neulich in der Steppe".
In: *Süddeutsche Zeitung*, 23.10.2023

„Die Wissensvermittlung ist in der digitalen Welt wichtiger denn je und die dafür benötigte umfassende Infrastruktur über die klassischen Einrichtungen wie Kita und Schule hinaus essenziell. Diese besteht sowohl aus Spezialistinnen wie Bibliotheken und anderen Informationseinrichtungen als auch aus privaten Initiativen und niedrigschwelligen Angeboten, gerade auch im Stadtteil vor Ort. Bottom-up und Top-down ergänzen sich dabei und schließen sich nicht aus. Die Wissensvermittlung der Zukunft muss hier noch stärker auf die jeweiligen Zielgruppen eingehen. Die Glaubwürdigkeit der jeweiligen Akteur:innen spielt deshalb eine entscheidende Rolle."

Dirk Grunert, Bürgermeister für Bildung, Jugend und Gesundheit, Stadt Mannheim

Herzlich
Willkommen
auf der Piazza
Spinelli

Hier ist jede*r eingeladen
zu verweilen
nehmt aber danach
den Müll wieder mit DANKE

„Wenn in einem Stadtteil in einem Zirkelschlag von 500 Metern vier gemeinnützige Institutionen feststellen, dass ein Großteil ihrer Infrastruktur entweder nur zu bestimmten Zeiten genutzt wird – zum Beispiel nie vormittags oder nur am Wochenende – und zugleich Elemente der Infrastruktur von allen Institutionen identisch vorgehalten werden – wie etwa Besprechungsräume oder Säle für kleinere Veranstaltungen –, dann kommt schnell die

Idee auf, ob Räume durch Absprachen und ein größeres Miteinander nicht gemeinsam genutzt oder unterhalten werden können. Über solche Überlegungen sind die vier Institutionen in Käfertal-Süd nicht nur persönlich und in der Zusammenarbeit inhaltlich wieder enger zusammenge-rückt. Sie haben zum Wohle des Quartiers außerdem neue Konzepte zu mehr Nachhaltig-keit, kollektiver Gemeinsamkeit und Wirtschaftlichkeit entwi-ckelt. Gottesdienste können im Sommer auch auf der Wiese des benachbarten Sportvereins veranstaltet werden; das Pfarrbüro wiederum kann Bürger:innen vormittags Auskünfte über die aktuellen Angebote und Ansprechpartner:innen des Sportvereins geben, dessen Geschäftsstelle ehrenamtlich und nur an einzelnen Nachmitta-gen besetzt ist. Das Spinelli FreiRaumLab hat den gemeinnützi-gen Institutionen den Rahmen gegeben, sich zu treffen, sich auszutauschen und gemeinsam kreative neue Gedanken zu entwickeln. Das hört sich trivial an, aber dies war die Keimzelle der späteren Ideen und positiven Ergebnisse. Es brauchte also als Erstes eine:n (externe:n) Impulsgeber:in. Als Zweites musste dieser Impuls wie eine Flamme am Brennen gehalten werden: durch regelmäßige Treffen, analytische Arbeit, um die Grund-lagen besser zu verstehen, und schließlich das Zusammenfügen von einzelnen Arbeitsbausteinen zu einem gesamthaften, für die Zukunft umzusetzenden Konzept eines neuen, besseren Miteinanders."

Jörg Trinemeier, ehrenamtlicher Erster Vorsitzender im Vorstand des TV 1880 Käfertal e. V. und Unternehmensberater in der Gesundheitswirtschaft

„Vom Üben schnell zum Tun – das ist die Planungskultur, die wir in kleinen Räumen, Quartieren, Städten und Regionen ausrollen müssen. Denn mit dem Üben bei der Transformation von Quartieren, Städten und Regionen und dem Schaffen einzelner Leuchttürme ist es nicht mehr getan. Wir brauchen ein Lichtermeer – und die Lichter müssen zwar viele und hell, aber meist gar nicht so groß sein. Denn je mehr Lichter wir haben, desto resilienter wird das Gesamtsystem. Dafür müssen wir mehr Mut zum Machen haben, Gelungenes schnell vervielfältigen und Toleranz bei Fehlern entwickeln. Das betrifft das Wohnen, Handeln und Produzieren, das Soziale, die Gesundheits- und Bildungsinfrastruktur, die Energieerzeugung und -verteilung und das Schaffen von Mobilitätsalternativen zum Auto gleichermaßen."

Hilmar von Lojewski, Beigeordneter und Leiter des Dezernats Stadtentwicklung, Bauen, Wohnen und Verkehr im Deutschen Städtetag und im Städtetag Nordrhein-Westfalen, zudem Beitragender zum Symposium „Übungsräume für die offene Gesellschaft – Perspektiven einer kooperativen Planungskultur"

„Am besten ist ein Symposium ja immer dann gewesen, wenn man etwas gelernt hat, das dauerhaft bleibt. Für mich war das bei der Präsentation des Spinelli FreiRaumLabs der Unterschied zwischen ‚partizipativ' und ‚partizipatorisch' – schnell zu überlesen, aber doch entscheidend. Denn nur das Zweite meint einen Prozess, der wirklich mit den Beteiligten gestaltet wird. Und das ist etwas, das nicht nur im Feld kooperativer Stadtplanungskultur gilt, sondern überall dort, wo wir neue Kulturen einer offeneren Gesellschaft schaffen möchten."

Dr. Frank Degler, Geschäftsführer von zeitraumexit, des soziokulturellen Künstler:innenhauses in Mannheim, und Beitragender zum Symposium „Übungsräume für die offene Gesellschaft – Perspektiven einer kooperativen Planungskultur"

„Kooperationen schaffen neue Kontaktmöglichkeiten und einen Austausch über vorhandene und benötigte Ressourcen aller Art. Der Austausch innerhalb unseres Netzwerks öffnet nicht nur echte Türen, sondern es entstehen hieraus neue Ideen, aber vor allem auch Chancen, vorhandene Synergien effizient und effektiv zu nutzen. Damit hierbei ehrenamtliches Engagement in unserem schnelllebigen Alltag bestehen kann und an Attraktivität gewinnt, muss es einen höheren Stellenwert in der Kommunal-politik und in unserer Gesellschaft erhalten."

Stefanie Trinemeier, ehrenamtliche Übungsleiterin beim TV 1880 Käfertal e. V., Teamleiterin bei IKEA und Bewohnerin des neuen Stadtteils Franklin in Käfertal

„Die städtebaulichen Projekte, die in den letzten Jahren entstanden, sind so, dass man denkt: dann lieber gar nichts. Wissen wir überhaupt, was wir wollen? Stellen wir die richtigen Fragen, um weiterzukommen mit dem, was wir tun? Warum setzen wir nicht um, was wir wissen? Wir wissen alle, dass wir weniger Ressourcen verbrauchen sollten. Machen wir aber nicht. Vielleicht kann man einmal aus dem allgegenwärtigen Scheitern lernen, dass man für zukünftige Projekte nicht schauen muss, was State of the Art ist. Sondern was der zukünftige State of the Art ist, der uns heute noch viel zu utopisch vorkommt."

> Dr. Maren Harnack, Professorin für Städtebau und Städtebauliches Entwerfen an der Frankfurt University of Applied Sciences und Beitragende zum Symposium „Übungsräume für die offene Gesellschaft – Perspektiven einer kooperativen Planungskultur"

„Mit unserem wunderschönen 75 Quadratmeter großen Gemeinschaftsraum ‚Machbar' bieten wir direkt am neuen Klimapark in unserem Ökohaus mit Energieeffizienz KfW40 langfristig eine Möglichkeit für Begegnung und Kommunikation im Spinelli-Quartier: von kulturellen Veranstaltungen wie Ausstellungen, Lesungen, Theater, Musik oder Symposien bis zu Yoga-Gruppen, Lesezirkeln oder vielfältigen Seminaren vor allem zur Förderung von Toleranz und internationaler Gesinnung. Das ‚Machbar' kann gegen eine Aufwandsentschädigung gemietet werden. Mit der Organisation von Veranstaltungen und Angeboten verschiedener Art wollen wir Selbsthilfe- und Nachbarschaftsinitiativen fördern und zum Erhalt und der Verbesserung des Wohnumfelds beitragen – mit dem Spinelli FreiRaumLab als Kooperationspartner. Die offene Bühne wird Musizierenden eine Plattform geben, sich und ihre Musik vorzustellen und sich mit anderen Musiker:innen zu vernetzen."

Rüdiger Bischoff, Mitglied in der Arbeitsgruppe „Netzwerk" der WohnWerk Mannheim eG. Sie ist eine der Wohngruppen im neuen Quartier, die aktiv im Spinelli FreiRaumLab mitarbeiten.

„Die Qualität von Stadt besteht grundsätzlich darin, die Koexistenz von Differentem zu ermöglichen, unterschiedliche Individuen, soziale Gruppen, Dinge und Lebensstile an einem Ort verdichtet zusammenzuführen. Stadt als Ort sozialen Miteinanders benötigt öffentliche Orte mit demokratischen Begegnungsangeboten, die offen sind für neue Formate des gemeinschaftlichen Handelns und für neue Allianzen auf dem Weg zu einer nutzerorientierten Architektur- und Stadtentwicklung. Baukultur kann dabei als Ermöglicherin an der Schnittstelle von interdisziplinärer Prozesskultur zu kleinen und großen materialisierten Bauprojekten fungieren. Temporäre niedrigschwellige räumliche Interventionen mit vergleichsweise geringem Aufwand können Räume gestalten und damit Impulse für die mittel- und langfristige Entwicklung von Orten beziehungsweise Quartieren setzen."

Tatjana Dürr, von 2015 bis 2021 Referentin für Baukultur der Stadt Mannheim, derzeit Leiterin der Geschäftsstelle Generalsanierung beim Nationaltheater Mannheim

„Schon die Entdeckung der Sonnenseite der Kirche St. Hildegard ist für uns ein zentraler Akt der Intervention und Transformation."

Vera und Ruedi Baur, Designer:innen, Lehrende und Aktivist:innen aus Paris, im Sommer 2022 mit einem Vortrag zu Gast in der Philippuskirche

„Wir können uns den Luxus leer stehender Räume nicht mehr leisten. Die Öffnung von Räumen unserer Gemeinde zur Nutzung durch andere Gruppierungen kann das Gemeindeleben bereichern und bei Menschen aus dem Stadtteil das Bewusstsein für die kirchliche Arbeit steigern. Kirche muss ein Teil des alltäglichen Lebens in den Stadtteilen bleiben beziehungsweise werden; nur so können wir weiterhin den christlichen Glauben weitergeben und Menschen dafür begeistern. Wir dürfen uns nicht nur hinter dem Gebäude Kirche verstecken und hoffen, dass jemand unser Gottesdienstangebot wahrnimmt."

Jürgen Klenk, ehrenamtliches Mitglied im Stiftungsrat der Kirchengemeinde und im Gemeindeteam der Pfarrei St. Hildegard sowie Leiter des Eichamtes Mannheim

„Käfertal-Süd ist ein Stadtteil, der sich im Laufe seiner Jahre sehr verändert hat. Die Philippuskirche steht hier seit über 60 Jahren. Auch sie wurde baulich umgestaltet, weil wir als Gemeinde gemerkt haben, dass die Menschen im Stadtteil etwas anderes brauchen. In diesem Sinne möchten wir als Evangelische Kirche weiter mit dabei sein, wenn sich die Gesellschaft hier verändert. Vor über 2000 Jahren war Jesus Christus mit seinen Jüngerinnen und Jüngern mitten in der Gesellschaft unterwegs, meistens sogar bei den Menschen, die dort am Rande lebten. Ihnen brachte er die frohe Botschaft, dass Gott alle Menschen liebt und wir alle in guter Gemeinschaft leben sollen. Seitdem ist vieles anders geworden – die Kirche ist eine Institution, die sich manchmal nur um sich selbst dreht. Hier im Zusammenwirken mit Spinelli FreiRaumLab erleben wir als Gemeinde, dass wir mitten im Leben sind und sein sollen. Kirchenräume sind nicht nur für den sonntäglichen Gottesdienst da. Kirche soll mittendrin sein. Im Zusammensein mit anderen Institutionen öffnet sich unser Blick, und wir bekommen neue Impulse für das Miteinander."

Ute Mickel, Diakonin der Evangelischen Gemeinde Käfertal und im Rott sowie Konfirmationsdiakonin der Evangelischen Kirche in Mannheim

„Stadtplanerische Prozesse sind ja immer auch politische Prozesse. Steht das im Gegensatz zu oder ergänzt sich das mit einer Solidarität zwischen den Menschen, die in der Stadt wohnen? Eigentlich ist es doch so: Wir verstehen uns irgendwie gegenseitig, wir haben eine gemeinsame Empathie, wir haben eine emotionale Bindung durch die Gestaltung des Raums, in dem wir gemeinsame Erfahrungen machen. Und wir haben gemeinsame Interessen, weil wir in demselben Quartier wohnen, weil wir Subjekte derselben Prozesse sind. Wie aber äußert sich das politisch in der Stadtplanung?"

Theo Argiantzis, Mitglied des ehrenamtlichen Vorstands im Stadtjugendring Mannheim und Beitragender zum Symposium „Übungsräume für die Stadt – Perspektiven einer kooperativen Planungskultur"

„Mir ist aufgefallen, wie wichtig es ist, sich beim Thema Leben in der Stadt über die sozialen Beziehungen zu verständigen. In dem Zusammenhang geht es auch um die diskriminierende Festlegung von Rollenbildern. Vielfalt ist deshalb immer noch nicht auszuhalten, weil man versucht, die Vielfalt klein zu machen und auszugrenzen. Begrifflichkeiten wie etwa Migrationshintergrund stören mich massiv, weil sie sprachlich immer noch eine Schublade manifestieren. Das ist ein Grund dafür, warum man im wissenschaftlichen Diskurs nicht weiterkommt. Ich will von der Begrifflichkeit weg, denn dazu muss man sich doch fragen: Was ist denn der Vordergrund? Das ist die Norm der Umgebung. Ich will aber nicht dazu verdammt sein, im Hintergrund zu bleiben. Da müssen wir viele Hürden abbauen. Dafür brauchen wir Konzepte wie intergenerationelles Wohnen, wie Mehrgenerationenhäuser, wie Pflegeberatung, wie Mutter-Kind-Betreuung, wie Cafés in einem Haus. Ich habe den Eindruck, dass man in den Prozessen der Planung davon Lichtjahre entfernt ist. Es gibt so viele Investitionen als sozialleistungsgebendes Staatsgebilde. Diese Summen könnte man in andere Formen des Zusammenlebens und -wohnens stecken."

Daphne Hadjiandreou-Boll, Abteilungsleiterin, Stadtteilsteuerung, Beteiligung und Quartiermanagement der Stadt Mannheim und Beitragende zum Symposium „Übungsräume für die offene Gesellschaft – Perspektiven einer kooperativen Planungskultur"

„Ich finde es sehr interessant, über die Dinge zu sprechen, die man als Architekt im Büro einfach macht, ohne viel darüber nachzudenken. Denn unsere Kerntätigkeit besteht darin, Dinge darzustellen und Stadt auf verschiedenste Weisen lesbar zu machen. Aber wie machen wir das? Ich glaube, wir sind die Spurenleser in der Stadt. Innerhalb dessen ist eine Abwesenheit oft sehr interessant, wenn man sie denkt. Der Reflex von Architekten besteht oft darin, die Abwesenheit aufzufüllen. Mir geht es aber darum, diese Reflexhandlungen zu unterlaufen. Mich interessiert, was ich mit dem machen kann, was da ist. Und dafür brauche ich die Spurensuche und ihre Darstellung. Ich will die Benutzung des Raums durch die Menschen entdecken. Das sind dann vielleicht auf den ersten Blick ganz, ganz banale, einfache Dinge. Und die wertzuschätzen, das ist die Aufgabe. Mir ist nichts zu dreckig, nichts zu niedrig oder zu blöd."

Theo Deutinger, Architekt, Flachau/Salzburg, Beitragender zum Symposium „Übungsräume für die Stadt – Perspektiven einer kooperativen Planungskultur"

„Die Piazza Spinelli hat sich als zusätzlicher Freiraum der Kita etabliert, und wir sind sehr dankbar, einen Ort in der Nähe zu haben, den wir flexibel nutzen können. Da unser eigener Hof häufig zu klein ist, können wir mit den Kindern dann spontan auf die Piazza Spinelli rüberlaufen und dort ganz unterschiedliche Aktivitäten umsetzen. Durch die selbst gebauten Stühle und Tische sind viele Dinge möglich, und da der Ort einerseits sehr offen gestaltet, aber der Laubengang gleichzeitig auch über-dacht ist, funktioniert das sogar bei schlechterem Wetter. Auch unsere Mitarbeitenden verbringen im Sommer da nun ihre Pause, alle sechs Wochen finden hier unsere Treffen und Picknicks statt, und wir nutzen den Ort für Feste und Veranstaltungen. Seit es die Piazza Spinelli gibt, sehen wir den Raum außerhalb der Kita mit anderen Augen und sind fasziniert davon, dass man mit wenigen Mitteln Flächen für unterschiedliche Bedürfnisse nutzbar machen kann, das ist großartig!"

Gioselinda Goebel, Leiterin der Kindertagesstätte
St. Hildegard, Katholische Kirchengemeinde Mannheim
Maria Magdalena

„Ich erhoffe mir von der Zusammenarbeit im Spinelli FreiRaumLab, dass wir als Kirchen lernen, den Blick buchstäblich über den eigenen Kirchturm hinaus zu weiten. Wir werden die sicheren ‚Burgen' unserer Kirchen und Gemeindezentren verlassen müssen und dahin gehen, wo die Menschen leben, arbeiten und feiern. So kann es uns gelingen, die Lebenswelt, die Erwartungen und Nöte der Menschen um uns herum bewusster wahrzunehmen und uns davon anregen zu lassen. Unsere eigenen Räume, die wir bisher schon mit anderen Institutionen und Vereinen teilen, müssen auch weiterhin offen bleiben. So werden wir uns als Kirchen gemeinsam fruchtbar für das Zusammenleben der Menschen im größer werdenden Stadtteil einbringen können."

Richard Link, Pastoralreferent und Frohbotschafter der Katholischen Kirchengemeinde Mannheim Maria Magdalena, aktiv im engen Arbeitskreis des Spinelli FreiRaumLabs

„Auf der Metaebene entwickelte Planungsziele sollten schon in einem frühen Stadium mit den Nutzer:innen vor Ort abgestimmt werden. Dies verhindert Missinterpretationen, Widerstände bei der Umsetzung und allgemeine Reibungskonflikte. Auch die Nutzungen selbst erhalten durch den frühzeitigen ‚Realitätscheck' in der Regel Qualitätsanreicherungen, die zur Akzeptanz und zum nachhaltigen Erfolg beitragen. Dabei geht es nicht nur um Anpassungen, sondern im Idealfall – und das ist dann meist auch das Spannendste – um die Belegung sogenannter weißer Räume, die nicht für spezifische Nutzungen vorgesehen sind. Diese sind aber nie ganz weiß, da sie an Bestehendes angrenzen, das durch eine kooperative Planungskultur erfolgreich neu codiert werden kann. Ein gelungenes Beispiel hierfür ist das Spinelli FreiRaumLab, das Pionier:innen im neuen Quartier und angrenzende Stakeholder:innen zusammenbringt, um ihr Umfeld erfolgreich neu zu gestalten."

Christian W. Hübel, Leiter des Fachbereichs Demokratie und Strategie der Stadt Mannheim

„Ich zeichne nicht vor dem Bauen, sondern danach. Ich verwende das Zeichnen, um das Wissen eines bestehenden Raums zu heben. Ich will herausbekommen, was eine bauliche Situation kann, welche Qualitäten sie vorweist. Ich will wissen: Was machen die Menschen mit den Räumen, mit dem Wohnzimmer, der Diele, der Küche, welche Umbauten nehmen sie vor, wie stellen sie ihre Möbel und so weiter? Wie sind ihre Raumhandlungen miteinander vernetzt? Und welchen Einfluss hat das auf die Konfiguration und die Kapazität des Raums? Wie ist das Verhältnis zwischen den Nachbar:innen hinsichtlich des Gebrauchs der Gebäude und ihres Umraums? Stets geht es mir darum, als Architekt zu respektieren, was da ist, und dann zu versuchen, Qualitäten zu verbessern, dort, wo es möglich ist."

Christophe Hutin, Christophe Hutin Architecture, Bordeaux, im Sommer 2022 mit einem Vortrag zu Gast in der Philippuskirche

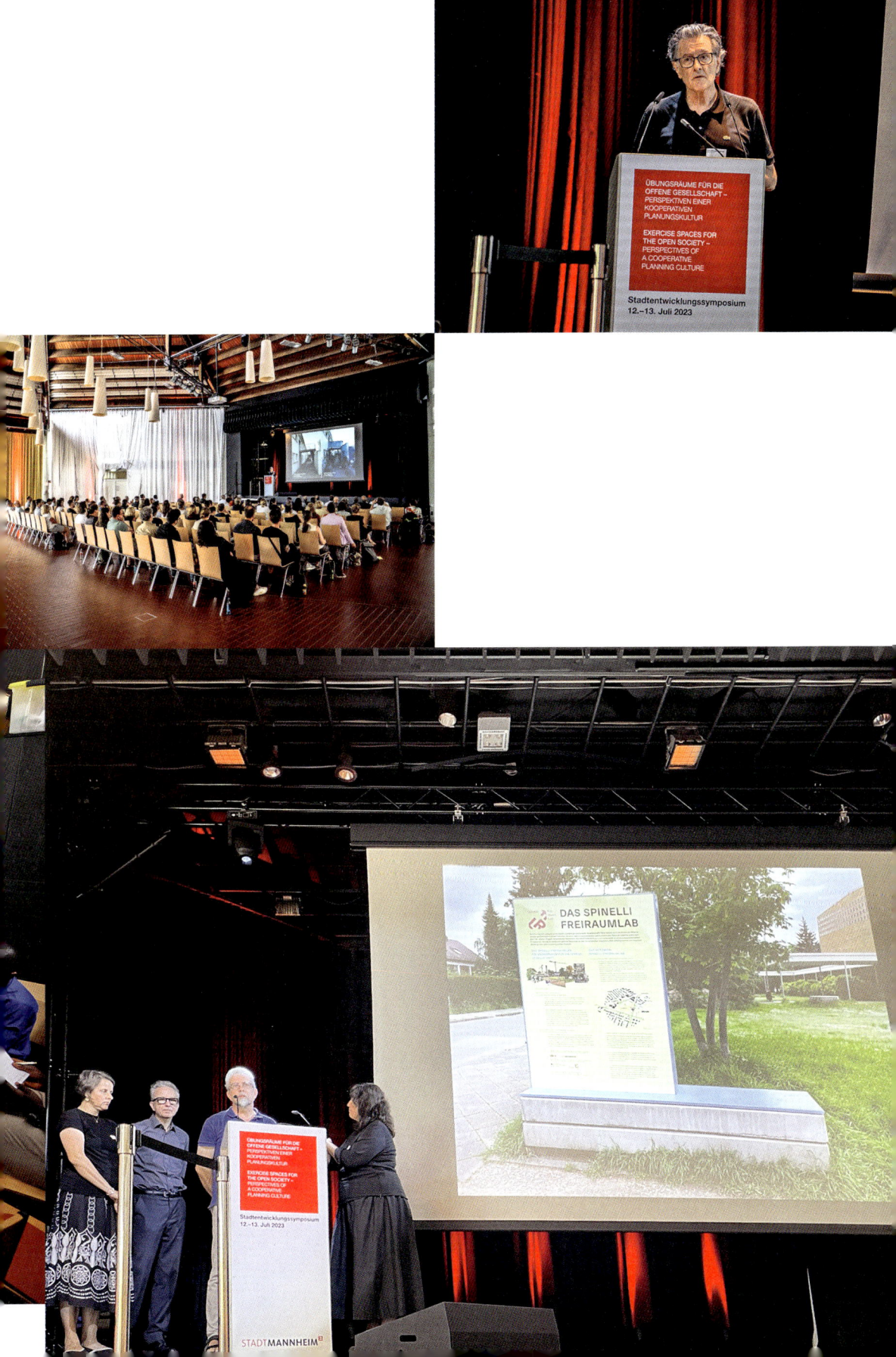

„Der Appell der Bundesregierung zum Wohnungsbaumarkt stellt in Aussicht, gemeinsam könne es gelingen, den dringend benötigten leistbaren Wohnraum zu schaffen. Benannt werden die Akteur:innen in ihren Funktionen: Bund, Länder für die Finanzen, Kommunen für Boden, Bauland, Genehmigungsbehörden für Digitalisierung der Verfahren, gesetzgebende Instanzen für Regelungen und Genehmigungen. Von den gemeinsamen Anstrengungen ausgenommen bleiben allerdings die Wohnenden selbst. Sie sind diejenigen, für die diese Anstrengungen unternommen werden, für die Wohnraum geschaffen werden soll. Unberührt bleiben so auch die Fragen nach den möglichen Ursachen des festgestellten Fehlbedarfs und insbesondere der qualitative Aspekt – Welche Wohnungen werden benötigt? – und damit die Fragen: Wie wohnen wir aktuell? Was ist gutes Wohnen?"

> Bernd Kniess, Professor für Urban Design an der HafenCity Universität Hamburg und Beitragender zum Symposium „Übungsräume für die offene Gesellschaft – Perspektiven einer kooperativen Planungskultur"

„Kein Stadtteil Mannheims wächst so schnell wie Käfertal mit den Wohngebieten auf Ex-US-Kasernen. Käfertal könnte qualitativ noch viel mehr wachsen, sogar ganz ohne neuen Flächenverbrauch, denn im Ortskern schlummert eigentlich sehr aktives Potenzial. Bäckerei, Metzgerei und eine Versorgung des täglichen Bedarfs haben bis vor wenigen Jahren Alltag und Sozialstruktur geprägt. Viele Familienbetriebe sind zwar verschwunden, nicht aber die Gebäude, wenn sie auch oft leer stehen. Einzelne gelungene Sanierungsprojekte zeigen: Man kann hier neuen Ideen Heimat geben. Mit der Sanierung von Kulturhaus und Stempelpark ist eine Verweilqualität zurück. So muss es weitergehen. Geeignete Objekte sind da, nachhaltige Gebäudenutzung erhält das gewachsene Ortsbild. Die Eigentümer:innen brauchen fachlichen Rat und Anreize aus dem Rathaus, der Planung und Finanzierung sowie pfiffige Ideen von Start-ups als Mutmacher:innen. Dann wacht Käfertal auf."

Sebastian Mandel, freier Architekt aus Käfertal
und aktiver Mitwirkender bei den Aktivitäten des
Spinelli FreiRaumLabs

„Bestand ist kein passiver Zustand, sondern erfordert das aktive Zusammenspiel vielfältiger Handlungen. Gebäude, so massiv und dauerhaft sie auch geplant und gebaut erscheinen, sind immer Ausdruck beweglicher Prozesse. Gebäude werden durch Handlungen hergestellt, in Gebrauch genommen, durch Pflege und Reparatur erhalten, umgeformt oder abgebrochen. Wenn wir den Bestand in dieser Weise als Zusammenhang vielfältiger Interaktionen verstehen, der von einem weit gespannten Handlungsnetz aus Ort, Dingen, Menschen, Nutzung, Infra- und Finanzstruktur in Bewegung gehalten wird, dann bedeutet sich um den Bestand zu sorgen, sich aktiv handelnd in diese Zusammenhänge einzumischen."

Tabea Michaelis und Ben Pohl von der Denkstatt sàrl, Basel/Zürich, Beitragende zum Programm in der Philippuskirche im Sommer 2022 und zum Symposium „Übungsräume für die offene Gesellschaft – Perspektiven einer kooperativen Planungskultur"

„Menschen suchen gerne nach Beständigem. Dies gilt vor allem im unmittelbaren Lebensumfeld. In der Stadt bieten Plätze, Straßen und Gebäude Orientierung, aber auch Identifikationsmöglichkeiten. Die Schule der eigenen Kindheit, Kirchen oder andere Sakralgebäude, Theater, Kinos und weitere Kulturanbieter, Gaststätten ... All diese Gebäude und das bauliche Umfeld geben den Rahmen für die eigene Biografie. Doch wie wir alle uns selbst, so ändert sich auch unser Umfeld, dazu gehören auch Orte und Gebäude. Sie können umgebaut und anderen Zwecken zugeführt werden, aber auch völlig verschwinden und Neuem Platz machen. Solche, zuweilen auch schmerzliche Veränderungen oder Verluste anzunehmen, sie auch als Chancen zu bewerten, gehört zum Leben dazu."

Dr. Christian Groh, MARCHIVUM, Mannheims Archiv, Haus der Stadtgeschichte und Erinnerung, Partner bei der Veranstaltung auf der Piazza Spinelli zu den Frauen-Straßennamen im neuen Quartier

Urlaub in Käfertal – ein Reiseführer

Sally Below und Christopher Dell

Der nachfolgende Text ist ein bearbeiteter Auszug aus dem Reiseführer für Käfertal, der zusammen mit der Open-Air-Ausstellung *Urlaub in Käfertal* entwickelt wurde. Sie wies mit 31 Plakaten auf markante und geschichtsträchtige Orte hin. Die Plakate hingen zwei Sommer lang dort, wo der Stadtraum es hergibt – an Laternenpfosten, in Schaufenstern oder an Zäunen. Der Reiseführer war als Faltblatt auf der Piazza Spinelli und an anderen Orten in der Nähe sowie online erhältlich. Viele Mannheimer:innen nutzten ihn für einen Erkundungsspaziergang oder eine Fahrradtour mit der Familie.

Liebe
Käfertal-Besucher:innen,

mit diesem Reiseführer wird Käfertal zur Ausstellung zeitgenössischer Stadt. Machen Sie Urlaub in Käfertal! Alteingesessene Käfertaler:innen wissen es, aber für Urlauber:innen mag es überraschend sein: Als Stadtteil bietet Käfertal eine reiche Vielfalt. Hier leben Menschen ganz unterschiedlicher Herkunft zusammen – derzeit aus 104 Nationen –, die sich über die Jahrhunderte angesiedelt und ihre Spuren hinterlassen haben. Auch städtebaulich offenbart sich Käfertal als eine spannende Struktur von unterschiedlichsten, sich überlagernden Zeitschichten. Viel Spaß beim Entdecken!

Die „große Reise"
und das neue Sehen

Einst machte sich die Jugend des europäischen Adels auf die *Grand Tour*, die „große Reise" zu den Städten in Europas Süden. Italien war für sie nicht nur das Land, in dem Zitronen blühen, sondern auch ein Sehnsuchtsort, an dem man „Kultur" lernen konnte. Im 19. Jahrhundert zog das Bürgertum nach. Und als im 20. Jahrhundert endlich alle Schichten zum Reisen antraten, wurde aus der *Grand Tour*: Urlaub.

Urlaub heißt „frei zu haben". Unter Urlaub verstehen wir darüber hinaus, etwas „anders" zu machen, gewohnte Bahnen zu verlassen, neugierig zu sein. „Urlaub in Käfertal" bedeutet, in eine Situation einzutreten, in der wir uns auf neue Lesarten der Stadt ein- und vorgefasste Meinungen zu Hause lassen können. In diesem Sinn lädt der Reiseführer dazu ein, in Käfertal auf Reisen zu gehen, um den Stadtteil auf eigene Weise zu entdecken.

Weil der Reiseführer um seine historischen Vorläufer weiß, will er nicht nur dazu anregen, Momente zu erleben, sondern auch dazu einladen, selbst zu deuten, Verknüpfungen zwischen Momenten herzustellen, neue Übergänge zu stiften. Somit will er aufzeigen, dass Ordnungen, Bilder und Bedeutungen gemacht werden, und dass wir immer mitentscheiden können, wie wir die Stadt sehen und was wir von ihr wissen wollen.

154

Die städtebaulichen Strukturen in Käfertal

In Käfertal findet man die historische Kernstadt neben einer alten Straßendorflinie mit schmalen, aber tiefen Parzellen, man stößt auf Blockrandbebauung neben Gartenstadtelementen, auf Parkanlagen, Grünzüge, Plätze, Zeilenbauten der heroischen Moderne, einen Bunker aus der Zeit des Faschismus, Punkthäuser der Nachkriegsmoderne, Großwohnbauten der Postmoderne, Gewerbegebiete, Sportanlagen, Erschließungstrassen und weitläufige Industrieareale. Ebenso entdeckt man das frei stehende Wohnhaus, das als Mehr- oder Einfamilienhaus seit den 1960er Jahren omnipräsent ist und die Siedlungsstruktur der Pendler-Peripherien deutscher Städte prägt.

Jede Typologie scheint sich unter andere Typologien zu mischen oder mit ihnen in Beziehung zu treten, während sich Motorisierung, Sport und Freizeit, Wohnen, Peripherie, Bildung und nachwachsende Generationen ebenso ihren Weg durch Käfertal bahnen wie die langen historischen Linien der Tradition. Aus dieser Überlagerung von jetzt und früher erwächst die Faszination für die zeitgenössische Stadt.

Eine kurze Geschichte Käfertals

Der Name Käfertal entstammt keineswegs – wie man vermuten würde – der Fauna, sondern der Flora: Das ursprüngliche Keverendale (Tal der Kiefern) bezeichnet die Lage am Rand von Mannheims größtem Wald. Seine erste Erwähnung fand Käfertal 1175 in einer Schenkungsurkunde des Wormser Bischofs an das Kloster Lorsch. Am 30. April 1227 kam der Name Keverndal zum ersten Mal in einer datierten Urkunde vor. Pfalzgraf Ludwig I. ließ sie für das Kloster Schönau ausstellen. Ende des 13. Jahrhunderts wurde Käfertal der Kurpfalz zugeschlagen, und 1742 ließ Kurfürst Karl Theodor ein Jagdschloss an dem beschaulichen Ort errichten. Ab 1803 gehört Käfertal zu Baden, im Jahr 1897 erfolgte die Eingemeindung in die Stadt Mannheim. Wohnten in Käfertal zunächst Bauern- und Handwerkerfamilien, so kamen mit der Industrialisierung ab Mitte des 19. Jahrhunderts zahlreiche Fabrikarbeiter:innen hinzu.

Sally Below und Christopher Dell

Die Stadterweiterung und ihre Folgen

Bis ins 18. Jahrhundert kennen wir die europäische Stadt als eine geschlossene Form. Ihre Stadtmauer gliederte und fasste die Welt derer, die in der Stadt lebten. Mit den politischen Revolutionen, dem Aufstieg des Kapitalismus, der Entstehung moderner Nationalstaaten und der Industrialisierung verloren die Städte zunehmend ihre Form. In Mannheim kam es in der Folge der Koalitionskriege von 1799 bis 1801 zur Schleifung der Festungswerke. Dies schaffte die Voraussetzungen für die Anlage öffentlicher Gärten, den Bau von Abwasserkanälen und schließlich für die Stadterweiterung, zu der ab Ende des 19. Jahrhunderts auch Eingemeindungen gehörten.

Dass Käfertal nach fünfjähriger Verhandlung am 1. Januar 1897 aufgelöst und mit der Stadtgemeinde Mannheim zu einer einfachen Gemeinde vereinigt wurde, gab den Startschuss für den Aufstieg Käfertals zum Industriestandort. Wo jetzt ländliche Tradition auf Moderne trifft, verdienten die Käfertaler ihren Lebensunterhalt zunehmend bei ABB oder „beim Benz". Nach dem Zweiten Weltkrieg ließ sich die US-amerikanische Armee in Käfertal nieder. Infolge des Abzugs der Truppen bis 2014 wurden mit dem Benjamin Franklin Village und den Spinelli Barracks große Flächen für eine Neukonturierung des Stadtteils frei. Die bis heute andauernde Konversion lässt sich als zeitgenössische Form der Stadterweiterung verstehen.

Die Stadt im Wandel

Käfertal war und ist im Wandel. Das bezeugen nicht nur die Lebensgeschichten der Käfertaler:innen. Ihre Narrative sind aufs Innigste verbunden mit den Biografien der Häuser, in denen sie leben. Insofern ist die stadträumliche Konfiguration ein sprechendes Dokument der bedeutsamen Transformation, der sich Käfertal im Laufe der letzten 126 Jahre seit der Eingemeindung in die Stadt Mannheim ausgesetzt sah und immer noch sieht. Neben der Ökonomie manifestieren sich vor allem technische Errungenschaften als Treiber des Wandels, etwa die Elektrifizierung und die Verkabelung der Welt mit Leitungen der Kommunikation. Hinzu kommt eine Stadtplanung, die die Stadt in funktionale Zonen teilt und das Verhältnis von Objekt und Raum,

156

Figur und Grund verschiebt. Unübersehbar ist auch, wie die Motorisierung den Ausbau einer ihr zugehörigen Infrastruktur befördert: Umgehungs- oder Durchgangsstraßen, Brücken, Erschließungen, Stellplätze, Tankstellen und damit einher-gehend funktionslose Restflächen entstehen als markante Elemente des Stadtraums. Eine weitere gewichtige Bautypologie des Wandels ist die der Sport- und Freizeitstätte. Der Wunsch nach körperlicher Ertüchtigung gehört zweifellos zu den Errun-genschaften der Industrialisierung. So wurden, wie überall im Deutschland des 19. Jahrhunderts, auch in Käfertal zahlreiche Sportvereine gegründet.

Die Zwischenstadt Käfertal

Städtebauliche Masterpläne, die alles vorhersehen wollen, scheinen zunehmend überholt. Orientiert am Mythos der kom-pakten Kernstadt, verlieren sie aus dem Blick, was unsere Stadt-agglomerationen eigentlich bestimmt. Wir haben es heute mit einer hybriden Gemengelage von Stadt und Land zu tun, für die der Städtebauer Thomas Sieverts vor 25 Jahren eine neue Stadtkategorie thematisierte: die Zwischenstadt. Weit entfernt davon, nur Vorort oder eingemeindeter Stadtteil zu sein, verfügt die Zwischenstadt über Autarkie und Individualität.

Dass sich die Zentralität des ihr eigenen historischen Sied-lungskerns abgeschwächt hat, ist die Stärke, mit der die Zwi-schenstadt Unabhängigkeit von der Kernstadt erlangt. Unter dem Radar herkömmlicher planerischer Definitionsgrenzen hat sich die Zwischenstadt in den letzten Jahrzehnten eher ziel- und planlos entwickelt. Das Ergebnis ist eine zersiedelte Stadtlandschaft. Deren Auswirkungen und Potenziale sind überraschenderweise noch verhältnismäßig wenig erforscht, obwohl sie heute den Hauptanteil der städtischen Fläche einnimmt und die Mehrheit der Städter:innen in diesen Struktu-ren lebt.

Käfertal illustriert die Zwischenstadt exemplarisch. Angetrieben von einer Planung, die seit den 1980er Jahren ein Laisser-faire walten ließ, franste das Territorium zu einen Fragmentteppich aus. Die B38, eine pragmatische Schneise, die Käfertal in zwei Teile zerschneidet und zum hypermodernen Transitort aufsteigen ließ, zog Gewerbe an. Inselhafte Wohngebiete

Sally Below und Christopher Dell

unterschiedlichster Prägung und Typologie wurden zerschnitten oder wuchsen in den Lücken empor. Erschließung kam dazu.

Aus planerischer Sicht setzt man für Käfertal die Brille der Stadtreparatur auf, aber nicht die der bejahenden Gestaltung. Das hat seinen Grund: Unschlüssig, überrascht und irritiert, weiß man nicht, wie man mit dem Typ Stadt, den man einerseits selbst mit geschaffen hat und der sich andererseits via Aneignung lokaler Akteur:innen auch selbst schuf, umgehen soll. Was tun?

Stadtwissen und Unbestimmtheit

Die Wissensformen der Planung konnten lange nichts mit Stadträumen wie Käfertal anfangen. Sie erblickten in Käfertal nur das „Dazwischen", das jetzt durch Spinelli, Franklin und die Bundesgartenschau ergänzt wird. Trotz seiner immensen Vielfalt hat man Käfertal lange als homogen wahrgenommen: als einen Ort der Passage, durch den man nur hindurchfährt und dessen Bewohner:innen nicht als Produzent:innen ihrer eigenen Verräumlichung anerkannt werden – eine Ressourcenverschwendung, die wir uns nicht mehr leisten wollen. Stattdessen gilt es zu erforschen, wie das originäre Käfertal als Zwischenort zwischen den Motoren Spinelli und Franklin neue lokale und globale Bindungen und Räume anbieten und aufschließen kann.

Bei alldem ist eines gewiss: Der Gegensatz von Stadt und Land, der bis heute unsere Planungsgesetzgebung bestimmt, greift bei Käfertal und seinen Ergänzungen Franklin und Spinelli nicht. Wie soll man entscheiden, ab wann man es hier schon mit „Stadt" oder noch mit „Land" zu tun hat? Käfertals Typologie ist die des strukturellen Fragments, nicht der geschlossenen Form, Grenzen zwischen Siedlung und Freiraum verschwimmen darin.

Es gilt also, neue Herangehensweisen an das Lesen von und ein erweitertes Umgehen mit Stadtentwicklung zu schaffen. Entscheidend wird dabei sein, die physikalische gebaute Umwelt nicht wie sonst üblich gegen das Stadthandeln als soziale Interaktion auszuspielen. Statt Renderings aus dem Büro sind jetzt Geschichten gefragt, die nah bei den Expert:innen des Alltags der Stadt sind: ihre Nutzer:innen und Bewohner:innen.

Städtische Transformation als interdisziplinäre Verwaltungs- aufgabe

Drei Fragen an Ralf Eisenhauer

Ralf Eisenhauer   R   E
Sally Below   S   B

Ralf Eisenhauer ist seit 2021 Bürgermeister für Bauen, Planung, Infrastruktur, Stadterneuerung, Wohnungsbau, Verkehr und Sport der Stadt Mannheim. Er ist gebürtiger Mannheimer, studierte Geologie und BWL und war ab 2012 bei der städtischen Entwicklungsgesellschaft MWSP für das Bau- und Projekt- management auf den ehemaligen US-Liegenschaften in Mannheim verantwortlich.

Sally Below:

Welche Prozesse müssen die unterschiedlichen städtischen Ressorts angehen, um die Transformation von Stadt mit einer zeitgemäßen Planungskultur zu begleiten und zu gestalten?

Ralf Eisenhauer:

Wichtig ist zunächst, die Anforderungen der Zukunft zu kennen und klar zu benennen. Eine lebenswerte Stadt braucht nachhaltige Mobilität, gutes und bezahlbares Wohnen, eine starke Wirtschaft sowie Aufenthaltsqualität im Stadtraum und im Freiraum. Der begrenzte öffentliche Raum muss bestmöglich genutzt und gestaltet werden – Wachstum im Außenbereich ist keine Lösung mehr. Diese strategische Ausrichtung gibt den Rahmen für konkrete Projekte und vor allem für die gemeinsame Zielsetzung aller Fachbereiche. Wichtig ist eine gemeinsame Haltung aller, Vorhaben zu ermöglichen und voranzutreiben. Neben dieser internen Abstimmung und bestmöglicher Zusammenarbeit ist die Einbindung externer Institutionen für zusätzliche Anregungen und Reflexion sinnvoll. Denn alles, was wir in der Verwaltung entwickeln, muss von der Bürgerschaft vor Ort angenommen und umgesetzt werden.

SB: Wie kann die Arbeitsweise von Verwaltung geöffnet und die Zusammenarbeit optimiert werden?

RE: Oft sind die Verwaltungsaufgaben hoch spezialisiert. Der Verkehrsplaner kennt sich nicht mit der Vergabe von Baugenehmigungen aus, und der Sportexperte hat kein Wissen über die Straßenverkehrsordnung. Bei fast allen Projekten der Stadtentwicklung braucht es jedoch Generalisten, die ein gutes, breit angelegtes Grundverständnis haben und unterschiedliche Aspekte eines Projekts in den Blick nehmen. Bei der Entwicklung der ehemaligen amerikanischen Militärflächen in Mannheim als die große Aufgabe seit 2012 haben wir mit der Projektgruppe Konversion genau solche „Allrounder" zusammengebracht: ein Projektteam auf Zeit mit den erforderlichen Befugnissen.

Daneben ist der horizontale Blick der Verwaltung wichtig: eben nicht nur innerhalb des eigenen Dezernats oder der eigenen Fachbereiche die Zusammenarbeit suchen und fördern, sondern auf Arbeitsebene dezernatsübergreifende Lösungen finden. Gerade im Bereich der Verkehrsplanung, der verkehrsrechtlichen Anordnungen und der eigentlichen Bauausführung gilt es, Schnittstellen zu optimieren. Wichtig ist vor allem eine stärkere

160

Verantwortungsübernahme für Teilprojekte mit klaren Zielvorgaben.

SB: Brauchen wir in diesem Zusammenhang mehr Sonder-
        wege und Wild Cards?

RE: In Anbetracht multipler Krisen und wachsender Anforde-
rungen hinsichtlich Tempo und Umfang der erforderlichen Transformation bleibt wenig Zeit für langfristige Planung. Sonderwege sind oft das „neue Normal". Zu Beginn eines Projekts kann es sehr unterschiedliche Methoden zur Konzept-findung geben. Wichtig ist: die Lösung fest im Blick haben, Zeit und Budget klar vereinbaren. Das Konzept selbst kann durchaus „klassisch" verwaltungsintern bearbeitet und umge-setzt werden. Bestimmte Arbeitsschritte und Vorgehensweisen haben sich bewährt und sollten trotz aller innovativer Ansätze weiterhin Standard bleiben.

In unserem Technischen Rathaus stellen wir beispielsweise ein Impro-Lab zur Verfügung, in dem Neues erprobt werden kann. Dort herrscht keine klassische Büroatmosphäre, man kann sich ausprobieren und entfalten – auch durch dieses etwas andere Arbeitsumfeld entstehen teilweise neue, kreative Ansätze, die am Schreibtisch so nicht zustande gekommen wären. Durch das Verlassen tradierter Wege entsteht auch eine neue Strategie, die als innovatives Next-Practice-Projekt langfristig den Weg in künftige Lehrbücher findet. Die Veränderung der Planungs-kultur kann aber nur dann stattfinden, wenn man sie zulässt. Die Internationale Bauausstellung Heidelberg 2022, bei der die Stadt Mannheim mit drei Gastprojekten, darunter auch das Spinelli FreiRaumLab, vertreten war, ist ein gutes Beispiel: Sie erzeugt einen Ausnahmezustand für neue Ansätze und langfristig neue Erkenntnisse.

161

Die Kirchen in die Zukunft bringen

Ein Gespräch mit Daniel Koch

Daniel Koch   D   K
Sally Below   S   B

Daniel Koch ist Architekt und Leiter Bau und Liegenschaften in der Kirchenverwaltung der Evangelischen Kirche in Mannheim.

Sally Below:

Wie verändert sich Kirche, welche Prozesse laufen gerade ab?

Daniel Koch:

Die bisherige Funktion einer Gemeinde ist es, einen vollumfänglichen Kirchen-Service zu bieten, mit einem Chor, mit Gesprächskreisen, einem Seniorencafé, einem Pfarrer und Gottesdienst. Allerdings gehen die Entwicklungen dahin, dass ich sonntagmorgens um zehn nicht mehr 45 Gottesdienste überall in Mannheim brauche, sondern weniger. Und es gibt beispielsweise in ganz Mannheim nur noch relativ wenige Konfirmanden, und die verteilen sich dann auf aktuell knapp 30 Standorte. Es macht den Kids ja auch keinen Spaß, irgendwo hinzugehen, wo sie dann zu dritt hocken. Deshalb müssen wir uns für die Zukunft fragen, welche Profile die einzelnen Gemeinden mit ihren Standorten abbilden.

Der Dekan der Evangelischen Kirche, die Synode und der Stadtkirchenrat sind inzwischen sehr weit mit ihren Überlegungen. Sie sagen, wir brauchen eigentlich Teams in den einzelnen Gemeinden. Und diese Teams widmen sich einem Schwerpunkt. Vielleicht ist eine Kirche zukünftig der Standort für Konfirmanden und eine andere der Standort für ökumenische Projekte. Das muss aber aus der Gemeinde heraus kommen. Wir als Verwaltung können nur den Impuls liefern. Aber Veränderungen dauern, da es sich bei der Gemeindearbeit um über Jahrhunderte erlernte Gewohnheiten handelt. Der Pfarrer am Standort ist der Seelsorger, der einen Full Service anbietet, und keiner möchte sich nur mit einer Funktion beschäftigen, zum Beispiel nur Beerdigungen betreuen.

Wir müssen in einen dringend notwendigen Gebäudereformationsprozess gehen. Damit verbinde ich keinen Vorwurf, denn wir haben es hier mit gewachsenen Strukturen zu tun. Damit jedoch sinnvolle Entscheidungen hinsichtlich der Nutzung eines Gebäudes gefällt werden können, ist es sehr wichtig, dass die Gemeinden für sich ihr Profil in diesem Gebilde Stadt und Kirchenbezirk Mannheim präzisieren, dass sie ihre neue Position und Rolle finden und Freude daran bekommen, sie auszufüllen.

Beim Spinelli FreiRaumLab ist es toll, wie der TV Käfertal sich einbringt. Und ich glaube, mit der katholischen Kirche St. Hildegard und der evangelischen Philippuskirche hat er da gute Partnerinnen. Ich bin gespannt, wie es funktionieren wird, wenn zwei Kirchen zusammen agieren und ein Raumangebot schaffen.

Dabei stellt sich auch die Frage, wie viel Platz und wie viel gelebte offene Kultur dann noch für andere Akteure aus der Sozialwirtschaft oder dem Ehrenamt bleiben. Das wird eine interessante Entwicklung.

SB: Welche Optionen sind denn aktuell für eine Nachnutzung von Kirchen und Gemeinderäumen realistisch und wirtschaftlich darstellbar?

DK: Wir denken über vieles nach. Auch über die Frage, wo es Möglichkeiten gibt, über Liegenschaften auch Einnahmen zu generieren. Dafür, denke ich, müssen wir uns von der Kubatur trennen. Oder von vielen Kubaturen trennen, um an den Standorten noch Adressen zu halten. Denn es ist ja nicht die Absicht, einen Stadtteil, ein Quartier oder einen Straßenzug aufzugeben. Die Absicht ist, vor Ort als Kirche ansprechbar und erreichbar zu bleiben. Aber in einer angemessenen Kubatur, denn nur die können wir uns leisten.

Wir werden viele Gebäude in der Form, wie wir sie kennen, aufgeben müssen, um uns, im Idealfall an gleicher Adresse mit 150 oder 200 Quadratmetern oder vielleicht auch nur 80 Quadratmetern in Präsenz halten zu können. Die große Herausforderung sind die Kirchengebäude. Wie gehe ich mit einem denkmalgeschützten Gebäude um, das 12 Meter Raumhöhe hat und 50 Meter lang ist, wenn ich in Wirklichkeit davon noch eine Box von 6 mal 12 mal 3 Metern benötige?

SB: Können Kirchen mit anderen Funktionen auch ganz neue Orte des Austauschs werden?

DK: Tatsächlich haben wir eine Vielzahl von Interessenten für die Gebäude. Wir erleben aber auch viel Naivität. Es rufen Personen an, die sagen: „Wir würden die Kirche gerne nehmen." Aber wir sind wirtschaftlich nicht in der Situation, diese Gebäude verschenken zu können oder sie zu einem attraktiven Quadratmeterpreis zu vermieten. Wir müssten eigentlich Kubikmeter vermieten. Eine Kirche nach Quadratmetern zu bewerten, ist nicht schlüssig. Und die Mieten wären so hoch, dass wir dafür keinen Mieter finden würden. Und wenn wir ihn finden würden, gäbe es unter Umständen auch noch eine ideologische Hemmschwelle. Zum Beispiel wollen wir kein Autohaus. Traum und Idealvorstellung sind natürlich Sozial- und Kulturakteure. Das Problem ist aber, dass diese kein Geld haben. Dementsprechend brauchen wir Partner aus der Privatwirtschaft und müssen auch bereit sein, unsere Grenzen so zu stecken, dass wir Partner

165

finden, mit denen wir inhaltlich wenigstens den kleinsten gemeinsamen Nenner haben.

Die Wohnungswirtschaft ist zum Beispiel noch wenig Thema. Da ist der Denkmalschutz ein großes Problem. Wir haben in Deutschland einen sehr restriktiven Denkmalschutz. In den Beneluxstaaten sieht man zu Wohnanlagen ausgebaute Kirchen. Bei der Friedenskirche hatten wir sogar einen Mäzen, der hätte uns ein soziales Wohnprojekt geschenkt. Er würde uns das auch immer noch schenken. Wir haben es versucht und sind am Denkmalschutz gescheitert, weil die Buntglasfenster nicht entfernt werden dürfen, und das ist dann ein Totschlagargument für den Wohnungsbau. Das ist eine Schwierigkeit, obwohl wir hier Möglichkeiten hätten, auch finanzielle. Aber wir kommen nicht über die rechtlichen Hürden. Dabei könnten wir so dieses Denkmal in seiner Struktur langfristig erhalten, während wir da jetzt wieder an dem Punkt sind, dass wir mittelfristig nicht wissen, wie wir das noch finanzieren sollen.

Wir stehen aber auch in einem guten Dialog mit dem Denkmalschutz, da geht es um eine Kirche, die eine Kirche bleibt. Das ist jetzt nicht so, dass es keine Zugeständnisse gibt. Aber sobald wir aus diesem kleinen Dialog hin zu den wirklich tiefgreifenden Eingriffen in den Bestand gehen, wird es schwierig – auch für den Denkmalschutz schwierig, das verstehe ich auch, denn dieser hat ja auch einen Auftrag und wird an dem gemessen, was er tut. Aber man sieht im europäischen Ausland, dass ein respektvoller Umgang mit dem Denkmal nicht bedeutet, dass man es nicht anfassen darf.

Solange der Denkmalschutz versucht, das Denkmal in seiner Gesamtheit zu bewahren, ist es aus meiner Sicht eher so, dass es Denkmäler kostet, als dass es sie schützt. Die spannende Struktur einer Kirche sind sicherlich nicht nur die Buntglasfenster, es geht ja um mehr. Das fängt bei einer städtebaulichen Figur an und endet im Ergebnis natürlich irgendwo auch in einem Detail. Aber dazwischen braucht es einen Erwägungsraum, um uns als Kirche zu helfen. Ich glaube, das betrifft auch viele andere Institutionen. Das betrifft auch Kommunen, Land und Bund selbst, die ja auch Denkmäler haben, deren Finanzierung eine Last darstellt. Es braucht diesen Handlungsspielraum für die Akteure, zu sagen: „Das Denkmal bleibt in seiner Struktur erhalten, aber ich muss Inhalte verändern, um es mit Leben zu füllen." Natürlich ist der Raum ein anderer, wenn die Buntglasfenster weg sind. Aber die Nutzung ist auch eine andere.

166

SB: Stadt und Gebäude haben sich ja immer verändert. Was wünschen Sie sich in Bezug auf die Transformation, was ist möglich?

DK: Mit der Stadtplanung stehe ich regelmäßig im Dialog. Das ist immer eine Frage des Maßstabs. Wenn ich das Stadtmodell denke, dann hat vielleicht der Kirchturm für mich eine Bedeutung oder der Platz und der Raum, der an einer Stelle entsteht. Wir sehen Kirchen als öffentliche Orte und würden sie auch gerne öffentlich halten. Die Stadtplanung guckt natürlich nicht auf das Portal und sagt: „Die Türklinke dürft ihr nicht verändern." Da sehe ich eigentlich Bereitschaft. Auch vonseiten des Baurechtamts, glaube ich, besteht Offenheit, denn wir wollen ja kein verändertes Baurecht.

Wir wollen auch keine Ausnahmen und Befreiungen, sondern im Rahmen dessen, was rechtlich gegeben ist, Möglichkeiten finden. Das ist deshalb keine Generalkritik am Denkmalschutz. Ich glaube, von vielen Seiten besteht der Wunsch oder das Gefühl, dass man die Denkmäler besser schützen kann, wenn man bereit ist, sie so zu transformieren, dass sie wieder in die Zeit passen. Denn die Kubatur Kirche passt ja weder energetisch noch funktional in die Zeit. Wir können nicht aus jeder Kirche eine Mehrfeldsporthalle machen. Das wollen wir auch nicht.

Es geht auch nicht darum, wiederkehrend Blaupausen anzuwenden, sondern es muss darum gehen, individuelle Lösungen integrativ für den jeweiligen Stadtteil zu entwickeln. Denn es gibt überall andere Anforderungen, andere Profile, andere Sorgen und Nöte innerhalb der Gesellschaft. Und wir haben den Raum, wir haben die Liegenschaften und würden diese gern mehr zur Verfügung stellen. Auch die Pfarrer sind bei uns schon an dem Punkt. Und bei der Friedenskirche kam der Impuls aus der Gemeinde, die sagte: „Findet doch eine Lösung für unsere Kirche, wir brauchen sie nicht mehr, denn wir haben einen Steinwurf weiter die nächste Kirche." Das ist genau der Impuls, den wir brauchen, den wir erwarten, den wir suchen, der uns unglaublich freut. Wir konnten sogar die Lösung liefern. Und dann scheitert es eben am Ende doch an den bürokratischen Hürden. Das macht es für uns natürlich nicht einfacher, zu arbeiten, und unser Standing steht und fällt ja auch ein bisschen damit, dass wir Erfolge vermelden, Ideen und Impulsen folgen, Projekte realisieren können – die dann wiederum andere Gemeinden, die vielleicht noch nicht so weit sind, dazu animieren, auch mal neu zu denken.

167

Je weniger wir Bewegung in den Bestand bekommen, desto wahrscheinlicher wird irgendwann der Abbruch. Das ist auch Teil der Realität. Und ich glaube, das ist nicht nur für die Kirchen, sondern auch für die Zivilgesellschaft ein kritischer Moment. Klar, wenn man kein Kirchgänger ist, dann kann man keine Anforderungen daran stellen, dass so ein Gebäude stehenbleibt, weil man ja auch keinen Beitrag dazu leistet, dass wir es erhalten können. Aber dennoch glaube ich, verlieren viele Quartiere sonst ihre Identität, da sie städtebaulich oft um oder an die Kirche gewachsen sind. Und wenn die Kirche wegfällt, entsteht ein Vakuum. Das wird am Ende wahrscheinlich banaler befüllt, als es jetzt bebaut ist.

Wir haben ein großes Interesse daran, diese emotionalen Orte zu bewahren. Wir können es aber nicht aus eigener Kraft und brauchen deshalb Unterstützung. Doch wir können gar nicht so viel Unterstützung annehmen, wie wir bekommen würden, weil es einfach ein Limit an Möglichkeiten gibt. Neben einer guten Zusammenarbeit mit einer ressortübergreifenden Verwaltung brauchen wir auch Austausch und Synergien mit den Nachbarn der Liegenschaften, um soziale Nutzungen zu entwickeln und zu ermöglichen. Wir sind zwingend darauf angewiesen, dass wir alle versuchen, Pioniere zu sein. Und wir können dankbar für jeden sein, der es vor uns schafft. Denn das sind alles wichtige Türöffner.

Die Stadt vom Wohnen her denken

Jean-Philippe Vassal

Jean-Philippe Vassal leitet gemeinsam mit Anne Lacaton das renommierte Architekturbüro Lacaton & Vassal, das sich dem Prinzip Umbau vor Abriss verschrieben hat. Durch ihre innovative Vorgehensweise und ihren Einsatz für Nachhaltigkeit haben sie die Architekturszene entscheidend geprägt und wurden 2021 mit dem Pritzker-Preis ausgezeichnet. Dieser Beitrag basiert auf der Keynote „The value of the existing, never demolish, re-use, transform ... add", die Jean-Philippe Vassal auf dem Symposium „Übungsräume für die offene Gesellschaft – Perspektiven einer kooperativen Planungskultur" gehalten hat.

Stadt zu verändern, bedeutet für mich zuerst, die Art und Weise zu verändern, wie man sie betrachtet. In einer Absetzbewegung zum traditionellen Städtebau interpretiert unser Büro die Stadt nicht als eine träge Masse, die modelliert werden muss. Wir verstehen die Stadt als ein Gefüge von Kapazitäten und Energien, von Aktivitäten und Lebensräumen. Mit diesem Gefüge ist die Aktivität des Wohnens reziprok verbunden. Das Wohnen schafft das Gefüge, das Gefüge bedingt das Wohnen. Unsere Arbeit besteht darin, dieses Gefüge zu erkennen und zu erweitern.

Wohnen bedeutet, im Innen zu sein und im Zusammenspiel von Kontinuität und Erweiterung die Stadt zu bewohnen, in der Stadt zu leben. Die Verteidigung des Wohnens und des Lebensgenusses, der sich daran knüpft, ist für uns heute eine eminent politische Aufgabe. Räumliche Großzügigkeit ist der Ausgangspunkt für ein mögliches soziales Leben. All dies hat mit Haltung zu tun, Wir wollen „außergewöhnliche" Antworten in Bezug auf die Qualität des Wohnens geben.

Die Bedingungen für die Stadtentwicklung lassen sich somit ganz einfach darlegen. Sie beruhen auf der Kombination von zwei Zielsetzungen: der Schaffung von Lebensqualität, das heißt von Situationen mit hohem Komfort, und der Verdichtung des Territoriums. Gewiss sollte man diese Ziele voneinander abhängig und gleichzeitig verfolgen.

Eine zweite Absetzbewegung zum traditionellen Städtebau kündigt sich an: Anstatt im Sinn der Tabula rasa Entwürfe auf das als neutral angenommene Terrain zu projizieren, kommt es jetzt darauf an, vor Ort zu sein und das Bestehende sorgsam in den Blick zu nehmen. Das ist die entscheidende Voraussetzung dafür, Räume und Gegebenheiten herausragend zu gestalten. Vor Ort zu sein, heißt auch, das wertzuschätzen, was ungeliebt, desaströs oder unvollendet ist, all das, was „sensibel" ist.

Heißt das, nicht mehr zu bauen? Keineswegs. Wir haben es stattdessen mit einer Gleichzeitigkeit zu tun: Es geht darum, den Bau von neuem Wohnraum synchron mit der Umwandlung von fragilen, bereits bestehenden Situationen zu initiieren. Und einfache Fragen zu stellen: Ist alles, was benötigt wird, bereits vorhanden? Was fehlt? Daran bindet sich eine Arbeit, deren Kernaspekte in der Genauigkeit, Sensibilität, Freundlichkeit und der Aufmerksamkeit bestehen. Es ist eine Aufmerksamkeit gegenüber Menschen, Nutzungen, Strukturen, Bäumen, gepflasterten Böden, Ungeziefer, gegenüber allem, was bereits vorhanden ist

170

und dem es bisher erlaubt war, hier zu wohnen. Nur auf diesem Weg lässt sich das Entwicklungs- und Transformationspotenzial eines bereits ausgestatteten Territoriums untersuchen.

Entlang dieser Linien steigt die in Architektur und Städtebau einst randständige Arbeit der Bestandsaufnahme zum Werkzeug des Wissens auf. Mit Bestandsaufnahme meinen wir die erschöpfende, umfassende Sammlung von Daten, Bedürfnissen und Zuständen. Sie zielt auf das Erfassen von Informationen und Parametern ab, die über die üblichen allgemeinen Begriffe der Architektur und des Städtebaus wie „urbane Form" oder „Zonierung" hinausgehen. In der Bestandsaufnahme untersuchen wir die faktischen Situationen, listen die Fragestellungen Fall für Fall auf und konzentrieren uns auf die Vielfalt der Größenordnungen, Charaktere, Beschränkungen, Vorschriften, Abwesenheiten, Herausforderungen und Möglichkeiten.

In diesem Sinn ist es zu verstehen, wenn wir sagen, dass wir Stadt zum epistemologischen Gebiet machen. Es meint nichts anderes, als dass wir uns mit der Bestandsaufnahme auf das von den städtischen Akteur:innen bereits vorhandene Fachwissen stützen und es weiterentwickeln. Im Gebrauch von räumlichen Situationen liegt eine hohe Intelligenz. Die Wohnenden tun bemerkenswerte Dinge. Das Bewohnen und die Nutzung von Räumen sind für uns eine Quelle der Inspiration. Gewiss geht es in der Architektur um die Materialien, die Bedingungen, die Verfahren. Aber dahinter gibt es „Mechanismen", die bewirken, dass die Bevölkerung einer Stadt ihrem Bedürfnis nach gutem Lebensraum nachgeht, die das Gebrauchen von Raum grundsätzlich richtig und präzise machen. Eine Analyse dieser Mechanismen ist möglich. Sie gehören zu der „großen und einfachen" Form der Stadt. Unserer Ansicht nach kann man sie nur transformieren, wenn man das Gebrauchen des Raums mit einem ganzheitlichen Ansatz betrachtet.

Man denke etwa an die Transformation von Großwohnsiedlungen. Man saniert sie in der Weise, wie man sie einst entwarf. Entscheidungen finden auf einem Plan im Maßstab 1:500 statt. Aber hinsichtlich der Beziehung, die einzelnen Bewohner:innen zu ihrer Wohnung und ihrem Umfeld unterhalten, gibt es viel mehr zu beachten. Es lassen sich viel feinere, genauere Informationen finden, die man suchen und verstehen muss, um eine wirklich gute und sinnvolle Transformation durchzuführen.

Ein Beispiel: Für die Wohnungen des Hochhauses Bois-le-Prêtre in Paris, die wir 2011 renoviert haben, hatte der Architekt

Raymond Lopez in den 1960er Jahren eine „amerikanische Küche" konzipiert. Die zuständige kommunale Wohnbaugesellschaft erklärte uns zu Beginn des Prozesses, dass „die Leute diese nicht mögen". In unserer Recherche vor Ort haben wir festgestellt, dass diejenigen, die diese Küchen nicht mochten, alle auf derselben Seite des Hochhauses wohnten. Wir versuchten, zu verstehen, wo die Ursache der Ablehnung lag, und fanden heraus, dass die Abzugsrohre auf dieser Seite seit langer Zeit nicht mehr funktionierten. Der Schluss, den man daraus ziehen sollte, ist: Wenn man genau hinschaut, kann man Fehlfunktionen ebenso wie unabgegoltene Potenziale ausmachen. Dieses Verfahren, das vom Innen ausgeht, eröffnet einem Konversionsprojekt weitaus mehr Möglichkeiten als ein Ansatz, der nur von einem Außen schaut – und der in diesem Fall dazu geführt hätte, dass alle Küchen unnötigerweise herausgerissen worden wären.

Aus alldem ergeben sich ganz einfach gehaltene Grundsätze. Sie sind für uns leitend:

- Es geht darum, nie etwas abzureißen, nie etwas rückgängig zu machen, sondern immer das Gleichgewicht der Organisation bestehender städtischer Situationen zu ergänzen und zu stärken.

- Es geht darum, das Lebendige nicht zu beschneiden.

- Es geht darum, Investitionen zu verteilen, um Verbesserungen und neue Errungenschaften zu erreichen, sodass jede:r direkt von den öffentlichen Maßnahmen profitiert.

- Es geht darum, das Wohnen von seiner finanziellen und sozialen Klassifizierung zu befreien.

- Es geht darum, dem Prinzip des Wohnens als „Finanzprodukt" entgegenzutreten, um stattdessen das Angebot an die Bedürfnisse der Wohnenden anzupassen.

- Es geht darum, den Wohnraum mit der Großzügigkeit der Nutzung auszustatten, die seit 50 Jahren vermisst wird.

Vor diesem Hintergrund leuchtet es ein, dass wir das Wohnen als den basalen Maßstab des Städtischen verstehen. Wir sprechen hier nicht vom Wohnen im Allgemeinen, aber von einem Haus oder einer Wohnung. Man hat es bei Stadt mit unzähligen Wohnsituationen zu tun – multipliziert mit 10.000, 50.000 oder

172

einer Million. Ihnen gilt unsere kontinuierliche Aufmerksamkeit. Das geht nicht, ohne die herkömmlichen Verfahren der Architektur und des Städtebaus zu verändern. Der von uns verfolgte sequenzielle, multiplikative und simultane Urbanismus zielt darauf, das gesamte Territorium mit den wesentlichen Rechten seines Gebrauchs, dem Recht auf eine lebenswerte Umwelt, Ruhe und Sicherheit in Einklang zu bringen. Wir verstehen die Stadt als eine Reihe von fortlaufenden Möglichkeiten, die wir fortsetzen und weiterschreiben wollen.

Gut leben, sich in seinem Wohnzimmer wohlfühlen, sich auf dem Treppenabsatz aufhalten, sich mit seinem Nachbar:innen unterhalten, in der Nähe von Dienstleistungen und Geschäften sein, sich bei einem Spaziergang durch den Park wohlfühlen, Menschen treffen – jede Absicht der städtebaulichen Verdichtung muss mit dieser Strategie der Beziehungen, der Leichtigkeit und Kontinuität zwischen der Qualität eines Innenraums, eines Gemeinschaftsbereichs und eines öffentlichen Raums verbunden sein.

Verdichten bedeutet, mehr Raum zur Verfügung zu stellen, ohne den individuellen Raum zu komprimieren. Wo das Gewöhnliche als das Außergewöhnliche erscheint, gibt Verdichtung den Bewohner:innen die Möglichkeit, eine Vielzahl von Situationen zu erleben: Freiheit, Mobilität, Durchlässigkeit und Großzügigkeit. Sorgfältig verdichten heißt dann, im umfassenden Sinn den Bestand zu erweitern, das Land nicht zu verschwenden und eine städtebauliche Strategie der Überlagerung, der Nähe, von Fall zu Fall, der Agglomeration, des Ausbaus und der Ergänzung anzuwenden.

Ich möchte dieses Verfahren an einem weiteren Beispiel illustrieren. Gemeinsam mit Frédéric Druot, Christophe Hutin und Cyrille Marlin haben wir eine Studie in Bordeaux durchgeführt, die 2012 veröffentlicht wurde. Sie trug den Titel *50.000 Logements*. Ziel war es, eine Strategie für die Stadt zu entwickeln, um eine große Anzahl von Wohnungen zu schaffen. Wir haben fünf Jahre lang an der Studie gearbeitet, und unser Ansatz war sehr einfach: Wir begannen mit der Erstellung einer Datenbank für das, was bereits vorhanden war: das Netz, die Leitungen, die Straßen – alles wurde katalogisiert. In diesem Dokument kann man sich den Grundriss jeder Wohnung in jeder Situation ansehen. Wir haben jeden Fall untersucht, um das Potenzial und die Fähigkeit jeder Lage zu ermitteln und neue Einheiten und Lagen für Projekte anzubieten.

173

Das städtische Territorium ist da. Es ist weit und freundlich. Jede Situation ist einzigartig und enthält ihre jeweils eigenen Elemente und Charakteristika – sie kann ausreichend dicht oder klar sein, offensichtlich oder versteckt, kontrastreich und vielfältig, ausreichend bewässert, entwässert, gefurcht, durchquert, bedient, angetrieben, organisiert und so weiter. Alles kann für die Beobachtung wichtig werden, auch das kleinste Detail. Wir gehen weg von Lösungen aus dem Werkzeugkasten, weg von der Notwendigkeit, zu beschneiden oder abzureißen, hin zu einem Vorgehen, das behutsam und sorgend ist – ohne aufzubrechen, zu zerlegen, und gestalten neu, ohne zu stören.

Auf diese Weise gelingt es, auch die schwächsten und am wenigsten geschätzten bestehenden Räume wertzuschätzen und umzuwandeln. Sowohl ökologisch als auch ökonomisch ist dies sinnvoll. Wenn es gilt, all die Energie, die bereits in ein Gebäude gesteckt wurde, bestmöglich zu erhalten, dann muss der Imperativ lautet: Reißt niemals ab!

174

Kommunale Wissens-Schaffens-Zentren – Orte hybrider Überlagerung

Ein Gespräch mit Karl-Heinz Imhäuser

Karl-Heinz Imhäuser   K   I
Sally Below   S   B
Christopher Dell   C   D

Dr. Karl-Heinz Imhäuser ist Vorstand der Denkwerkstatt und der Carl Richard Montag Förderstiftung. Dort steuert und strukturiert er die strategische Entwicklung der verschiedenen Montag Stiftungen und ist im übergeordneten Bereich für die langfristige strategische Planung und Ausrichtung zuständig. Darüber hinaus war er Kuratoriumsmitglied der Internationalen Bauausstellung (IBA) Heidelberg 2022. Das Spinelli FreiRaumLab begleitet er beratend. Das Gespräch mit ihm fand am 18. Mai 2022 im Kontext der Veranstaltung „Wissen in der offenen Gesellschaft" statt. Gemeinsam mit ihm besuchten Sally Below und Christopher Dell das Areal des Spinelli FreiRaumLabs und ließen sich zum Gespräch auf der Piazza Spinelli nieder.

Sally Below:

> Herr Imhäuser, die große Frage, die uns beschäftigt, ist, wie heute Wissen in der Stadtgesellschaft produziert wird. Darüber möchten wir mit Ihnen an diesem besonderen Ort sprechen.

Karl-Heinz Imhäuser:

Gerne! Ich komme ja ursprünglich aus dem Bereich der Bildung und habe mich mit den Schwierigkeiten beschäftigt, die Veränderungen, die in der Welt passieren, so aufzunehmen, dass sie ihren Niederschlag in der Bildung finden. Wir führen seit langer Zeit eine Diskussion darüber, dass es dabei um einen Bildungskanon geht, um Fächer, und dazu gehören heute Informationstechnologie und Digitalisierung, die ebenso in Fächer gepresst werden. Das sind alte Reflexe, bestimmte Wissenstatbestände in Segmente zu teilen und dann in Fächer oder Disziplinen herunterzubrechen. Tatsächlich hat sich die Welt aber dahingehend gewandelt, dass wir keine Grenzen im Sinne dieses disziplinären Denkens mehr haben. In einem bestimmten Bereich gibt es immer noch so etwas wie Könnerschaft im Sinne von „etwas Können". Aber Wissen produziert sich heute viel mehr dann, wenn es sich mit dem Wissen anderer Disziplinen vernetzt. Was passiert, wenn man Wissensbestände zusammenbringt und etwas Neues entsteht?

Im Bereich der Bildung sieht man deshalb, dass die Gesellschaft zunehmend Bildungseinrichtungen wählt, die in diesem Sinne ticken. Eltern, insbesondere mit Bildungshintergründen, haben ein Gespür dafür, wohin sich die Welt bewegt und wo sie ihre Kinder am besten hinbringen. Das sind dann Einrichtungen, die in diesem Sinne kollaborativ arbeiten, bei denen es nicht mehr um Fächer geht, sondern um die Vernetzung von Wissen entlang von Sachproblemen.

Im Bereich der Kirche sehe ich ein ähnliches Problem, das auch im Spinelli FreiRaumLab gespiegelt wird. Glaube war über Jahrhunderte in einem kanonisierten Bereich und mit der Autorität der Kirche versehen der Wissensgenerator schlechthin. Aus diesen Zusammenhängen heraus hat sich Wissen bis in weltliche Bereiche hinein organisiert, auch immer mit Machtthemen verbunden. Jetzt erleben die Kirchen, dass ihnen die Menschen das nicht mehr abnehmen. Das ist ein Autoritätsverlust. Aber dieses kanonisierte Wissen, der Glaube, ist ja nicht verschwunden, und er bleibt auch bestehen. Darüber hinaus jedoch sind so viele neue Kontexte entstanden, aus denen Wissen nur so herausprudelt.

176

Insofern ist Glaube nur noch ein kleiner Ausschnitt von Wissens-produktion. Und ich glaube, ein Teil der Projekte, wie sie hier stattfinden, sind die Realisierung dieser neuen Formen der Wissensgenerierung – also die Praxis der von mir vorgestellten Versprachlichung einer anderen Wissensproduktion.

SB: Viele Kirchen, nicht nur die beiden hier in Käfertal, stehen zur Disposition, das heißt, sie sollen möglicherweise aufgegeben werden.

KI: Ich finde es spannend, zu sehen, ob es gelingen kann, diese Orte in einen zeitgemäßen Wissensproduktionsprozesses einzubinden, über den althergebrachten Kanon hinaus, in einem erweiterten Verständnis. Das wäre eine unglaublich interessante Transformationsgeschichte, denn durch eine veränderte Deu-tung blieben diese Orte Teile einer Geschichte und auch einer Community-Entwicklung. Und ich glaube, darum geht es auch bei solchen Veranstaltungen wie der IBA und dem, was hier auf Spinelli passiert: ein Verständnis zu erwirken und von einem Ge-fühl des Verlustes zu einem konstruktiven Aufbruch zu kommen.

Christopher Dell:
        Sie sagen, dass die Kirche früher mit ihrer Autorität über den Glauben das Wissen konturiert hat. Wie könnte denn heute eine Art anderer Autorität entstehen, vielleicht eine Autorität der Selbstermächtigung?

KI: Ich glaube, Wissensproduktion und das, was Wissen im 21. Jahrhundert ausmacht, unterliegen einer ganz anderen Form von Begrifflichkeit. Das ist Kommunikation, Konnektivität, das ist die Fähigkeit, kritisch zu denken, mit anderen zusammenzuwir-ken, ohne spezifischen Auftrag eines Unternehmens, eines Priesters oder eines Lehrers. Das ist die Fähigkeit, Bürgergesell-schaft aus eigenem Antrieb heraus zu erzeugen, ausgehend von dem Verständnis des Gemeinsamen, des Gemeinwohls, das auch für mich einen Mehrwert darstellt, wenn ich mich einbringe. Das hat mit Dingen wie Empathie zu tun, also mit der Fähigkeit, einen Standpunkt zu haben, aber auch mit dem Standpunkt des anderen einen Umgang finden zu wollen, diesen nicht sektoral abzuwerten, sondern diesen anderen interessant zu finden mit seiner Geschichte, mit seinem Können, mit seiner Situiertheit. Dann ist das kein Kanon mehr, sondern ein anderer Zugang zur Produktion von Wissen, und ich glaube, darin liegt die Transfor-mation. Aber wir haben noch viel daran zu arbeiten, Menschen in diesem Sinne mitzunehmen – obwohl dieser Prozess ja schon in vollem Gange ist.

177

SB: Was bedeutet das für Projekte wie unseres?

KI: Ich glaube, in diesem Momentum sind auch Projekte wie das Spinelli FreiRaumLab. Die tun das einfach, setzen das in ganz praktischem Handeln um und verkörpern eine Struktur, die sich gegen dieses Alte schon durch das Tun stemmt und es zu überwinden hilft. Sie sind schon Teil dieses neuen Wissensgenerierens – ich nenne sie „kommunale Wissens-Schaffens-Zentren". Solche Orte zum Vorhalten, Schaffen und Vermitteln von Wissen sind in einer offenen Gesellschaft sowohl Orte der Bildung als auch der Begegnung und des Miteinanders. Im Mittelpunkt sollten Konzepte stehen, welche die Vielfalt im Quartier durch ihre Multifunktionalität fördern, sowie deren attraktive städtebauliche Gestaltung. Solche kommunalen Wissens-Schaffens-Zentren sind Orte hybrider Überlagerung bisher institutionell und räumlich getrennter Aufgaben, Rollen und Funktionen. Durch sie wird kommunal verantwortete Gemeinwesenentwicklung zum Kern der Entwicklung einer offenen Gesellschaft. Sie fungieren als ein „Netzwerkhub", eine strategische Entwicklungsoption für eine Stadt, als Netzwerk von Netzwerken lokaler Kernkompetenzen.

Auf einer anderen Ebene glaube ich, muss man das auch tatsächlich in Dialogen, in Streitgesprächen, in Vorträgen, in Podiumsdiskussionen ausdiskutieren. Denn natürlich sitzen auf dieser Welt nicht nur Leute, die auf solche Veränderungen warten, sondern auch solche, die sagen: „Nein, das kann ich nicht, ich weiß, was ich kann, und so mache ich das jetzt auch weiter, weil das gut so ist, das hat doch einfach die Welt erzeugt." Aber die Welterzeugung verändert sich gerade, und es wäre klug, diesen Weg mitzugehen, Neues anzunehmen. Das fällt, glaube ich, vielen schwer.

Dazu gehört auch ein Verständnis dafür, das Projekte gar nicht zwingend in diesem definierten Sinne einen Anfang und Ende haben, sondern Prozesse sind, die sich verändern. Dadurch, dass sich durch die Menschen, die dazukommen, die Richtung ändert und neue Endpunkte definiert werden können. Dieses Offene, Unbestimmte ist das, was die neue Welt ausmacht oder die neue Art der Wissensproduktion, die nicht schon immer auf ein definiertes Ende mit definierten Zielen, mit definierten Geldern, mit definierten Ablaufplänen zielt. Sondern die offener, auch unbestimmter, vager, diffuser ist und auf andere Art und Weise das Wissen generiert, wie es im 21. Jahrhundert gebraucht werden wird. Und ich glaube, mit diesem Veränderungsprozess haben auch die Kirchen ganz viel zu tun. Wenn sie die Gebäude bei dieser neuen transformativen Form von Wissensproduktion mitnehmen wollen, müssen sie diesen Veränderungsprozess aufnehmen. Der Glaube kann Teil davon sein, aber es muss mehr werden als das. Es wäre toll, wenn sich die schon vorhandenen Orte der Wissensproduktion in dieses Netz einbinden ließen.

CD: Sie haben die Unbestimmtheit angesprochen und die Autorität, die sich auflöst in zeitgemäßen Prozessen der Wissensproduktion. Was bedeutet das für die Menschen? Wie können sie konstruktiv mit dieser Unbestimmtheit verfahren? Wie kann ich mich selbst ermächtigen, auch dazu, etwas zu können, ohne in ein *anything goes* zu verfallen?

KI: Zum einen glaube ich, dass Menschen sehr genau wissen, wenn sie etwas können und ob dieses Können für andere bedeutsam ist. Von Kindheit an entwickelt sich dieses Gefühl, etwas zu können, da bin ich überzeugt. Aber dieses Wissen muss auch im Sinne des Gemeinwohls nützlich sein, über mich hinaus, in der Verbindung mit anderen. Dazu braucht es Formen der Bestätigung, die spiegeln, dass das, was ich einbringe, auch von anderen wahrgenommen wird. Dass es nicht nur mir als Individuum, sondern einem größeren Zusammenhang nützt. Und ich denke, wir sollten klären, wie wir das tun und welche Kommunikationsformen wir dafür nutzen können.

Und etwas anderes wissen wir, da ist die Forschung eigentlich relativ eindeutig: Das Wissen, das wir uns in formalen Prozessen aneignen, macht vielleicht 20 Prozent dessen aus, was Menschen an Wissen haben, welches sie in Können ummünzen können. Den Rest der Dinge, die wir für das Gelingen eines Lebens benötigen, eignen wir uns auf ganz anderen Wegen an, lernen wir im Leben selbst, durch Fragen oder Beobachten. Chinesische Schriftzeichen kann ich nicht lesen, aber ich kann bestimmte Konventionen identifizieren. Ich bin dafür ausgerüstet, mir das anzugucken, zu übertragen, zu abstrahieren. Ein Stück weit sind das Strukturen, die wir in formalen, aber viel stärker in informellen Prozessen aufnehmen. Insofern gibt es Arten von Autoritäten, die anderen Regeln folgen, und das wissen die Menschen. Deshalb ist es wichtig, zu zeigen, welche anderen Arten der Wissensproduktion schon vorhanden sind. Bisher wird das nur abgewertet, weil die formalen Prozesse und die Vorstellung, darin stecke das wirkliche, wahre, erworbene Wissen, das sich in Können, in Gehälter und sonstiges übersetzt, so mächtig sind.

179

Stadtentwicklung im Spannungs- feld zwischen Bürgerwünschen, Zuständigkeiten und Machbarkeit

Drei Fragen an Hanno Ehrbeck

Hanno Ehrbeck   H   E
Sally Below   S   B

Dr. Hanno Ehrbeck ist Stadtplaner und seit 2022 Leiter des Fach- bereichs Geoinformation und Stadtplanung der Stadt Mannheim.

Sally Below:

Herr Ehrbeck, wie kann ortsgebundenes Wissen in formelle und informelle Planungsprozesse gehoben und eingebunden werden?

Hanno Ehrbeck:

Über die Beteiligung derer, die am besten über dieses Wissen verfügen. Das sind vor allem die Akteure vor Ort – also die Bürgerschaft, Unternehmen und Vereine. Als Verwaltung haben wir sicher auch viel Erfahrungswissen. Aber die, die am meisten beitragen können, sind natürlich die unmittelbar Betroffenen. Bürgerbeteiligung, die wir in der Stadtplanung meistens machen, ist projekt- oder anlassbezogen. Das heißt, wir konzipieren und führen Beteiligungsveranstaltungen durch, weil wir konkrete Planungen und Projekte umsetzen wollen.

Das ist aber nur die eine Ebene. Die andere ist die langfristige, projektunabhängige Ebene. In Mannheim binden wir die Bezirksbeiräte, die es ja in vielen Städten gibt, sehr intensiv in diese Prozesse ein. Wir haben im Jahr mehrere Bezirksbeirats- sitzungen, in denen auch die Bürgerschaft zu Wort kommt. Mit diesen Sitzungen gelingt es uns, unterschiedliche Gruppen zusammenzubringen: Zum einen sind die Stadträte anwesend, die sich um die Entwicklung der jeweiligen Stadtbezirke be- sonders kümmern. Es sind die ernannten Bezirksbeiräte dabei und darüber hinaus die Bürgerschaft. So kommt man in den Austausch – und das kontinuierlich. Über die Bezirksbeiräte kann die Bürgerschaft auch relativ niederschwellig Themen in die offiziellen Sitzungen einbringen. Dort beziehen wir als Verwal- tung dann Stellung und gehen auf Fragen ein.

Dadurch entsteht eine langfristige Diskussion über die Entwick- lung der Stadtbezirke und Quartiere. Als Verwaltung kennen wir die Akteure vor Ort, wir kennen aber auch Themen, die den Stadtteil in den vergangenen Jahren beschäftigt haben. Im Idealfall ergibt sich daraus ein kontinuierlicher Austausch, in dem alle Beteiligten die Sicht der anderen auf den Stadtteil und seine Probleme, Besonderheiten und Chancen verstehen und gemein- sam an diesen Themen arbeiten.

SB: Was wäre für Sie ein „Übungsraum" für die Stadt, und welche Strukturen würden wir dafür benötigen?

HE: In den formalen Verfahren brauchen wir natürlich Frei- räume, um überhaupt kreative Prozesse und Verfahren erproben zu können. Zugleich müssen sich alle Beteiligten auf solche offenen Prozesse einlassen und als Teil der Übung auch Rückschläge akzeptieren. Im Rahmen der Bürgerbeteiligung ist für uns das Format der Zufallsgruppen interessant. Dahinter steht die Erkenntnis, dass wir bislang – egal wie zugänglich wir die Beteiligung ausgestalten – nur bestimmte Teile der Bevölkerung erreichen.

In innerstädtischen Bereichen ist die Stadtteilidentität oft nur gering ausgeprägt. Ganz anders in den Vororten, wo wir eine starke Identität wahrnehmen, die sich nicht zuletzt auf ein reges Vereinsleben stützt. Dort nehmen in der Regel viel mehr Menschen unsere Beteiligungsangebote an. Aber es gibt auch Teile der Bevölkerung, die gar nicht teilnehmen, sei es weil sie keine Zeit und Ressourcen für die Teilnahme haben oder weil sie vielleicht auch den Glauben daran verloren haben, ihr Lebensumfeld beeinflussen zu können. Das ist natürlich dramatisch. Auch dass manche Bevölkerungsgruppen sich vermutlich nicht trauen, öffentlich das Wort zu ergreifen, führt dazu, dass sie mitunter ausgeblendet bleiben.

Die spannende Frage ist daher, wie wir die Teile der Bevölkerung, die weder zu der projektbezogenen Bürgerbeteiligung noch zu den Gremien der kontinuierlichen Stadtteilentwicklung kommen, erreichen können. Dies wäre aus meiner Sicht der Übungsraum, in dem wir stärker experimentieren sollten.

SB: Derzeit haben wir in allen Städten Objekte und Strukturen, die neue Nutzungen brauchen, etwa Kirchenensembles. Welche Formen von Entwicklung, Verwaltungsarbeit und Kooperation halten Sie für wichtig, um dieses Thema zu befördern?

HE: Die Umnutzung von Flächen und Gebäuden ist in der Stadtplanung ein normaler Prozess, weil sich die Anforderungen an Räume und insbesondere an Gebäude verändern. Das gilt in besonderem Maße für gewerbliche und industrielle Nutzungen, aber bis zu einem gewissen Teil natürlich auch im Wohnungsbau. Da Mannheim eine wachsende Stadt ist und wir gleichzeitig aus ökologischen Gründen keine Außenentwicklung betreiben wollen, haben wir durchaus Bedarfe für die frei werdenden Grundstücke. Die spannende Frage ist natürlich, wie wir neue Anforderungen mit bestehenden Flächen und Gebäuden zusammenbringen. Aber es gibt auch viele Beispiele, in denen dies gelungen ist. In unserem Schloss sitzt nicht mehr der Kurfürst, sondern die Universität, und zuletzt hat ein privater

183

Eigentümer mit viel Herzblut eine ehemalige Brauerei zu Wohnungen umgenutzt.

Wenn diese Entwicklung in den Stadträumen eher langsam und Schritt für Schritt erfolgt, findet der Markt hierfür oftmals Lösungen. Große brachfallende Flächen können häufig neu überplant und damit einer neuen Nutzung zugeführt werden. Gerade bei Gewerbeimmobilien trennen sich Eigentümer häufig aus einer betriebswirtschaftlichen Logik heraus von Immobilien und haben keinen Anspruch, die Nachnutzung mitzubestimmen oder mitzugestalten.

Die Besonderheit der Kirchengebäude ist, dass hier zum Teil Spezialimmobilien mit Denkmalschutz ihre Nutzung verlieren, weshalb sie nicht einfach umzunutzen sind. Dazu kommt, dass die Gebäude einen hohen symbolischen und Identifikationswert für die Bevölkerung haben. Den Kirchen und Gemeinden fällt es als Eigentümerinnen damit erst einmal sehr schwer, sich von ihnen zu trennen, und sie wollen aus nachvollziehbaren Gründen auch nicht jede Nachnutzung akzeptieren. Das ist einerseits Ausdruck eines hohen Verantwortungsbewusstseins für die Entwicklung der Nachbarschaften, engt in Verbindung mit den Auflagen des Denkmalschutzes und den Kosten die Möglichkeiten aber auch ein. Die Kirchen sind meiner Ansicht nach daher eher ein Spezialfall.

Hinsichtlich der Entwicklung von Gebäuden und Flächen sind natürlich in erster Linie die Eigentümer in der Verantwortung, diese einer vernünftigen Nachnutzung zuzuführen. Wir unterstützen in diesem Prozess als Verwaltung gerne und können zum Teil auch baurechtliche Optionen eröffnen. Wir können auch versuchen, Kontakte herzustellen, Interessenten zu vermitteln oder Fördermöglichkeiten aufzuzeigen. Bei Fehlentwicklungen müssen wir über das Planungsrecht einschreiten. Es ist uns als öffentliche Hand aber nicht möglich, die Verantwortung für alle frei werdenden Gebäude und Flächen zu übernehmen.

Wir konnten in Mannheim allerdings viel Erfahrung mit dem Erwerb und der Entwicklung großer Konversionsflächen sammeln. Insbesondere in den letzten zehn Jahren haben wir große Kasernenflächen über unsere Wohnungsbaugesellschaft gekauft, erschlossen und entwickelt. In der Regel sind das Projekte, bei denen es einen Bedarf an Wohn- oder Gewerberaum gibt und wir die Stadtentwicklung aktiv gestalten können. In diesen Fällen sind wir überzeugt, dass wir als Stadt dazu in der Lage sind, dies mit einer langfristigeren Perspektive als der Markt umzusetzen.

184

Über die Planbarkeit von sozialem Miteinander in neu entstehenden Quartieren

Rainer Kilb

Dr. phil. Rainer Kilb ist Prof. em. an der Mannheim University of Applied Sciences, Fakultät für Sozialwesen, sowie Erziehungswissenschaftler, Soziologe und Sportwissenschaftler. Er ist Mitglied der Planungskommission für das neue Quartier Spinelli.

Durch anhaltenden Zuzug in die Metropolregionen stehen insbesondere die Kommunen in deren Zentren vor der Aufgabe, nicht nur mehr Wohnraum auf meist nicht erweiterbarer Fläche anzubieten und Siedlungsdruck und ökologische Standards miteinander auszubalancieren, sondern auch sozialökologische Verträglichkeit unter sozialstrukturellen Aspekten zu antizipieren. Welche Bedingungen begünstigen ein möglichst gelingendes Zusammenleben bei zu erwartender beziehungsweise geplanter und erwünschter soziostruktureller Heterogenität und kultureller Vielfalt zuziehender Bevölkerungsgruppen?

Diese Fragestellung spielt insbesondere dann eine große Rolle, wenn völlig neue Quartiere gebaut werden wie etwa in der HafenCity Hamburg, im Nordwesten Frankfurts und Kölns oder auf den diversen Mannheimer Konversionsflächen. Hierbei werden in der Regel pauschal Mischbelegungen durch qualitativ unterschiedliche Wohnungstypen sowie eine Ausweisung bestimmter Anteile öffentlich geförderter Wohnungen ange-strebt. Eine solche, allein an formalen sozialpolitischen Zielset-zungen orientierte Maßgabe steht noch lange nicht für sozialökologische Nachhaltigkeitseffekte in den Quartieren. Im Gegenteil: Eine pauschale und unreflektierte Addition solcher Mischungsstandards kann wieder zu Mikrogettoisierungen oder auch zu anhaltenden Konflikten zwischen kulturell verschiede-nen Lebensgewohnheiten führen. Hier wäre bei der räumlichen Anordnung verschiedener Wohn- und Lebensformen eher auf intelligente Kombinationen verschiedener, zueinander passender lebensweltlicher Aspekte zu achten.

Im Rahmen eines „Mannheimer Modells" war beabsichtigt, mithilfe einer multidisziplinär besetzten Planungskommission und damit über eine interdisziplinäre Kooperation und Planung dieser Fragestellung nachzugehen und den oben genannten Anforde-rungen zu entsprechen.

Mit der Bebauung der ehemaligen Spinelli Baracks im Vorfeld und parallel zur Bundesgartenschau 2023 ergaben sich für die Stadt Mannheim einerseits diverse Möglichkeiten von Arrondie-rungen der bestehenden Stadtteile Käfertal, Feudenheim und Wallstadt. Andererseits fungiert ein neu entstehender Grünzug als ökologische Mobilitätstransversale sowie als zentraler Erholungs-, Erlebnis- und Aktionsraum. Ihm kommen damit quartierübergreifende stadtweite funktionale Wirkungen zu wie auch solche der Integration und Identifikation. Zudem erweitert er räumlich die Binneninteraktionsmöglichkeiten der drei um-liegenden Stadtteile.

186

Je nachdem, wie offen und aufnahmebereit sich die bereits existierenden Gemeinwesen den neu hinzuziehenden Bürger:innen gegenüber zeigen, arrondieren sich die bestehenden Stadtteile mehr oder weniger informell in ihren sozialen Strukturen. Je heterogener dabei die soziale Mischung – Kultur, soziale Schichtung, Milieus, Altersaufbau – bei der bestehenden und der neu hinzuziehenden Bevölkerung ausfällt, umso höher wird der gegenseitige Verstehens- und Orientierungsbedarf sein und umso höher auch der zu leistende integrative Aufwand. Die Annahme ist aber, dass sich ein solcher Aufwand durch soziale und ökologische Nachhaltigkeit nicht nur amortisiert, sondern auch fortlaufende Selbstentwicklungsprozesse im Gemeinwesen auslöst.

Die baulichen Anordnungen bilden dabei den Rahmen für Verstärkungen oder Verhinderungen integrierender Effekte. Je größer ein neues Quartier ausfällt, je mehr es von seinen Bewohner:innen in seiner Wohnstruktur auf externe örtliche Arbeitsverhältnisse hin orientiert ist, umso weniger wird es mit umliegenden Quartieren sozial verzahnt sein. Zur kommunikativen und sozialen Verzahnung bedarf es dann diverser informeller, institutioneller und personenbezogener Impulse. Subzentrale institutionelle Integration findet gewöhnlich über die Einrichtungen der Kindertagesversorgung (Kitas), die Grundschulen, gegebenenfalls eine Bibliothek, die Volkshochschule, die bestehenden Vereine oder einen Jugendtreff statt. Informelle Integrationswirkungen entfalten sich über Bezugsorte der Nahversorgung, der Reproduktion (Bewegung, Freizeitausübung, Erholung), Kleingärten, Spiel- und Sportplätze, Parkflächen sowie über „Entwicklungsflächen", auf denen durch gemeinsames Handeln erst „Kollektives" entstehen kann, etwa Urban-Gardening- oder Kleingarten-Projekte. Angebote über religiöse und kulturelle Orte und/oder Gruppen, den Sport oder die weiterführenden Schulen ergänzen diese Palette.

Entscheidend für die Entwicklung eines modernen, metropolitan geprägten Gemeinwesens dürften drei Komponenten sein, die gegebenenfalls auch durch professionelle Impulse umgesetzt werden sollten:

- Im Rahmen der geplanten sozialen Bewohner:innen-mischung geht es um Partizipation möglichst vieler und um Interessenabstimmung und -ausgleich mithilfe „diskursiver Willensbildung";

- in der zu erwartenden ungleichen und uneinheitlichen Struktur ringen hierbei die diversen Adressat:innen-gruppen um geeignete Modelle in meist konfliktträchtigen

187

und deshalb möglichst gut zu organisierenden Interaktionsprozessen (Urban Organizing);

- in solch einer lokal vereinten Vielfalt stellt sich erst in einem mittel- bis langfristigen Entwicklungsprozess heraus, wer und was sich weshalb mit wem am besten verträgt und was sich eher ausschließt.

Gemeinschaft und lokale Identität entstehen in einer sozial ausdifferenzierten Metropole gewöhnlich entweder erst sukzessive und in einem dialektischen Prozess von Integration und Exklusion oder aber durch professionelles Quartiersmanagement beziehungsweise Urban Organizing.

Zur Planbarkeit von gelingendem sozialem Zusammenleben

Planung stellt ein mehr oder weniger systematisiertes, gedankliches Vorwegnehmen einer zukünftigen Realität dar; Pläne reichen somit immer in eine fantasierte Zukunft. Je mehr Vorausschaubarkeit gegeben ist und je weniger sich Interessen von mitwirkenden Akteur:innen, die in Planungen berücksichtigt werden sollen, voneinander unterscheiden, umso präziser lassen sich Zielerreichung und Systematisierung von Abläufen planen.

Obwohl Planung eigentlich bedeutet, sich Zukünftiges vorstellen zu können, setzt sie – quasi im Widerspruch hierzu – aber meist an retrospektiven Erfahrungen an und projiziert diese auf vorweggedachtes Zukünftiges.

Betrachtet man Planungsgegenstände in den Bereichen Stadtentwicklung, Soziales und Bildung, so multiplizieren sich die möglichen Einflussvariablen um ein Vielfaches. Traditionelle Planungsverfahren sind hierbei häufig überfordert und transformieren sich eher zu Foren sowohl individueller Interessenartikulation und Selbstinszenierung als auch der Aushandlung und der gegenseitigen Abstimmung. Planungsdenken in multipler, interessengeleiteter Form findet dann nur noch in individueller Aufbereitung statt beziehungsweise in Fantasien einzelner Akteur:innen oder Akteur:innengruppen, die sich professionstypisch fachlich oder auch macht-, hierarchie- und ressourcen-

188

orientiert different und oft auch fremd gegenüberstehen und ihre jeweils eigenen Planungsvorstellungen realisieren wollen.

Interessant in diesem Zusammenhang sind aber Begleiterscheinungen aus komplexen Sozial- und Bildungsplanungen, die Hinweise auf ganz neue Formen demokratischer Verständigung geben, beispielsweise als Governance-Modell (vgl. Böhmer 2017: 6, Schubert 2017: 4). Wenn sich nämlich staatliche, marktbezogene, zivilgesellschaftliche und informelle Netzwerke in komplexen „Planungen" miteinander verbinden, indem sie kooperieren oder teilweise auch miteinander ringen, transformiert sich ein zunächst als Planung initiierter Prozess. An seine Stelle treten dann gegenseitige Information, Kommunikation, Streit, Kooperation, Aushandlung und strategische Bündnisse. Solche Entwicklungsprozesse erfordern anstelle von Planungs- dann eher Verfahrenskompetenzen, die mit Steuerung, Navigation oder auch Entwicklungsmanagement zu beschreiben wären.

Generell stellt sich also die Frage, wie Entwicklungen in den Bereichen Bildung, kommunale Stadtentwicklung und Soziales sowohl wirkungsvoll als auch einigermaßen gerecht aushandelbar und gleichermaßen kontingent sein könnten. Planungsaspekte wären in einem solchen Verfahren als Teilaspekte stets in permanent stattfindende Entwicklungsprozesse integriert, im Sinne einer Aufbereitung empirischer Daten, beispielsweise als Bildungs- beziehungsweise als Sozialberichterstattung oder in Form einer Darstellung verschiedener möglicher Szenarien.

Die eigentliche Entwicklungstätigkeit müsste aber im intermediären Bereich zwischen Politik, Verwaltung, Wirtschaft, öffentlichen und freien Trägern sowie zivilgesellschaftlichen Aktivitäten platziert sein und dabei vom alleinigen Auswerten vergangener Erfahrungen Abstand nehmen.

Entwicklung des neuen Quartiers Spinelli

In der Mannheimer Entwicklung des Geländes Spinelli zum Quartier am Rande einer zukünftigen Parklandschaft wurden solche Möglichkeiten frühzeitig mit räumlich-stadtplanerischen Aspekten kontextualisiert.

Dem öffentlichen Raum kommen in Quartieren je nach Lage und Ausgestaltung verschiedene sozialräumliche Funktionen zu: Ein zentraler Platz fungiert in Teilaspekten im Sinne der altgriechischen *agorá* heute immer noch als Markt- und Versammlungsort, weniger aber als Verhandlungs- und als Ort demokratischer Entscheidungsfindung. Stadtsoziologisch kommt ein zentraler Quartiersplatz den historischen Funktionen dann aber recht nahe, wenn dort quartierzentrale Funktionen der Versorgung, der Mobilität, der Verwaltung mit informellen sozialen und kommunikativen Möglichkeiten einhergehen. So wird es im Quartier Spinelli am Quartiersplatz zu einer Konzentration solcher Angebote sowie zu einer Verdichtung verschiedener Wohnformen kommen.

Die Begegnungs- und Aufenthaltswahrscheinlichkeit verschiedenster Bewohner:innengruppen und -milieus an diesem Ort wird zudem durch eine ökologische und kommunikationsfördernde Platzgestaltung sowie eine zum Platz hin orientierte tribünenartige Treppenlandschaft erhöht. Der Platz als Forum, die Treppe als Tribüne juveniler Performance, als Zuschauer:innenplateau, entfalten im besten Falle gemeinsam mit der Stadtbahnhaltestelle eine sich an die *agorá* anlehnende Funktion von Vergemeinschaftung, eines sich als Ganzes wahrnehmenden und begegnenden Gemeinwesens. Über dort vermutlich direkt aufeinandertreffende Interessenartikulationen entwickeln sich informell sowohl quartiernormative Standards als auch soziale Kontrolleffekte.

Als Fazit lässt sich festhalten, dass sozialökologisch akzentuierte Nachhaltigkeitsprinzipien als Qualitätskriterien für gelingende zukunftsfähige Stadtplanungs- und Entwicklungsprozesse dienen können. Letztendlich fungieren diese als Orientierungsleitplanken für eine einigermaßen präzise Antizipationsfähigkeit zukünftiger sozialräumlicher Vergemeinschaftung. Eine allein auf architektonisch-ästhetische, ökonomische und ökologische Aspekte sowie auf einen prozentualen Mischungsschlüssel hin beschränkte Stadtentwicklungsplanung garantiert bei Weitem nicht ein gelingendes soziales Miteinander in neuen Wohngebieten.

Quellen
- Böhmer, Anselm: „Zum aktuellen Stand der Sozialplanung". In: *Sozialmagazin* 5–6/2017, S. 6–13.
- Kilb, Rainer: „Über die Entstehung von Gemeinschaft und sozialem Miteinander". In: *Stadt Mannheim: Spinelli – Die Entwicklung eines Modellquartiers.* Mannheim 2018, S. 132.
- Kilb, Rainer: „Zur Planbarkeit von Prozessen – kritische Anmerkungen zur Planung als Teil Sozialer Arbeit". In: *neue praxis* 4/2017, S. 340–353.
- Schubert, Herbert: „Entwicklung einer modernen Sozialplanung – Ansätze, Methoden und Instrumente". In: *Archiv der Wissenschaft und Praxis Sozialer Arbeit* 1/2017, S. 4–19.
- Stadt Mannheim: *Spinelli – Die Entwicklung eines Modellquartiers.* Mannheim 2017.

Über die Planbarkeit von sozialem Miteinander in neu entstehenden Quartieren

Kooperation in Netzwerken – Erfahrungen aus der Praxis

Wiebke Lawrenz

Wiebke Lawrenz ist Mitarbeiterin der Montag Stiftung Jugend und Gesellschaft, Bonn, und als Koordinatorin der Bildungslandschaft Altstadt Nord (BAN) in Köln tätig. In dieser Funktion begleitet und berät sie die Bildungslandschaft bei der inhaltlichen und organisatorischen Weiterentwicklung. Außerdem führte sie die Studie „Management von Bildungslandschaften" im Auftrag der Montag Stiftung Jugend und Gesellschaft durch. In zwei Workshops reflektierte sie auch die Arbeit des Spinelli FreiRaumLabs.

Die gleichberechtigte Kooperation von Organisationen, Einrichtungen, Initiativen, Interessengruppen und engagierten Einzelpersonen in einem Netzwerk oder auch innerhalb eines Verbunds ist herausfordernd. Was verbindet die Beteiligten, und was hält das Netzwerk zusammen? Was braucht es, damit die Kooperation im Netzwerk gut funktioniert? Wie organisiert es sich, und welche Strukturen sind hilfreich? Welche Ressourcen sind nötig, um eine stabile Kooperation gewährleisten und weiterentwickeln zu können?

In diesem Text geht es um die Erfahrungen aus der Kooperation in der BAN, einem Verbund von insgesamt acht Bildungseinrichtungen auf einem Campus in der Kölner Innenstadt. Außerdem sind Erfahrungen aus vier weiteren Bildungslandschaften – Rütli Campus-CR2 in Berlin, Campus Osterholz-Scharmbeck, Bildungszentrum Tor zur Welt in Hamburg, Campus Deutz in Köln – eingeflossen, die in der Vergleichsstudie „Management von Bildungslandschaften" untersucht wurden. Diese Studie wurde von der Montag Stiftung Jugend und Gesellschaft in Kooperation mit der Stadt Köln durchgeführt und im Januar 2022 veröffentlicht.

Die Erfahrungen aus den Bildungslandschaften können für die Gestaltung der Kooperation in anderen Netzwerken beziehungsweise Verbünden Anregungen geben – ein „Rezept" sind sie nicht und können es auch nicht sein: Unterschiedliche Rahmenbedingungen, Personen(-gruppen), Themen und Ziele erfordern für jede Kooperation ein auf die konkreten Bedingungen angepasstes Vorgehen. Nachstehend ein Einblick in unsere Arbeitsweise:

Stabilität in der Zusammenarbeit erreichen: In Netzwerken arbeiten verschiedene Akteur:innen und Gruppen zusammen, die unterschiedliche Beweggründe haben, sich gemeinsam zu engagieren, und die mit der Zusammenarbeit eigene Interessen und Ziele verbinden. Diese Interessen auszuloten, das Gemeinsame herauszufiltern und im Prozess der Zusammenarbeit zum Tragen zu bringen, ist für die Stabilität von Netzwerken von großer Bedeutung.

Gemeinsame Ziele und Konzepte: In der Studie formulieren die Befragten gemeinsame Ziele, Konzepte und Partner:innen als wichtige Gelingensbedingung. Die Ausrichtung auf gemeinsame Leitziele schafft Orientierung für die Zusammenarbeit, gemeinsame, beispielsweise pädagogische Konzepte machen die

192

inhaltliche Ausrichtung und den jeweiligen Beitrag der einzelnen Beteiligten greifbarer.

Die gemeinsamen Ziele und Konzepte sollten zusammen mit allen Beteiligten entwickelt werden, damit sie auch von allen getragen werden können. Neben den Beteiligten ist die Perspektive der (zukünftigen) Nutzer:innen wichtig. Das erfordert Zeit und Engagement, kann jedoch zu einer erfolgreichen und nachhaltigen Zusammenarbeit führen.

In der BAN wurde über eine Kooperationsvereinbarung, die von allen BAN-Einrichtungen, der Montag Stiftung Jugend und Gesellschaft, der Montag Stiftung Urbane Räume und der Stadt Köln unterzeichnet wurde, Verbindlichkeit geschaffen. Die Stiftungen waren von Beginn an Kooperationspartnerinnen in diesem Modellprojekt und haben insbesondere auf dem Gebiet der pädagogischen Architektur mit Expert:innen und Prozessunterstützung Beiträge geleistet.

Die Kooperationsvereinbarung wurde in vier Ideenwerkstätten mit allen Beteiligten gemeinsam entwickelt und ausformuliert. Diese Kooperationsvereinbarung wurde im Laufe des Prozesses mehrfach angepasst und erneuert. Das gemeinsame pädagogische Leitbild hat eine Arbeitsgruppe mit Vertreter:innen aller Einrichtungen ausgearbeitet, und in einem Partizipationsworkshop entstand ein Konzept für die Beteiligung der Kinder und Jugendlichen.

Kontinuität wahren über die gemeinsame Ausrichtung: Gemeinsam formulierte Ziele und Konzepte sind noch keine Praxis. Erst im Alltag zeigt sich, was jede beteiligte Organisation, Einrichtung oder Gruppe in welchem Umfang zum Gelingen beitragen kann und will: Was heißt das für uns? Was ist unser Beitrag? Können wir das leisten? Stimmen wir nach wie vor zu? Gibt es neue Entwicklungen, die ein Nachdenken darüber nötig machen? Eine weitere Überzeugungsarbeit ist auch während des Prozesses nötig, um die Menschen in den Einrichtungen für die Ziele und Konzepte und deren Umsetzung zu gewinnen – insbesondere auch dann, wenn neue Personen und/oder Partner:innen hinzukommen.

In der Studie wird aus der Praxis als wichtig benannt, den Campusgedanken immer wieder nach innen und außen zu verankern und das Grundgefühl zu verstärken, dass alle voneinander profitieren und sich unterstützen. Die Kooperationspartner:innen sollten aktiv in Prozesse und Entscheidungen

193

eingebunden werden, damit sie am Netzwerk partizipieren und gleichzeitig Identifikation mit dessen Zielen entwickeln. Workshops und Werkstätten können genutzt werden, um die Mitglieder in die Planung und Umsetzung von Aktivitäten einzubeziehen und sicherzustellen, dass sie sich aktiv an den Prozessen beteiligen.

Eigenständigkeit der einzelnen Partner:innen: Beim Fokus auf Gemeinsamkeiten und gemeinsame Ziele ist es wichtig, gleichzeitig die Eigenständigkeit der beteiligten Organisationen, Einrichtungen, Initiativen als Bereicherung wahrzunehmen und anzuerkennen. Das Wissen um die Stärken der beteiligten Kooperationspartner:innen ist hilfreich für die Entscheidung über Rollen und Aufgaben in der Umsetzung und die Entwicklung von Angeboten für die Nutzer:innen.

Die befragten Bildungslandschaften haben das Wissen über die anderen Einrichtungen ausdrücklich als wichtig für das Entwi-ckeln und Realisieren von Synergie benannt: Man kennt sich besser, kann besser einschätzen, wen man zu welchen Themen beziehungsweise Ideen ansprechen kann. Auch in der BAN führt dieses Wissen zu bilateraler Zusammenarbeit in Projekten und zu gemeinsamen Angeboten für die Kinder und Jugendlichen.

Besonders wichtig ist es, in der Zusammenarbeit die konkrete Situation der einzelnen Kooperationspartner:innen und deren tägliche Herausforderungen im Blick zu haben. Offene Kommu-nikation und Empathie sind notwendig, um die Bedürfnisse und Kapazitäten aller Beteiligten berücksichtigen zu können. Dies kann beinhalten, realistische Erwartungen zu setzen und flexible Ansätze zu verfolgen – und gleichzeitig Verbindlichkeit zu schaffen, um die gemeinsamen Ziele zu erreichen.

Unterstützung und Akzeptanz gewinnen: In Bildungslandschaf-ten ist die Stadt- beziehungsweise Kommunalverwaltung immer eine wichtige Kooperationspartnerin, das gilt ebenso für die meisten anderen Netzwerke und Kooperationen, solange sie sich mit gesellschaftlichen Themen auseinandersetzen. Die offizielle Unterstützung durch Stadt und Politik sowie die Zusam-menarbeit mit zentralen Verbündeten in der Verwaltung sind demnach von großer Bedeutung. Das gilt zum einen für die Wirksamkeit nach außen, zum anderen für die Lösung von Herausforderungen im täglichen Betrieb, um beispielsweise bei bürokratischen Prozessen und Genehmigungen zu unterstützen. Die Bedeutung einer funktionierenden Schnittstelle zur Verwal-tung sowie der aktiven Mitwirkung und offiziellen Unterstützung

194

der Campus-Idee durch Stadt und Politik wird in allen befragten Bildungslandschaften betont.

Öffentliche und interne Kommunikation sind dabei eine Daueraufgabe, um das Verständnis und die Unterstützung für das Anliegen nach innen und außen aufrechtzuerhalten und über Erfolge und Entwicklungen zu informieren: öffentliche Veranstaltungen, Vorträge und Artikel, gezielte Öffentlichkeitsarbeit über soziale Medien und Presse, ein durchdachtes Besuchskonzept, um Besucher:innen die Einrichtungen und Aktivitäten zu präsentieren, und vieles mehr – eine große Aufgabe, der meist mangelnde Kapazitäten gegenüberstehen. In der BAN wird diese hauptsächlich von der koordinierenden Stelle übernommen, unterstützt durch interessierte Kolleg:innen aus den Einrichtungen. Die Informationsweitergabe in die Einrichtungen liegt in der Verantwortung der Leitungen.

Führungen von Besuchsgruppen, beispielsweise Kommunal- und Stadtverwaltungen, Architekturbüros, Schulen, Lehramtsstudierende, Bildungsinteressierte, werden in allen Bildungslandschaften angeboten und stoßen auf großes Interesse. Die durchweg positiven Rückmeldungen der Besucher:innen sind eine schöne Bestätigung und tragen zur positiven Wahrnehmung und Reputation der Bildungslandschaft bei. Gleichzeitig wird der Transfer von Erfahrungen aus der Praxis gewährleistet. Einige der Bildungslandschaften nehmen einen Geldbetrag für die Führungen, der dann der Bildungslandschaft und gemeinsamen Angeboten zugutekommt.

Zusammenarbeit organisieren, steuern und bereichern: Für eine erfolgreiche Zusammenarbeit in Netzwerken muss eine Reihe von Fragen miteinander besprochen und müssen Vereinbarungen dazu getroffen werden: Wie und mit wem finden inhaltliche Abstimmungen statt? Wer entscheidet über was? Wie gestalten wir den Prozess? Und wer steuert was wie?

Koordinierende Stelle: Die Rolle einer koordinierenden Stelle ist von zentraler Bedeutung für gelingende Kooperation, jemand muss sich „kümmern". Mit der Koordination und Steuerung sind vielfältige Aufgaben verbunden wie die inhaltlich-strategische Weiterentwicklung des Verbunds, Kommunikation und Öffentlichkeitsarbeit, Bereitstellung einer Ansprechperson für die Einrichtungen und für außen, Arbeit in den Gremien des Netzwerks, Betriebsmanagement, Wahrnehmung der Schnittstellenfunktion zur Verwaltung, Dokumentation, Organisation von

Veranstaltungen, Koordination von Besuchen, Unterstützung von Projekten und Aktivitäten.

Alle Interviewpartner:innen aus der Studie sehen ein Campusmanagement, eine koordinierende Stelle, als Voraussetzung an, um die Ziele einer Bildungslandschaft gemeinsam umsetzen zu können. „Ohne Campusmanagement undenkbar" ist eine Aussage, die mehrfach auftaucht. Das entspricht auch den Erfahrungen in der BAN. Die Einrichtungen können das neben ihren primären Aufgaben nicht leisten.

Jahresplanung und gemeinsame Projekte: Neben der mittel- bis langfristigen strategischen Planung für die Weiterentwicklung des Netzwerks ist eine Jahresplanung sinnvoll, in der die inhaltlichen Themenschwerpunkte für das Jahr festgelegt und die entsprechenden Aktivitäten und Projekte mit Terminen geplant werden. In der BAN wird jeweils im Januar eine Klausurtagung mit Vertreter:innen der Einrichtungen sowie der Projekt- und Themengruppen durchgeführt. Die frühzeitige Festlegung der Termine macht es auch für die Einrichtungen leichter, Kapazitäten einzuplanen und weitere Akteur:innen einzubinden beziehungsweise über geplante Aktivitäten zu informieren, beispielsweise den jährlichen Summercup (Spiel- und Sportfest), das gemeinsame Sport- und Spielfest und das Sommerfest, ein festlicher und informativer Tag der offenen Türen aller Einrichtungen.

Regelmäßige Absprachen und Konsens-Entscheidungen: Regelmäßige Treffen der Vertreter:innen der am Netzwerk beteiligten Institutionen sind wichtig, um anstehende Themen zu besprechen, Aktivitäten zu planen und umzusetzen und entsprechende Absprachen zu treffen. Entscheidungen sollten im Konsens getroffen werden, dies fördert die Zusammenarbeit, die Einbeziehung der verschiedenen Partner:innen und die Identifikation mit den Vorhaben. Das wird auch in der Studie deutlich: Entscheidungen über Campusangelegenheiten werden in den Campusstrukturen im Konsens getroffen. Die gemeinsame Entscheidungsfindung ist ein wichtiges Element für das Funktionieren der Kooperation. Über die eigenen Belange entscheiden die Einrichtungen selbst.

Gut gelingt das, wenn die Synergien aus der Zusammenarbeit für die Beteiligten erlebbar sind. Die befragten Bildungslandschaften sehen Synergien durch bessere Nutzung von Ressourcen, in einer engeren Zusammenarbeit, in qualitätvolleren Angeboten für die Zielgruppen, im Zugewinn von Möglichkeiten durch die unterschiedlichen Angebote und Einrichtungen vor Ort, in kurzen

196

Wegen bei Abstimmungen und in der Kompetenzerweiterung durch Austausch und Vernetzung.

Dabei muss immer wieder überprüft werden, ob alle Beteiligten an den Entscheidungen mitwirken können und keine Perspektive außen vor bleibt. Um arbeitsfähig zu bleiben, sollte gemeinsam definiert werden, wer im Prozess für welche Themen beziehungsweise Aufgaben Entscheidungen für das Netzwerk treffen kann.

Hilfreich sind klare Ansprechpersonen sowohl bei den einzelnen Einrichtungen und Partner:innen als auch für bestimmte Themen oder Projekte. Dies erleichtert die Kommunikation und Koordination innerhalb des Netzwerks.

Prozesshaft arbeiten: Die Zusammenarbeit im Netzwerk braucht Freiräume und kreative Prozesse, um innovativ sein und auf die vielfältigen Einflüsse und Veränderungen reagieren zu können. Prozesshaft arbeiten bedeutet: ausprobieren – Erfahrungen auswerten – Konsequenzen ziehen – und wieder ausprobieren. Das erfordert Mut, Experimentiergeist und Offenheit, man muss die Entwicklungen und Veränderungen im Auge behalten und neue Gedanken und Ideen positiv aufgreifen. Gerade (aber nicht nur) im Kontext von Bildung ist das auch ein wichtiges Lernsetting.

Gemeinsame Raumnutzung: Gemeinsame Raumnutzung ist ein großer Gewinn für die beteiligten Kooperationspartner:innen und gegebenenfalls auch externe Nutzer:innen. Sie bedeutet das Teilen von Ressourcen und eröffnet die Möglichkeit, ein vielfältigeres Raumangebot zu schaffen. In der BAN gibt es zwei sogenannte Verbundgebäude, die von allen gleichberechtigt genutzt werden können. Hier gibt es eine Bibliothek, eine Mensa mit Frischküche und Atelierräume mit spezifischer Ausstattung für Werken/Handarbeit, Theater, Tanz/Bewegung und Kochen.

Gemeinsame Raumnutzung erfordert eine sorgfältige Planung und klare Regelungen, um eine reibungslose Nutzung der Innen- und Außenräume zu gewährleisten.

Was dabei hilft:

- Regeln und Verfahren zur Raumvergabe und -nutzung festlegen. Dies sollte beinhalten, wie Anfragen gestellt, genehmigt und verwaltet werden, wer welche Raumbuchungen vornimmt und wie die Räume zu hinterlassen sind.

197

- Übersicht über die gemeinsam genutzten Räume mit Angabe von Größe, Ausstattung, Nutzungsmöglichkeiten und weiteres erstellen. Diese Übersicht sollte allen Netzwerkpartner:innen zugänglich sein.

- Nutzungsprioritäten und -zeiten festlegen. Dies kann bedeuten, dass bestimmte Räume für spezielle Aktivitäten oder Zeiträume reserviert sind. In der BAN gibt es beispielsweise drei von allen Schulen genutzte Klausurräume. Die Buchung aufgrund von Klausurterminen geht vor allen anderen Nutzungszwecken.

- Gemeinsame Jahresplanung beziehungsweise Halbjahresplanung, in der die Nutzung der Räume im Voraus geplant und festgelegt wird. So können doppelte Nutzungswünsche frühzeitig erkannt und kooperativ geklärt werden.

- Raumbuchungsprogramm nutzen, in dem Buchungen für alle Räume vorgenommen werden und für alle einsehbar sind.

- Modalitäten für Vermietung definieren: Welche Räume können zu welchen Zeiten und an welche Nutzer:innen vermietet werden? Ansprechperson für Interessent:innen, Genehmigungsverfahren, Mietkonditionen und Mietverträge (Wohin gehen die Mietzahlungen?) und so weiter.

- Raumverantwortliche in den Gebäuden der Netzwerkpartner:innen bestimmen, wenn deren Räume gemeinsam genutzt werden.

- Schlüsselverwaltung für gemeinsam genutzte Räume eindeutig regeln: Gibt es eine gemeinsame Schließanlage oder eine Einzellösung pro Gebäude/Gebäudekomplex? Wer darf welchen Schlüssel verwenden, und wo ist er hinterlegt?

- Hausmeisterfunktion für die Wartung, Sauberkeit und Sicherheit sowie gegebenenfalls für den Schließdienst klären.

Strukturen für die Zusammenarbeit etablieren: Strukturen, die in einem Netzwerk hilfreich sind, variieren je nach den spezifischen Zielen, Aktivitäten und Bedürfnissen des Netzwerks. Diese Strukturen sind darauf ausgerichtet, die Organisation und Steuerung der Kooperation zu unterstützen. Die Kernfrage ist, welche Formate nötig sind, um die Bedarfe und Perspektiven aller Beteiligten zu berücksichtigen, und dabei arbeitsfähig zu sein, um die gemeinsamen Ziele zu erreichen.

Zentral ist eine Gesamtrunde aller beteiligten Kooperationspartner:innen als „oberstes" Gremium, das alle Belange des Netzwerks bespricht und Entscheidungen im Konsens trifft. In der BAN ist das der sogenannte Begleitausschuss. In den befragten Bildungslandschaften gab beziehungsweise gibt es Lenkungskreise als Steuerungsgremium auf kommunaler Ebene mit Vertreter:innen aus dem Netzwerk, der Stadt/Kommune und Politik. Das ist ein wichtiges Gremium für Abstimmungen und Entscheidungen, die kommunale und politische Unterstützung erfordern.

Weitere Formate sind beispielsweise themenbezogene Gremien und Projektgruppen, in denen konkrete Themen weiterentwickelt, Projekte geplant und umgesetzt werden. In der BAN gibt es verschiedene Themengruppen wie Mensaausschuss, Bibliotheksteam, Gartenteam und Arbeitsgruppe Partizipation sowie Projektgruppen zum Summercup, zur U18-Wahl und Ideenkonferenz, in der Kinder und Jugendliche Ideen einreichen können, die dann von einer Jury ausgewählt werden.

Auch können sogenannte Hausrunden wichtig sein, wenn mehrere Einrichtungen ein Gebäude gemeinsam nutzen. In diesen Runden werden alle gebäude- und nutzerspezifischen Themen besprochen.

Ein weiteres Format sind gruppenbezogene Runden wie die Schulleiter:innenrunde, in denen spezifische Themen der Gruppe besprochen und Erfahrungen ausgetauscht werden können.

Wichtig sind auch Steuergruppen in den einzelnen Einrichtungen, die relevante Ansprechpartnerinnen für Abstimmungen im Netzwerk sind und die Belange der Einrichtungen in das Netzwerk einbringen können.

In den entsprechenden Gremien werden die Themen identifiziert und besprochen, Entscheidungen getroffen, wird die Umsetzung geplant und festgelegt. Kernpunkt sind die Kooperation und die Steuerung der gemeinsamen Arbeit.

In der Gesamtsicht auf alle Strukturen im Netzwerk ist es wichtig, zu definieren, welche Rolle und Befugnisse einzelne Gremien im Gesamtkontext des Verbunds haben. Genauso wie der Prozess der Zusammenarbeit selbst müssen auch die Strukturen und deren Arbeitsweise immer wieder hinterfragt und erneuert werden.

Ressourcen frühzeitig sicherstellen: Die erfolgreiche Arbeit in Netzwerken erfordert eine sorgfältige Ressourcenplanung. Die befragten Bildungslandschaften empfehlen, die Ressourcen von Anfang an mitzudenken und zu klären. Das betrifft die Finanzierung insgesamt, die Person(en) für das Campusmanagement und die Koordination, für die Aufgaben im Betrieb, für das Engagement der Kooperationspartner:innen sowie die Unterstützungssysteme. Die Erfahrung in der BAN zeigt, dass insbesondere der Blick auf die benötigten Ressourcen im späteren Betrieb wichtig ist, damit die angedachten Ziele und Konzepte realisiert werden können. So ist beispielsweise eine Verbundbibliothek mit offenem Raumkonzept und einem Campusbetrieb von 8 bis 22 Uhr mit nur einer Vollzeitbibliothekarin allein nicht leistbar. Zurzeit wird versucht, die Lücke mit Elterndiensten und ehrenamtlichem Engagement zu verkleinern.

Eine Finanzierung der Stelle(n) wie Koordination muss frühzeitig mitgedacht und geklärt werden. Außerdem müssen Mittel für die Einbindung von Expert:innen, Unterstützer:innen sowie für Erfahrungsaustausch, beispielsweise Exkursionen und Fortbildungen, geplant und gesichert werden.

Ebenso sind Mittel für Projekte und Aktivitäten des Netzwerks und für die Ausstattung der gemeinsam genutzten Räume zu beschaffen.

Eine zentral wichtige Ressource sind die Zeit und das Engagement der Beteiligten im Netzwerk. Ist das alles zusätzlich zum „normalen Job" zu leisten oder gibt es Möglichkeiten beispielsweise für Entlastungen oder Bonusleistungen? In der BAN gibt es die Möglichkeit von Entlastungsstunden für Lehrkräfte, die jedoch nur einen geringen Teil der benötigten Ressourcen kompensieren.

Die befragten Bildungslandschaften finanzieren sich über Raumvermietung, Fundraising und Fördervereine, einige haben ein kleines Budget.

200

Die gleichberechtigte Kooperation in einem Netzwerk oder auch innerhalb eines Verbunds bietet gute Möglichkeiten, zusammen mehr zu erreichen und Ressourcen zu teilen. Damit das gut gelingt, braucht es den Kooperationswillen aller, überzeugende Kommunikation, eine gute Steuerung sowie zeitliche und finanzielle Ressourcen. Und am besten klappt es, wenn der Gewinn aus der Zusammenarbeit für alle erlebbar ist.

Die Bildungseinrichtungen des BAN: Kita FröbelBANde der FRÖBEL Bildung und Erziehung gGmbH, Freinet-Schule-Köln (Grundschule), Katholische Hauptschule am Rhein, Realschule am Rhein, Hansa Gymnasium, Abendgymnasium, Jugend- und Freizeiteinrichtung Klingelpütz, Jugendhaus Tower der Katholischen Studierenden Jugend

Verweise
- Montag Stiftung Jugend und Gesellschaft / Stadt Köln: *Management von Bildungslandschaften – eine Vergleichsstudie*. https://www.montag-stiftungen.de/ueber-uns/montag-stiftung-jugend-und-gesellschaft/neues/studie-management-von-bildungslandschaften, 15.02.2022 (letzter Zugriff: 22.11.2023).
- Stadt Köln: *Kooperationsvereinbarung 2.0 BAN – Bildungslandschaft Altstadt Nord*. https://www.ban-koeln.de/wp-content/uploads/BAN-fkölnKooperationsvereinbarung_Web.pdf, 2022 (letzter Zugriff: 22.11.2023).
- Bildungslandschaft Altstadt Nord e. V.: *Internetseite der Bildungslandschaft Altstadt Nord*. www.ban-koeln.de, 2023 (letzter Zugriff: 22.11.2023).

Wiebke Lawrenz

Die U-Halle auf Spinelli – Vorreiterin für eine neue Umbaukultur

Reiner Nagel

Reiner Nagel ist Architekt und Stadtplaner und seit 2013 Vorstandsvorsitzender der Bundesstiftung Baukultur. Seit Langem setzt er sich für einen Paradigmenwechsel im Bauwesen hin zum Bestand ein. Mit diesem Blick war er 2023 auch Mitglied der Jury für den Deutschen Nachhaltigkeitspreis Architektur, den die Deutsche Gesellschaft für Nachhaltiges Bauen (DGNB) zusammen mit der Stiftung Deutscher Nachhaltigkeitspreis verleiht. Der Deutsche Nachhaltigkeitspreis 2024 ging an die U-Halle. Diese wird nach der Bundesgartenschau (BUGA) 2023 zu einem Ort mit ganz unterschiedlichen Nutzungen weiterentwickelt und soll unter anderem Raum für Mannheims Jugendarbeit, Kultur und Freizeitgestaltung sowie weitere Aktivitäten bieten, die das soziale und kulturelle Leben für die angrenzenden Quartiere und ganz Mannheim bereichern.

Die Bundesstiftung Baukultur war im Juli 2023 auf ihrer Sommerreise mit dem Baukulturmobil zu Gast auf der Piazza Spinelli.

Wenn wir von Innenentwicklung reden, meinen wir das Weiterbauen auf bereits existierenden Siedlungs- und Verkehrsflächen. Dennoch beginnen Flächenkonversionen großer Militär- oder Industrieareale häufig damit, Tabula rasa zu machen. Der Abriss (fast) aller bestehenden Gebäude ist schnell politischer Konsens. Was soll man auch aus Hallen, Schuppen oder Mannschaftsgebäuden machen? Und außerdem steht der Bestand der neuen Nutzungsidee potenziell im Weg. So gesehen schaffen sich Konversionen meist zunächst die „grüne Wiese", auf der wieder neu aufgebaut wird. Flächenkonversionen durch Neubau leiden danach aber oft an atmosphärischer, funktioneller und architektonischer Monotonie. Die bundesweiten Bahnflächentransformationen im Zugangsbereich der Hauptbahnhöfe sind hierfür bestes Beispiel. Tatsächlich ist es schwer, mit einem neuen Stadtquartier von Anfang an nachbarschaftliche Lebendigkeit und Ereignisdichte zu erzeugen. Demgegenüber ist es vergleichsweise einfach, die atmosphärischen Werte des Bestands in die zukünftige Konzeption zu integrieren.

Auch von den ehemaligen amerikanischen Militärflächen der Spinelli Barracks wäre nicht viel mehr übrig geblieben als der klangvolle Name. Und tatsächlich sind die meisten Gebäude vor der Entwicklung abgerissen worden. In Mannheim sprach außerdem das dominante Entwicklungsziel, mit dem Grünzug Nordost einen neuen stadtkühlenden Freiraumkorridor zu schaffen, für den Komplettabriss von Bestandsbauwerken.

Baukultur ist auch Prozesskultur. So war es ein Glücksfall für Mannheim und für die Schaffung neuer Übungsräume für die Stadt, dass als Motor für die Freiraumentwicklung die Bundesgartenschau (BUGA) 2023 durchgeführt wurde. Ein geschichteter und iterativer Planungsprozess mit Laborcharakter wirkte dabei nicht nur auf die außenwirksame Realisierungsplanung, sondern zunächst auch auf den inneren Prozess der Entscheidungsfindung. Bereits 2014, unmittelbar nach dem Zuschlag für die BUGA, wurden offene Bürgerplanungsgruppen tätig, und die Dinge schienen klar zu sein. Im ersten von 54 Eckpunkten der Bürgerplanung heißt es: „Das Gesamtareal Spinelli Barracks zeichnet sich zukünftig vor allem durch die Wahrnehmung und Erlebbarkeit des gesamten Grünzugs Nordost aus. Die Wirkungskraft der Frischluftzufuhr soll uneingeschränkt möglich sein." Und damit keine Zweifel aufkommen, was uneingeschränkt heißt, fordert Eckpunkt 14: „Die Frischluftschneise soll ab der Engstelle Talstraße/Rott (409 Meter) mindestens 600 Meter umfassen und daher den Abriss aller Hallen (inkl. U-Halle) und keine Nord-Ost-Bebauung vorsehen."

Die U-Halle auf Spinelli – Vorreiterin für eine neue Umbaukultur

Umsichtige Planende in der Verwaltung hatten aber schon weitergedacht und diesen Punkt für die Wettbewerbsauslobung relativiert: „Diesem Eckpunkt kann die Verwaltung aus fachlicher Sicht nicht folgen. Sie empfiehlt, die Expertise des Klimagutachters zur Grundlage für die Auslobung zu machen. Damit sind verschiedene Varianten darstellbar wie z. B. temporärer Erhalt, (Teil-)erhalt, Segmentierung der U-Halle sowie Abriss und eine daran angepasste Arrondierung im Rott. Die überzeugendste Arbeit wird sich hier durchsetzen."

Der Freiraumwettbewerb, der sich auf dieser Grundlage anschloss, erzeugte in der ausgewählten Arbeit von RMP Stephan Lenzen Landschaftsarchitekten und Fischer Architekten ein erstes Strukturbild der segmentierten und abschnittsweise für BUGA- und Sportnutzungen umgebauten U-Halle. Dieses wurde als baukulturelles Leitbild im Sinne einer Utopie für den weiteren Planungs- und Realisierungsprozess wirksam.

Erst 2021, nach zähem Ringen um Erhalt oder Abriss, fand dann noch kurz vor der BUGA der Realisierungswettbewerb für den Hallen(teil-)umbau, zunächst nur für die temporären BUGA-Zwecke der Blumenhallen, statt, mit minimalem Budget. Auch dieses Mal wirkte der Wettbewerb nicht nur nach außen durch ein überzeugendes Umbauprojekt des Berliner Architekturbüros Hütten und Paläste, sondern auch nach innen: Die Konzeption fand immer mehr Befürworter, von interessierten künftigen Nutzern bis zur Politik, die der Zeichenhaftigkeit des Gebäudes für den angestrebten Transformationsprozess der Spinelli Barracks viel abgewinnen konnte. Der Rest der Geschichte ist bekannt.

Zwei Jahre später öffnete die BUGA, und das atmosphärisch dichte Umbauprojekt U-Halle wurde so etwas wie das Markenzeichen – ähnlich wie fast 40 Jahre zuvor, als die Multihalle von Frei Otto das Markenzeichen der BUGA 1975 in Mannheim geworden war. Am 24. November 2023 erhielt die U-Halle den renommierten Deutschen Nachhaltigkeitspreis Architektur 2024 und gehört damit zu den bundesweit bedeutsamsten Referenzen für eine neue Umbaukultur.

In der Würdigung der Jury heißt es: „Es entsteht mit der U-Halle ein architektonisch überzeugendes Bauwerk, das so im Neubau kaum vorstellbar wäre und deshalb über seine stoffliche und ressourcenmäßige Nachhaltigkeit hinaus die immaterielle ‚goldene Energie' des Bestands in die Zukunft führt. Durch die segmentweise Öffnung von Hallenabschnitten konnte das bisher riegelhafte Gebäude besser in die Landschaft integriert werden. Neue Wegeverbindungen konnten geschaffen und der Luftaustausch in dem Freiraumareal insgesamt verbessert werden. Die Rücknahme von versiegelten Flächen und die Begrünung und Berankung von Hallenteilen ist ein positiver Beitrag zur Klimaanpassung und zur Stärkung von Biodiversität.

Beim Umbau konnten über den erhaltenen Bestand hinaus teilweise vorhandene Bauteile unverändert wiederverwendet oder ergänzend zur Ertüchtigung von Bauteilen eingesetzt werden. Alle Umbauten wurden weitestgehend zirkulär, das heißt mit lösbar verbundenen Baumaterialien ausgeführt."

Die stadtklimatischen Argumente für den stadtbelüftenden, neuen Grünzug auf dem früheren Militärgelände der Spinelli Barracks waren sicher nachvollziehbar und letztlich überzeugend. Sie haben aber im Ergebnis zunächst zu einer offenen, weiten Grünfläche geführt, ohne große Bäume, Schatten oder Nahraum-Kleinteiligkeit. In diesem Zusammenhang kommt der U-Halle als neuartigem, hybridem öffentlichem Freiraum große Bedeutung zu. Sie fungiert als Treffpunkt und Veranstaltungsort und ist die eigentliche Antwort auf das Kommunikationsversprechen, mit dem BUGA-Gelände ein offenes Nutzungsangebot für alle Bevölkerungsgruppen zu schaffen: von Sport und Freizeit über Bildung bis hin zu Veranstaltungen und Gastronomie.

Für ein solches Angebot der sozialen Infrastruktur lassen sich nur sehr schwer Raumprogramme und Gebäude entwickeln. Umgekehrt können großvolumige Bestandsgebäude durch ihre inhärente Flexibilität viel zur „maßgeschneiderten" Konzeption beitragen. Im Falle der U-Halle entsteht nun durch die Umnutzung eine neue Typologie, die mit ihrer fragmentarischen Raumkonzeption Spannung, Lebendigkeit und Schönheit erzeugt. Hier dreimal hinzusehen und die goldene Energie des Bestands zu erkennen, hat sich gelohnt. Nicht nur, um die graue Energie zu retten, sondern um Identität und Charakter des Ortes zu wahren und einen gesellschaftlichen Mehrwert zu generieren.

Häufig wird der Bestand, obwohl bundesweit ein Drittel der vorhandenen Bauwerke als positiv ortsbildprägend wahrgenommen wird, in dieser ortsbildprägenden Wirkung und seinem Entwicklungspotenzial aber gar nicht erkannt. Bestandsbauten erzählen von den Leistungen derjenigen, die sie geplant, gebaut, umgebaut und gepflegt haben, während sie zugleich auch Zeugnis vom Leben früherer Nutzer geben. Nicht von ungefähr wird in dem digitalen Abriss-Atlas, der von Architects for Future

206

zusammen mit dem Bund Deutscher Architektinnen und Architekten (BDA) und weiteren Akteuren aus dem Bereich Denkmal- und Bestandserhalt initiiert wurde, auch die Geschichte der abgerissenen Gebäude erzählt. Auch diese Initiative macht deutlich, dass durch den Erhalt des Bestands nicht nur materielle, sondern auch immaterielle Werte bewahrt und weiterentwickelt werden können. Denn – und auch das haben wir mit dem Baukulturbericht ermittelt – jeder Zweite hat schon den Abriss eines Gebäudes bedauert. In den 1960er/1970er Jahren war es vor allem der Altbau, der unliebsam geworden ist. Heute dagegen sind die Altbauwohnungen wieder begehrt, und die Gebäude des Wiederaufbaus und der Nachkriegsmoderne stoßen in der Bevölkerung auf wenig Gegenliebe. Wer sagt uns, dass sich auch dieser Trend nicht wieder wandeln wird? Insofern gilt es, das Erbe der Enkel vor den Kindern zu bewahren.

Das Beispiel der U-Halle macht auch deutlich, dass die Entscheidung für Umbau häufig eine Haltungsfrage ist. Für den Paradigmenwechsel hin zu einer gelingenden Umbaukultur braucht es Mut, neue Wege zu gehen, den Bestand neu zu entdecken, auch den spielerischen und wertschätzenden Umgang damit, um neue Konzepte und neue Herangehensweisen zu erproben und umzusetzen. Gerade dafür sind Ausnahmemomente und -zustände hilfreich. Bundesgartenschauen zählen dazu. Für ein begrenztes Zeitfenster öffnen sie einen Raum der Möglichkeiten, des Neudenkens, des Ausprobierens, um Visionen für Zukünftiges in die Gegenwart zu holen. Diesen Raum haben die Verantwortlichen der Bundesgartenschau zusammen mit der Stadt Mannheim genutzt und bewusst entschieden, mit dem Vorhandenen, dem Bestand, zu arbeiten.

Und es bedarf kluger und intelligenter Rahmenbedingungen, die den Umbau vor dem Neubau favorisieren. Nach Jahrzehnten der Fokussierung auf den Neubau gilt es, bestehende Strukturen und Regelwerke aufzubrechen und im Sinne einer Umbaukultur neu auszurichten. Im Rahmen des Baukulturberichts hat die Bundesstiftung Baukultur sechs Hürden identifiziert, die die Weiterentwicklung und Transformation des Bestands erschweren. Wir haben sie die „Big Six" genannt: Die Vorgaben zu Wärmeschutz, Schallschutz, Brandschutz, Abständen, zur Barrierefreiheit und zum Stellplatzangebot bereiten dem Bauen im Bestand die größten Probleme. Hinzu kommt, dass auch die finanziellen Anreizsysteme und Rahmenbedingungen auf den Neubau ausgerichtet sind. Hier besteht umfangreicher Anpassungsbedarf, der zunehmend auch wahrgenommen wird.

Reiner Nagel

Die Bundesregierung hat mit dem geplanten Aussetzen der Stellplatzverordnung und der Genehmigungspflicht für den Ausbau von Dachgeschossen, um neuen Wohnraum zu schaffen, Maßnahmen verabschiedet, die den Bestand künftig besserstellen. Das sind erste Einzelmaßnahmen. Wichtig wäre ein größerer Schritt, der den Gesamtkontext in den Blick nimmt und grundlegende Änderungen für die Zusammenarbeit formuliert. Weniger regulieren also und viel mehr in den Austausch treten, darüber, was für das jeweilige Projekt angemessen und zielführend ist, Handlungsspielräume ausloten und ausfüllen. Im Grunde fast das Gegenteil von den in Deutschland geltenden 3700 technischen Normen für das Bauen. Dabei könnte der sogenannten Phase Null eine Schlüsselrolle zukommen – im Sinne eines vorgeschalteten, leicht zu bewerkstelligenden „Quick Checks", bei dem die Anliegen und Anforderungen der verschiedenen Projektbeteiligten vor der eigentlichen Planung auf den Tisch kommen und ein gemeinsames Verständnis über die Situation entsteht. „Trauen wir uns!", möchte man fast sagen, das leichtgängige Umsetzen von Ideen ohne Bürokratie zuzulassen. Kommen wir ins Handeln, um aus Gedankenspielen und „LABs" wie der U-Halle heraus eine emotional berührende gebaute reale Umwelt zu schaffen.

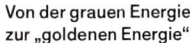

Von der grauen Energie zur „goldenen Energie"

Durch Bestandserhalt können nicht nur materielle, sondern auch immaterielle Werte bewahrt und weiterentwickelt werden.

Quelle: Bundesstiftung Baukultur

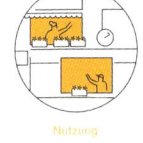

CO₂-Emissionen

Integration ins Umfeld

Zeitgenössische Gestaltung

Instandhaltung

Transportwege

Identifikation

Rohstoffe

Herstellungsprozesse

Nutzung

Bauleistung

Entwurfsprozess

Grafik: © Bundesstiftung Baukultur; Design: Heimann + Schwantes

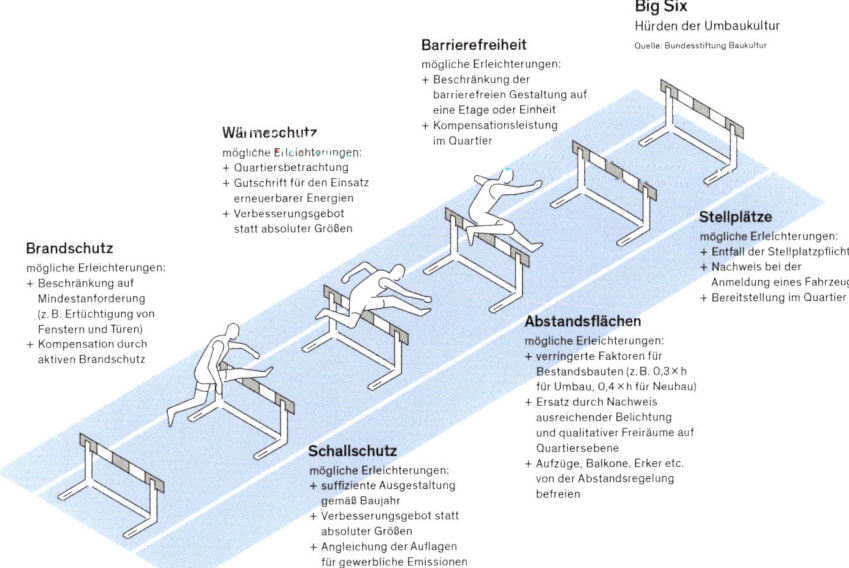

Big Six
Hürden der Umbaukultur

Quelle: Bundesstiftung Baukultur

Barrierefreiheit
mögliche Erleichterungen:
+ Beschränkung der barrierefreien Gestaltung auf eine Etage oder Einheit
+ Kompensationsleistung im Quartier

Wärmeschutz
mögliche Erleichterungen:
+ Quartiersbetrachtung
+ Gutschrift für den Einsatz erneuerbarer Energien
+ Verbesserungsgebot statt absoluter Größen

Stellplätze
mögliche Erleichterungen:
+ Entfall der Stellplatzpflicht
+ Nachweis bei der Anmeldung eines Fahrzeugs
+ Bereitstellung im Quartier

Brandschutz
mögliche Erleichterungen:
+ Beschränkung auf Mindestanforderung (z. B. Ertüchtigung von Fenstern und Türen)
+ Kompensation durch aktiven Brandschutz

Abstandsflächen
mögliche Erleichterungen:
+ verringerte Faktoren für Bestandsbauten (z. B. 0,3 × h für Umbau, 0,4 × h für Neubau)
+ Ersatz durch Nachweis ausreichender Belichtung und qualitativer Freiräume auf Quartiersebene
+ Aufzüge, Balkone, Erker etc. von der Abstandsregelung befreien

Schallschutz
mögliche Erleichterungen:
+ suffiziente Ausgestaltung gemäß Baujahr
+ Verbesserungsgebot statt absoluter Größen
+ Angleichung der Auflagen für gewerbliche Emissionen an die Regelung für Verkehrslärm

Grafik: © Bundesstiftung Baukultur; Design: Heimann + Schwantes

Reiner Nagel

Materialien

Die Materialien, die im Laufe des Prozesses erstellt wurden – von der Entwicklung des Grünzugs Nordost über die Bundesgartenschau 2023, den Rahmenplan für das neue Quartier Spinelli und die lokalen Interaktionen vor Ort bis hin zum heutigen Stand der Arbeit –, sind so vielfältig wie die beteiligten Institutionen und Akteur:innen selbst. Die folgenden Seiten geben schlaglichtartig Einblicke in die Materiallage seit 2017. Die Auswahl verdeutlicht exemplarisch, was ein offener Prozess des disziplinen- und institutionsübergreifenden Arbeitens mit unterschiedlichen Medien und Techniken hervorbringt. Unsere Sammlung zeigt, wie Räume des Wissens entwickelt und gestaltet werden können, welche Schritte es bis dahin braucht und wie die Öffentlichkeit eingebunden wird. In diesem Sinn offenbart sie sich als ein Raum, in dem Dokumente eine Bühne für produktive Formen der Auseinandersetzung und des Weiterschreibens bilden.

Folgende Dokumente und Medien sind zu sehen:

- Auszüge aus dem Rahmenplan
  für die Entwicklung des neuen Quartiers Spinelli

- Pläne Grünzug Nordost und Städtebauliches
  Leitbild Spinelli

- Auszüge aus der landschaftsplanerischen Studie
  für das Spinelli FreiRaumLab

- Auswahl der Postkarten zum Netzwerk und zur
  Piazza Spinelli

- Auszug aus dem Raumbuch

- Reiseführer *Urlaub in Käfertal*

- Auswahl Plakate der Open-Air-Ausstellung
  Urlaub in Käfertal

- Auswahl Plakate der Open-Air-Ausstellung
  zu den Straßennamen auf Spinelli

- Urkunde der IBA Heidelberg 2022

- exemplarische Beiträge aus dem Online-Logbuch

- Zeichnungen von Käfertal,
  als Gruppenarbeit auf der Piazza Spinelli entstanden

- Programmankündigungen von Netzwerkpartner:innen

- verschiedene Programmankündigungen

- Auswahl an Medienberichten

- Auszug aus der Raumanalyse
  von Mitgliedern der Gemeinde St. Hildegard

- Entwurf der Kooperationsvereinbarung des Netzwerks

- Situationsanalyse „Kurzurlaub in Käfertal"
  aus dem Sommer 2022 von Projektbüro, Hamburg

SPINELLI

Die Entwicklung
eines Modellquartiers
Städtebaulicher Rahmenplan

MANNHEIM [2]

4.1
METHODISCHES VORGEHEN

Weißbuchprozess und Planungswettbewerb

Die Grundlage für die städtebauliche und freiraumplanerische Entwicklung des Spinelli-Geländes bildete der von 2011 bis 2016 andauernde Weißbuchprozess. Darin wurden die planerischen Rahmenbedingungen festgehalten. Diese beinhalten die Ziele, die Fläche soweit wie möglich zu entsiegeln, die Grünräume von motorisiertem Individualverkehr freizuhalten, eine Bundesgartenschau auf dem Gelände durchzuführen und die nördlichen Bereiche am Übergang nach Käfertal Süd/Im Rott behutsam zu arrondieren.

Die Planungen für den Teil des Grünzugs Nordost zwischen Käfertal Süd/Im Rott und Feudenheim und das Quartier Spinelli sind das Ergebnis eines dreijährigen Prozesses zur Neunutzung des Geländes der ehemaligen Spinelli Barracks. An dessen Beginn stand im Jahr 2014 ein offener, international ausgelobter Planungswettbewerb, an dem sich 34 Stadt- und Landschaftsplanungsbüros aus ganz Europa beteiligten. Neben Vorschlägen für die Erweiterung der bestehenden Wohnsiedlungen im Bereich Käfertal Süd/Im Rott waren Ideen für die freiraumplanerische Entwicklung des Areals gefordert.

62

154 INTERNATIONALE BÜROS WURDEN ANGEFRAGT

34 BÜROS HABEN EINEN BEITRAG EINGEREICHT

DIE BEITRÄGE VON 9 BÜROS KAMEN IN DIE ENGERE AUSWAHL

Alle Beiträge wurden in **zwei Kolloquien** mit **Bürgerdialog** ausführlich begutachtet und besprochen.

Nach umfangreicher Überprüfung und Konkretisierung der Aufgabe, beispielsweise der genaueren Spezifikation der städtebaulichen Vorgaben, kamen **9 Beiträge** in die letzte Runde.

DAS PREISGERICHT KÜRTE DEN GEWINNER
IN DER ZWEITEN WETTBEWERBSSTUFE

Gewinner des Wettbewerbsverfahrens: RMP Stephan Lenzen (Freiraum) Studio Wessendorf (Städtebau)

Wettbewerbsverfahren Grünzug Nordost

Rahmenplan Spinelli

Der Weg zum Modellquartier – Stadt weiterbauen

Ein Modellquartier muss, um Bezeichnung und Anspruch gerecht zu werden, im Vergleich zu anderen Vorhaben überdurchschnittlich sein – nicht in jeder Hinsicht und Kategorie, aber es setzt Zeichen bei zentralen Themen und Aspekten, die für die Planung von nachhaltigen und zukunftsfähigen Siedlungen relevant sind. Im Rahmen von Fachwerkstätten und durch Forschungsprojekte sind mithilfe von Experten wesentliche Planungsprämissen definiert worden. Hier wurde für zentrale Bereiche der Stadtentwicklung der State of the Art auf- und in die Planungen eingearbeitet. In ihrer Summe ergeben die Erkenntnisse das, was Spinelli als Modellquartier ausmachen wird.

Spinelli wird als Modellquartier unter Berücksichtigung folgender Leitmotive und Aspekte Zeichen setzen:

Nachhaltig

Das Prinzip der Nachhaltigkeit ist nach wie vor eine geeignete Methode, die unterschiedlichen Anforderungen an ein Projekt im Spannungsfeld zwischen sozial, ökologisch und ökonomisch abzuwiegen. Damit steht dieses Leitmotiv über allen nachfolgend erläuterten Prämissen.

Multicodiert/synergetisch

68 Synergien sind in der Natur ein häufiges Phänomen – hier in Form von Symbiosen. In der Wirtschaft und auch in der Stadtplanung spricht man von Win-win-Situationen, bei denen Partner durch das gemeinsame Vorgehen voneinander profitieren, z. B. indem sie Ressourcen einsparen oder ein Produkt optimieren. Überträgt man diesen Sachverhalt in die Planung und den Städtebau, so ergeben sich viele Ansatzpunkte, die zu einer qualitativ hochwertigeren, innovativeren und möglicherweise auch kostengünstigeren Gestaltung der gebauten Umwelt führen. Wie kann eine solche Multifunktionalität und -nutzbarkeit als architektonisches Objekt, als Freiraum/Platz oder als technische Infrastruktur aussehen? Die Möglichkeiten sinnfälliger Funktionsüberlagerungen, die als multicodierte Elemente der gebauten Umwelt den Nutzern zugutekommen, sind vielfältig.

Grüne Freiräume und (Stadt-)Landschaften haben in der Regel mehr Begabungen und Potenziale als nur eine ästhetische. Beispielsweise bietet ein kluges Entwässerungskonzept nicht nur Abhilfe bei Starkregen, es trägt durch vielfältige Versickerungsflächen und Rückhaltevorrichtungen auch zur Optimierung der Klimaökologie innerhalb der Wohnstrukturen bei. Ein weiterer positiver Nebeneffekt ist, dass durch eine entsprechend anspruchsvolle Integration in das städtebaulich-architektonische Gesamtkonzept ein gestalterisches Alleinstellungsmerkmal entstehen kann, das durch seinen hohen Grünanteil Wohnqualität erzeugt.
Beispiele:
— produktive(r) Landschaft/Freiraum (Energiegewinnung im Untergrund,
    gestalteter Park, Sport/Freizeit, Kaltluftentstehungsgebiet)
— Entwässerungskonzept als Gestaltungselement
— klimaökologische Stadtgestaltung/Architektur
— multifunktionale Gebäude und Infrastrukturen

Nachhaltigkeitsprinzip

70

Beispiele:
— neue Formen des gemeinschaftlichen Wohnens, verdichtete Wohnformen
— Kostenreduzierung durch Verringerung der Wohnfläche bei gleichzeitiger Schaffung von Gemeinschaftsflächen und -räumen
— Kostenreduzierung durch den Einsatz modularer und serieller Systeme
— Wohnkonzepte nach Themen
— Mischformen: Wohnen und Arbeiten

Sozial/integrativ

Die sozial-integrative Komponente ist bereits als ein wesentliches Kennzeichen bei der Entwicklung eines lebenswerten Wohnquartiers als Aufgabenstellung definiert worden. Das sozial-integrative Quartier hat zwei Ansätze: den gesellschaftlichen und den baulich-räumlichen. Beide müssen miteinander interagieren. Dabei stellt die Zusammensetzung einer funktionierenden sozialen Mischung mit unterschiedlichen Bewohnern und Nutzern, beispielsweise im Alter, die größte Herausforderung dar. Das Angebot verschiedener Gebäudetypologien für unterschiedliche Einkommensschichten ist hier eine der Grundvoraussetzungen. Mit dem im Mai 2017 verabschiedeten 12-Punkte-Programm zum Wohnen hat die Stadt Mannheim für diese Entwicklung den entscheidenden Grundstein gelegt.

Ressourcengerecht/ressourcenschonend

Die Maßgabe der Ressourcengerechtigkeit erstreckt sich bei der Entwicklung des Gelän-des Spinelli auf unterschiedliche Themen. Dabei ist vor allem die Attraktivität des Wohn-standorts ausschlaggebend für eine gerechte Aufteilung der nur begrenzt zur Verfügung stehenden Grundstücke und Wohneinheiten an unterschiedliche Nutzergruppen. Das Wohn-programm der Stadt Mannheim wird gewährleisten, dass nicht ausschließlich einkommens-starke Klientele diesen attraktiven, zentral gelegenen Wohnort bewohnen werden, sondern für eine ausgewogene Mischung sorgen.

Der schonende Umgang mit (endlichen) Ressourcen wie Siedlungsflächen und Freiräu-men ergibt sich auch aus dem Prinzip, dass Flächen und Objekte mehrere Funktionen haben. Weitere Aspekte sind die Energiegewinnung mit dem Ziel, den Einsatz fossiler Brennstoffe zu vermeiden sowie die Installation energiesparender Synergienetze bei der Kälte- und Wärmeproduktion.

Beispiele:
— Konzeptvergabe/Quote entsprechend Wohnprogramm
— geringe Flächenanteile für freistehende Einfamilienhäuser
— autarke Energie
— produktive Landschaft

Experimentell/innovativ

Dieses Kennzeichen bezieht sich in erster Linie auf den Städtebau und die Architektur sowie alle gestaltbaren Objekte in einem Quartier – den Freiraum eingeschlossen. Neben den konventionellen Bautypologien wird es einen Anteil experimenteller und innovativer Formen geben, die den Anforderungen der pluralistischen Gesellschaft und ihren individuel-len Wünschen nach spezifischen Wohnformen gerecht werden.

69

Neues Wohnen am Park

„Für eine begrenzte Zeit steht Spinelli im Fokus von Hunderttausenden Besuchern der Bundesgartenschau. Danach wohnt man dort privilegiert an einer riesigen Parkanlage. Hier bietet sich die einmalige Chance, zeitgemäße Stadtplanung zu etablieren und hochwertige Wohnqualität mit Vorbildfunktion zu schaffen. Dies erreicht die Lage nicht alleine. Dazu gehören Wohnformen, die den sich wandelnden gesellschaftlichen Anforderungen Rechnung tragen: Freunde als neue Familie, Fokus auf Gemeinschaft, Reduktion von Ballast und Komple-xität, Wahrnehmung ökologischer Verantwortung etc. Wenn alle Beteiligten diese Entwicklun-gen in ihre Planungen einbeziehen, hat das Quartier die Chance, zum Meisterstück der Konversionsentwicklung zu werden."

Alexander Döring, ANUNDO Wohnen & Service, Heidelberg, nahm an der Fachwerkstatt mit Realisierern von Bauvorhaben ganz unterschiedlicher Größe und Schwerpunkten teil.

Das baulich-räumliche Programm muss darüber hinaus auch Räume für Interaktionen schaffen – sowohl im öffentlichen Raum als auch in den Wohnobjekten und auf den dazugehörigen Grundstücken.

Beispiele gesellschaftlich/gemeinschaftlich:
— soziale Mischung/Wohnprogramm
— heterogene Bewohnerstruktur
— unterschiedliche Altersgruppen und Lebensphasen
— Ungleichzeitigkeit von Nutzungen (verschiedene Bewohner- und Nutzergruppen
   tragen mit ihren Aktivitäten zu unterschiedlichen Zeiten zur Belebung
   des Quartiers bei)

Beispiele baulich/räumlich:
— gemeinschaftliche Erdgeschosszonen und Dachflächen
— gemeinsame Hofnutzung
— sogenannte „weiße Räume"
— Aneignungs- und Multifunktionsräume
— (multifunktionale) soziale Infrastruktur
— (offene) Sport- und Freizeitangebote
— Erbbaurecht

Die Entscheidung, die erste Bauphase der Arrondierungsfläche Käfertal Süd/Im Rott in das Areal der Bundesgartenschau zu integrieren und es damit 2023 mit zur Ausstellungsfläche zu machen, bedingt eine besondere Programmatik für den Städtebau und seine integrierten Grün- und Freiräume. Der mit dem nationalen Ausstellungscharakter einhergehende Anspruch muss zukunftsrelevante Themen generieren, die die Ausstellung nicht nur mit Best-, sondern auch mit Next-Practice-Beispielen bereichern.

71

Das Leitmotiv „Stadt weiterbauen"

Das Leitmotiv „Stadt weiterbauen" beinhaltet die konzeptionelle Integration des baulich-räumlichen Bestands Käfertal Süd/Im Rott, ein „Andocken" an bestehende, vor allem soziale Elemente wie die kirchlichen Einrichtungen, den Sportverein TV 1880 Käfertal, aber auch die Integration neuer städtebaulicher Kristallisationspunkte wie den Quartiersplatz mit seinen Versorgungseinrichtungen, die Kinderbetreuungseinrichtungen und die Grundschule. Und nicht zuletzt: der benachbarte Grünzug Nordost mit dem Klimapark und der Parkschale (als „Parkschale" wird der nördliche Teil des Bundesgartenschau-Geländes bezeichnet). Käfertal Süd/Im Rott wächst, wird besser ausgestattet, vielschichtiger, jünger, städtebaulich-architektonisch bereichert und vor allen Dingen freizeit- und erholungsorientierter sowie grüner. Diese Haltung spiegelt sich im städtebaulich-freiräumlichen Konzept wider und wird in den kommenden Kapiteln beschrieben.

Grünes Band Grünzug Nordost

Mit der Umsetzung der planerischen Maßnahmen entsteht bis zum Jahr 2023 ein über 200 Hektar großes durchgängiges grünes Band, das sich vom Neckar über die Feudenheimer Au, Spinelli und den Bürgerpark bis zu den Vogelstangseen zieht. Das tragende Thema der freiraumplanerischen Entwicklung ist die Verknüpfung zwischen Stadt und Landschaft und Mensch und Natur.

Der durch die Entsiegelung geschaffene Landschaftsraum dient der Kaltluftentstehung und leistet einen Beitrag zur Verbesserung des Klimas in den unmittelbar angrenzenden Wohngebieten. Durch den Offenlandcharakter des Grünzugs (gehölzarm) werden die gesamtstädtisch wirksamen Kaltluftentstehungsgebiete sowie klimatisch wirksame Korridore erhalten und verbessert. Die Ränder der Fläche sind Schauplatz funktionaler und ökologischer Maßnahmen, beispielsweise eines zeitgemäßen Regenwassermanagements. Eine Vielzahl von Wegen ermöglicht den Zugang zu dem neu geschaffenen Freiraum aus den bestehenden Wohngebieten sowie dem neuen Quartier. Auch über die Grünräume wird eine Vernetzung von Freiraum und Bebauung erreicht. Einzelne sogenannte Grünfinger reichen von der Mitte des Grünzugs bis in die Wohngebiete hinein und schaffen ein attraktives Wohnumfeld.

Die Ränder des Grünzugs sind von großzügigen Rad- und Fußwegen gefasst. Die neuen barrierefreien Verbindungen nehmen die Verkehrsströme aus den angrenzenden Quartieren auf und führen sie gebündelt in Richtung Vogelstangsee oder Innenstadt. Der Radschnellweg ermöglicht zügiges und ungehindertes Vorankommen und stellt die Verbindung mit dem Umland bzw. den Stadtteilen Vogelstang, Käfertal und Feudenheim her. Beim Befahren des Radwegs können die unterschiedlichen Landschaftsräume des Grünzugs erlebt werden. Durch den Verzicht auf motorisierten Individualverkehr werden neue Ruheinseln geschaffen,

94

Parkschale und Radschnellweg

Wegeverbindungen

Durch die Reaktivierung der historischen Wegeverbindung der Völklinger Straße wird die Verbindung zwischen den Stadtteilen Käfertal Süd und Feudenheim hergestellt, die über Jahrzehnte nicht zugänglich war. Die alte Kastanienallee wird bis ins das Quartier fortgeführt.

Landschaftsraum und Bundesgartenschau

In den extensiven Bereichen des Grünzugs ist der Landschaftsraum mit seinen Blickachsen bis zum Odenwald und Pfälzerwald erfahrbar. Der konzeptionelle Ansatz für die Freiraumentwicklung folgt dem Ziel, möglichst große unberührte und weiträumige Aufenthaltsflächen zu schaffen. Auf den Freiflächen zwischen den Hauptwegen werden verschiedene Nutzungen untergebracht.

Die derzeit isolierten Kernlebensräume wie das Naturdenkmal und FFH-Gebiet des Naturdenkmals „Die Bell" im Osten sowie die Schotterflächen der Riedtalbahn im Westen werden durch den Erhalt eines alten Gleisstrangs und die großflächige Herausarbeitung des sandigen Untergrunds miteinander verbunden. Dadurch ist eine Wiederbesiedlung durch standorttypische und ein Austausch isoliert lebender Populationen seltener Arten möglich. Der extensive und nachhaltige Charakter der Flächen steht hier im Vordergrund. Die einzelnen Bereiche werden als multicodierte Landschaft entwickelt. Diese haben neben Erholungsqualität, Identitätsstiftung und Adressbildung auch die Biotopvernetzung zum Ziel.

Der überwiegende Teil des 80 Hektar großen Geländes wird im Jahr 2023 für die Bundesgartenschau genutzt und zu einem Abschnitt des Grünzugs Nordost. Seine Erschließungsflächen, Einrichtungen und Anlagen werden ins Konzept des Grünzugs Nordost integriert. Die Bundesgartenschau ist für Mannheim ein wichtiges Instrument zur Umsetzung zeitgemäßer Stadtentwicklung. Mannheim hat seine Gestaltung schon 1907 mit der Großen Gartenbauausstellung, in deren Rahmen die Augustaanlage entstand, und 1975 mit der Bundesgartenschau, aus der Luisenpark und Herzogenriedpark hervorgingen, verbunden. Die Bundesgartenschau 2023 ermöglicht die Generierung von Fördermitteln, die weit über klassische Fördermaßnahmen hinausgehen, und Investitionen aus der Zivilgesellschaft, die sonst nicht getätigt würden. Die 180 Tage, an denen die Bundesgartenschau stattfindet, bieten Mannheim die Möglichkeit, sich als eine grüne, nachhaltige und zukunftsorientierte Stadt zu präsentieren – ein lebenswerter, attraktiver, urbaner Standort, an dem die Natur eng mit der Stadtstruktur verwoben ist.

Als Gegenstück zum Quartiersplatz bildet die U-Halle einen weiteren Nutzungsschwerpunkt im Grünzug, der direkt durch die Völklinger Straße erreicht werden kann. Die ca. 2 Hektar große Halle soll wegen ihrer Einmaligkeit in ihrer Struktur erhalten, doch baulich verkleinert werden. Sie wird während der Gartenschau als Blumenhalle und für Gastronomieangebote genutzt. Danach soll sie in verkleinerter Struktur u.a. ein Naturzeithaus zur Thematisierung der ältesten Geschichte Mannheims sowie ein Stadtumweltzentrum beherbergen, das in Kooperation mit dem Karlsruher Institut für Technologie (KIT) entwickelt wird und das Ökosystem Stadt bespielen soll.

96

Völklinger Achse

Rahmenplan Spinelli

Planinhalt: Übersichtslageplan Grünzug Nordost, Mannheim
Plannummer: GN000_0000_LAP_3_LP_001
Maßstab: 1:2500
Datum: 20.10.2020

Geprüft RMP Niederlassungsleiter:
Philip Haggeney

Freigabe Bauherr:
Buga Mannheim 2023 gGmbH

RMP Stephan Lenzen Landschaftsarchitekten
Bonn   Köln   Hamburg   Mannheim   Berlin

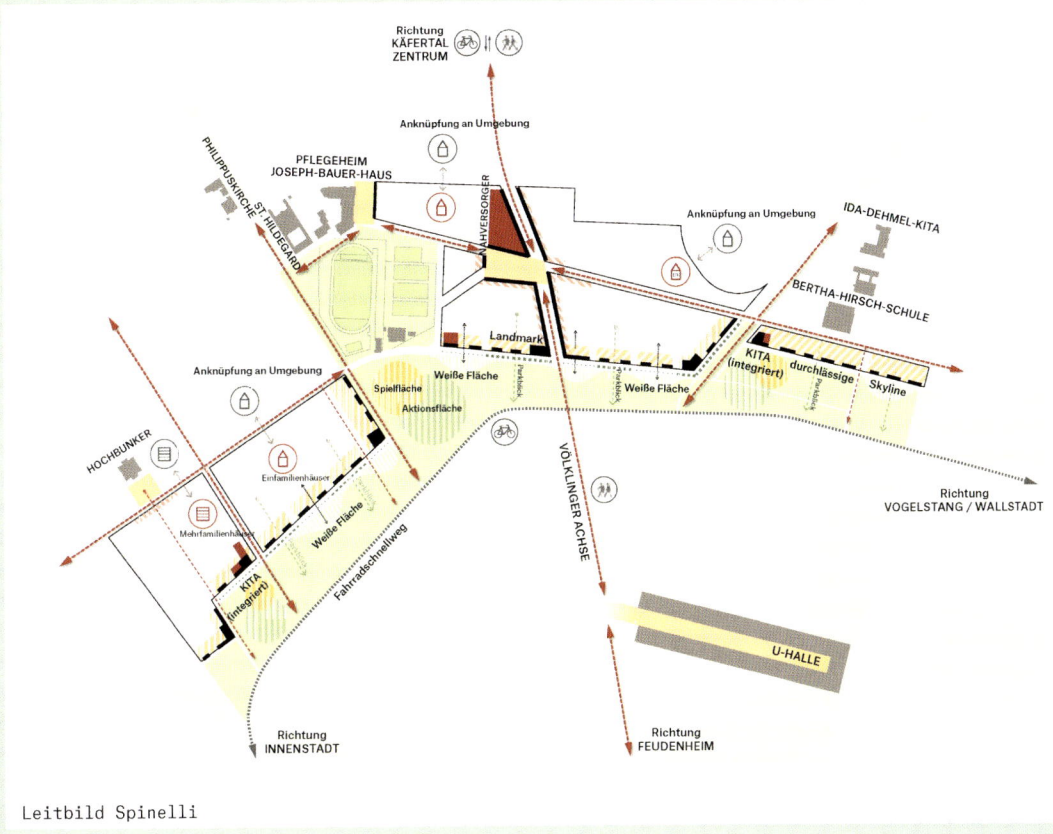

Leitbild Spinelli

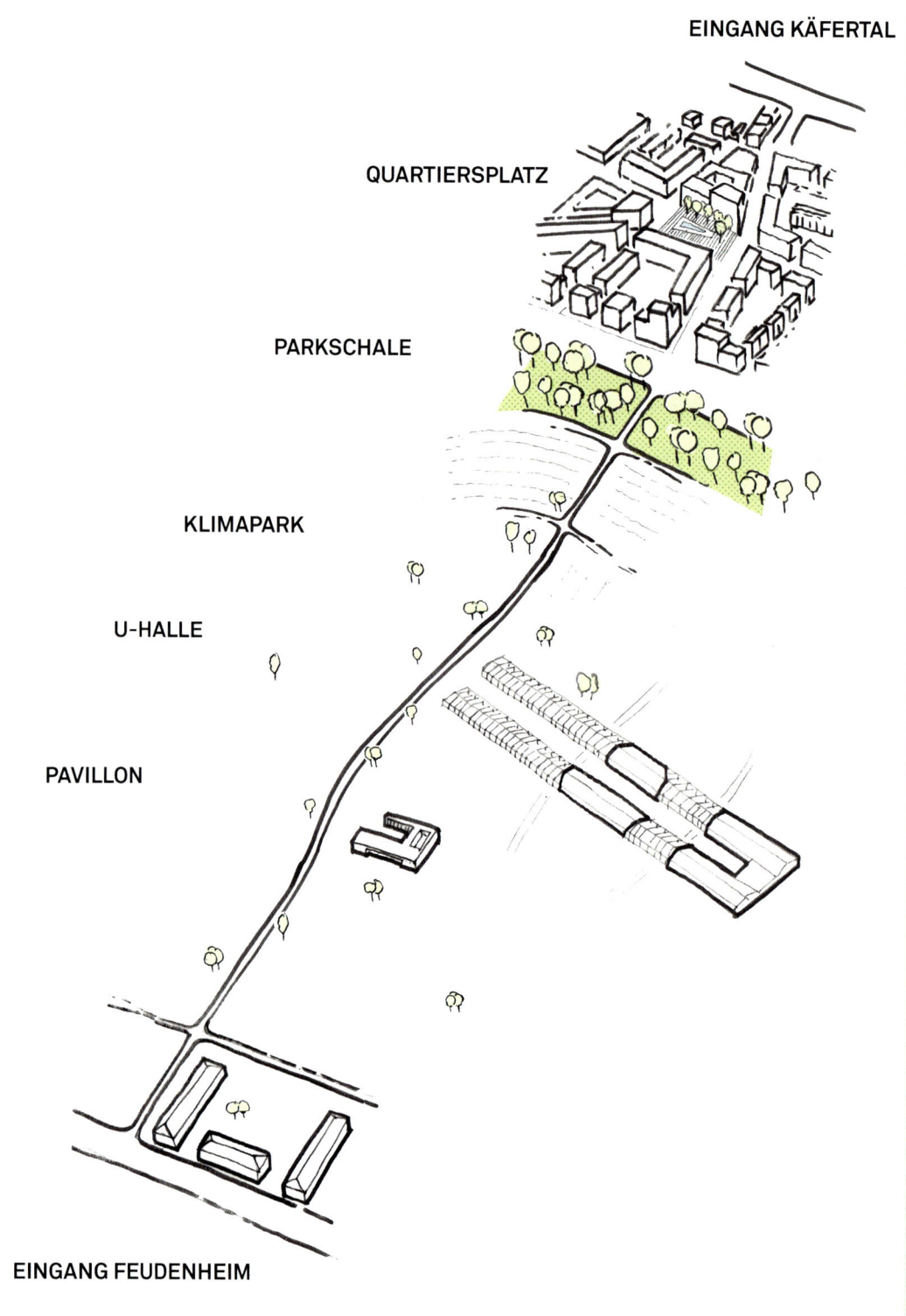

EINGANG KÄFERTAL

QUARTIERSPLATZ

PARKSCHALE

KLIMAPARK

U-HALLE

PAVILLON

EINGANG FEUDENHEIM

Spinelli

Frei
Raum
Lab

GRÜSSE AUS
Mannheim–Käfertal

Spinelli

Frei Raum Lab

ein Übungsraum für die offene Gesellschaft

RAUMBUCH Spinelli FreiRaumLab

Bezirkssportanlage Käfertal-Süd

Wachenheimer Straße | 68309 Mannheim

Kurzbeschreibung:
Rasenfußballplatz mit Toren

Größe und Kapazität:
25 x 72 m, 1.800 m²

Ausstattung, Geräte und Technik:
- Mehrgenerationen-Parcours (10 Geräte)
- 333 m Lauf-Aschenbahn
- 2 Weitsprunggruben
- getrennte Umkleidekabinen
  mit Duschen und WC
- keine Flutlichter vorhanden

Merkmale:
- [x] barrierefreier Zugang
- [ ] WC
- [x] Warmwasser
- [x] Stromanschluss
- [ ] Küche
- [ ] W-LAN
- [ ] Mobiliar
- [x] nutzbarer Außenraum

NUTZUNG

- Nutzung durch Vereine und Schulen
- als Wettkampfplatz
- Austragung der Bundesjugendspiele

geeignet für:
- Sportveranstaltungen
- Wettbewerbe
- Freizeitangebote

nicht geeignet für:
- Partys
- Grillfeste, offenes Feuer
- Hunde und sonstige Tiere

regelmäßige Belegungszeiten:
- keine Angaben

Das Projekt wird durch das Bundesministerium für Wohnen, Stadtentwicklung und Bauwesen im Rahmen der Nationalen Stadtentwicklungspolitik gefördert.

Bundesministerium für Wohnen, Stadtentwicklung und Bauwesen

NATIONALE STADTENTWICKLUNGS POLITIK

RAUMBUCH Spinelli FreiRaumLab

Grünzug

Blick von der Dürkheimer Straße auf St. Hildegard

Spielplatz mit Joseph-Bauer-Haus im Hintergrund

Durchwegung bis zum zukünftigen Park Spinelli

Blick Richtung Philippuskirche

Tischtennisplatte

Durchwegung und Spielplatz

Das Projekt wird durch das Bundesministerium für Wohnen, Stadtentwicklung und Bauwesen im Rahmen der Nationalen Stadtentwicklungspolitik gefördert.

Bundesministerium für Wohnen, Stadtentwicklung und Bauwesen

NATIONALE STADTENTWICKLUNGS POLITIK

229

RAUMBUCH Spinelli FreiRaumLab
TV 1880 Käfertal e.V. | Turnhalle
Wachenheimer Straße 75 | 68309 Mannheim

Kurzbeschreibung:
Turnhalle

Größe und Kapazität:
Sporthalle 180 m², 5 m Raumhöhe
Je nach Sportart / Kursangebot geeignet
für bis zu max. 30 Personen

Ausstattung, Geräte und Technik:
- diverse Sportgeräte (Reck, Barren,
  Mini trampolin, AirTrack, Spielbälle)
- diverse Sportmatten
- Tischtennisplatten
- installierte Sprossenwand
- installierte Basketballkörbe
- PVC-Boden
- Zugang über Treppenhaus

Merkmale:
☐ barrierefreier Zugang
☒ WC
☒ Warmwasser
☒ Stromanschluss
☐ Küche
☒ W-LAN
☐ Mobiliar
☐ nutzbarer Außenraum

NUTZUNG

- Mannschaftssport
- Kinderturnen
- Zumba
- Gymnastik / Pilates / Workout

geeignet für:
- diverse Sportarten

nicht geeignet für:
- Partys und andere
Feierlichkeiten
- Fußball

regelmäßige Belegungszeiten:
- aktuell jeden Nachmittag ab
15.00 Uhr voll belegt
– sowie Montag, Dienstag und
Mittwoch vormittags

Belegungszeiten bitte unter
info@tv-kaefertal.de erfragen

Das Projekt wird durch das Bundesministerium für Wohnen, Stadtentwicklung und Bauwesen im Rahmen der Nationalen Stadtentwicklungspolitik gefördert.

RAUMBUCH Spinelli FreiRaumLab
Philippuskirche – Kirchenraum

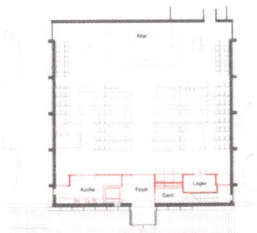
Grundriss Kirchenraum

Kirchturm

Zugang zur Kirche

Eingangsbereich und Lagerräume

Kirchenraum, Treppe zur Empore

Empore

 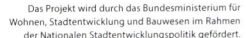 

RAUMBUCH Spinelli FreiRaumLab

Gemeindezentrum St. Hildegard – Gemeindesaal

Dürkheimer Straße 88 | 68309 Mannheim

Kurzbeschreibung:
Gemeindesaal

Größe und Kapazität:
- 226,5 m²
- Deckenhöhe ca. 3 m
- geeignet für 120 Personen

Ausstattung, Geräte und Technik:
- Parkettboden
- vollausgestattete Küche und Bar
- variable Bestuhlung, ca.120 Stühle, 25 Tische
- Musik- u. Lichtanlage (nach Absprache)
- Leinwand
- Tischtennisplatten (nach Absprache)
- Direkter Zugang zum Garten

Merkmale:
- ☐ barrierefreier Zugang
- ☒ WC
- ☒ Warmwasser
- ☒ Stromanschluss
- ☒ Küche
- ☐ W-LAN
- ☒ Mobiliar
- ☒ nutzbarer Außenraum

NUTZUNG

- Veranstaltungen und Feste der Gemeinde
- Hochzeits- und Failienfeste
- Workshops und Seminare
- Tischtennistraining der DJK
- Clogging

geeignet für:
- private Anmietungen
- diverse Veranstaltungen

nicht geeignet für:
-

regelmäßige Belegungszeiten:
- Montag bis Freitag durch verschiedene Gruppierungen

Das Projekt wird durch das Bundesministerium für Wohnen, Stadtentwicklung und Bauwesen im Rahmen der Nationalen Stadtentwicklungspolitik gefördert.

Bundesministerium für Wohnen, Stadtentwicklung und Bauwesen

NATIONALE STADTENTWICKLUNGS POLITIK

RAUMBUCH Spinelli FreiRaumLab

Gemeindezentrum St. Hildegard – weitere Räume

Grundriss Gemeindezentrum

Vorraum Erdgeschoss

Gang zum Jugendclub

Vorraum Untergeschoss

Kegelbahn

Das Projekt wird durch das Bundesministerium für Wohnen, Stadtentwicklung und Bauwesen im Rahmen der Nationalen Stadtentwicklungspolitik gefördert.

Bundesministerium für Wohnen, Stadtentwicklung und Bauwesen

NATIONALE STADTENTWICKLUNGS POLITIK

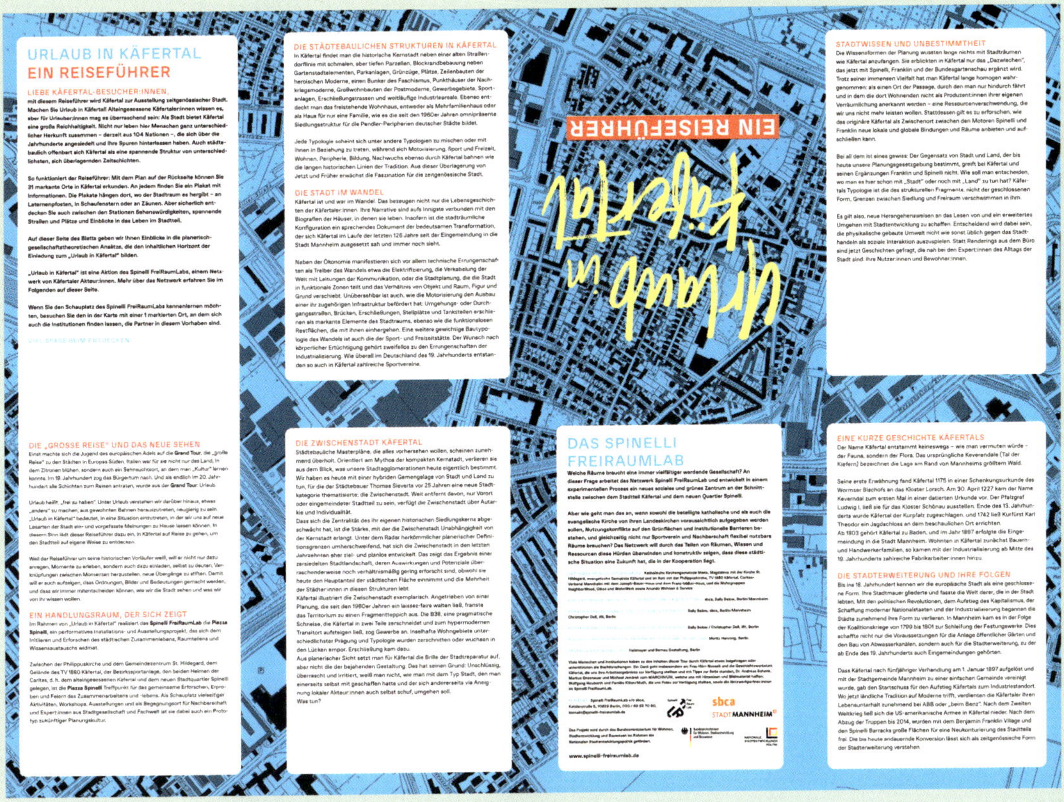

URLAUB IN KÄFERTAL
EIN REISEFÜHRER

LIEBE KÄFERTAL-BESUCHER:INNEN,

DIE „GROSSE REISE" UND DAS NEUE SEHEN

EIN HANDLUNGSRAUM, DER SICH ZEIGT

DIE STÄDTEBAULICHEN STRUKTUREN IN KÄFERTAL

DIE STADT IM WANDEL

DIE ZWISCHENSTADT KÄFERTAL

DAS SPINELLI FREIRAUMLAB

STADTWISSEN UND UNBESTIMMTHEIT

EINE KURZE GESCHICHTE KÄFERTALS

DIE STADTERWEITERUNG UND IHRE FOLGEN

EIN REISEFÜHRER

Urlaub in Käfertal

KÄFERTAL   FRANKLIN

SPINELLI

Mannheim

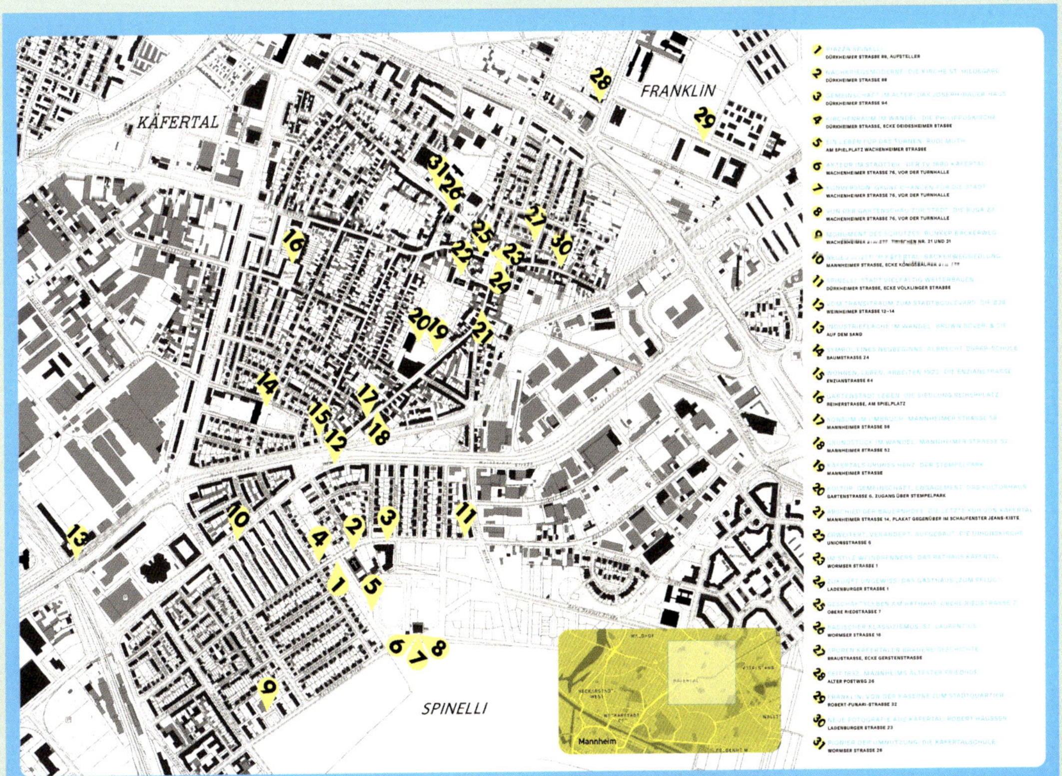

Urlaub in Käfertal

10

NEUES BAUEN IN KÄFERTAL: BÄCKERWEG-SIEDLUNG

Mitte des 19. Jahrhundert hielt die Industrialisierung Einzug in das bäuerlich geprägte Käfertal: Eine Bleizuckerfabrik, eine Sodafabrik, eine Malzfabrik und weitere Produktionsstätten siedelten sich an. 1900 wurde hier die deutsche Brown Boveri & Cie gegründet, die dort viele Jahrzehnte Transformatoren, Dampfturbinen, Generatoren und Elektromotoren produzierte.

Mit der Industrie kamen die Arbeiter:innen nach Käfertal. Damals waren in Mannheim bezahlbare Kleinwohnungen Mangelware. Um dem entgegenzuwirken, wurde 1926 die Gemeinnützige Baugesellschaft (GBG) gegründet, die nach dem 1927 fertiggestellten Erlenhof in Neckarstadt-West am Bäckerweg ein weiteres großes Wohnungsbauprojekt realisierte.

Seinen Namen bekam der Bäckerweg übrigens, weil früher die Bäckerjungen aus Feudenheim diesen Weg benutzten, um ihre Kund:innen in Käfertal zu beliefern.

⬆ Der erste Entwurf der Bäckerwegsiedlung ohne Walmdächer und mit vorgelagerten Pavillons. Abbildung: MARCHIVUM, Bildsammlung, GP00351-022-002

Auf dem 10.000 Quadratmeter großen Areal baute die GBG bis 1931 348 Wohnungen nach einer Vorplanung des Mannheimer Hochbauamtes unter der Leitung des Architekten Josef Zizler (1881–1955).

Dessen Arbeit war geprägt von den Ideen des Neuen Bauens, die sich in klaren Linien, einfachen Formen und funktionalen Grundrissen niederschlugen.

In diesem Sinne realisierte er in den 1920er Jahren in Mannheim viele Gebäude, bevor er sich unter den Nationalsozialisten dem sogenannten Heimatschutzstil und Neoklassizismus zuwandte.

In der baulichen Ausführung in den 1920er Jahren, in die im Rahmen eines Beschäftigungsprogramms mehrere freie Architekten eingebunden waren, wurde die Vorplanung allerdings verändert und in ihrer Radikalität abgeschwächt.

Beispielsweise ersetzten flache Walmdächer der ursprünglich geplanten Flachdächer, und in der Ausführung der Fenster gab man die horizontale Gliederung auf.

⬅ Die Bäckerwegsiedlung um 1931. Abbildung: MARCHIVUM, Bildsammlung, GP00268-025

Mit ihrer sachlichen Gestaltung, der städtebaulichen Kubatur und der hohen Dichte steht die Bäckerwegsiedlung in starkem Kontrast zu Ensembles wie etwa den 1918 bis 1920 in einem neubarockisierenden Stil errichteten Bauten am Reiherplatz.

Für die einen ist die Bäckerwegsiedlung heute ein „weniger schönes Beispiel für Arbeiterhäuser" für andere „ein bemerkenswertes Beispiel des Neuen Bauens".

Seit kurzem laufen in der Bäckerwegsiedlung Sanierungsarbeiten, für deren Umsetzung von einigen sogar die Aufhebung des Denkmalschutzes für das Ensemble gefordert wurde.

Die Ladenvorbauten an der Mannheimer Straße finden heute nicht mehr die gleiche Akzeptanz wie zur Entstehungszeit und stehen teilweise leer. So warten sie jetzt auf eine neue Nutzung.

➡ Der Plan verdeutlicht den modernen Zeilenbau. Abbildung: MARCHIVUM, Bildsammlung, GP00041-1-001

Das Projekt wird durch das Bundesministerium für Wohnen, Stadtentwicklung und Bauwesen im Rahmen der Nationalen Stadtentwicklungspolitik gefördert.

„Urlaub in Käfertal" ist eine Einladung des Spinelli FreiRaumLabs, den Stadtraum zu entdecken. Die Ausstellung ist Teil eines experimentellen Prozesses, mit dem das Netzwerk Räume und Grünflächen an der Schnittstelle zwischen Käfertal und dem neuen Quartier Spinelli nachbarschaftlich und offen nutzbar macht und neue Wege der Kooperation entwickelt.

Netzwerk: Katholische Kirchengemeinde Maria Magdalena mit der Kirche St. Hildegard, evangelische gemeinde Käfertal und im rott mit der Philippuskirche, Caritas-Verband Mannheim mit dem Joseph-Bauer-Haus und dem Franz-Völker-Haus, Turnverein 1880 Käfertal e.V., Wohngruppen NeighborWood, Oikos und WohnWerk, Anundo Wohnen & Service. Projektträger/ Forschung: sbca / Begleitung: Stadt Mannheim, Projektgruppe Konversion

 Spinelli Frei Raum Lab

 STADT**MANNHEIM**

 Bundesministerium für Wohnen, Stadtentwicklung und Bauwesen

NATIONALE STADTENTWICKLUNGS POLITIK

Urlaub in Käfertal

12

Die B38 ist eine der wichtigsten Stadteinfahrtsstraßen Mannheims. Mit bis zu zehn Fahrspuren durchschneidet sie Käfertal. So ist sie eine massive Barriere zwischen den nördlich und südlich angrenzenden Stadtteilen dar. Zudem sorgt der Verkehr für eine erhebliche Lärmbelastung der Anwohner:innen.
Doch die Umplanung, die ein langfristiges Projekt ist, bekam nach umfangreichen Voruntersuchungen im Jahr 2018 durch den Gemeinderat grünes Licht. Ab 2024 soll nun die B38 abschnittsweise zu einem Stadtboulevard umgebaut werden.

⬇ Auszug aus der Planung zum Stadtboulevard B38. Abbildung: Stadt Mannheim, Fachbereich Stadtplanung, Dezernat IV

VOM TRANSIT-RAUM ZUM STADT-BOULEVARD: DIE B38

Durch die Umgestaltung soll aus den rein funktionalen Verkehrsflächen ein attraktiver Stadtraum werden. Dieser Ansatz eröffnet auch die Möglichkeit, die Quartiere im Entwicklungskorridor entlang der B38 miteinander und mit den umliegenden Freiräumen zu verbinden. Freiwerdende Bereiche können einer neuen Nutzung als Wohn- und Gewerbegebiete oder Grünflächen zugeführt und mit ihrem Umfeld räumlich und funktional verknüpft werden. Zukünftig sollen so dort rund 15.000 Menschen leben und circa 2.500 Arbeitsplätze entstehen.

Mit ebenerdigen Übergängen, Unterführungen und Brückenbauwerken soll der Umbau Verbindungen über die B38 hinweg schaffen, die vor allem Fußgänger:innen und Radfahrer:innen das Überqueren leichter machen. Diese Maßnahmen stellen auch viele historische Wegebeziehungen wieder her, wie etwa die durch die B38 unterbrochene Verbindung Völklinger Straße zwischen Käfertal und Feudenheim. Das historische Zentrum Käfertals, der Bahnhof Käfertal, der Quartiersplatz Spinelli, der Spinelli-Park und Feudenheim werden so zukünftig verbunden sein.

A Entwicklungsfläche Grünes Dreieck
Im Norden liegt die keilförmige Grünfläche – eingefasst von der B38 im Süden und der Stadtbahntrasse – weitestgehend brach. Sofern diese „Verkehrsinsel" über die B38 angebunden werden kann, kann sie als Fläche genutzt werden.

B Gewerbe Süd
Das Gewerbe Süd verfügt über eine attraktive Lage: Sowohl das Käfertaler Zentrum, der Bahnhof und die OEG-Halle, als auch Käfertal Süd und das Quartier Spinelli liegen in unmittelbarer Umgebung. Darüber hinaus ist auch das BUGA2023-Gelände bzw. der Grünzug Nordost in 2023 gut zu erreichen. Eine umfassende Transformation und städtebauliche Akzentuierung sind also vielversprechend.

C OEG-Halle
Durch die Umstrukturierung der Werkstatthallen der RNV, dem früheren OEG-Depot, werden diese für anderweitige Nutzungen frei. Darüber hinaus wäre es aus denkmalpflegerischer Sicht wünschenswert, die historische Fassade der OEG-Halle wieder stärker sichtbar zu machen. Mögliche Nutzungen sind beispielsweise kulturelle Einrichtungen, Werkstätten oder Start-Ups.

D Gewerbe Nord
Die Aufgabe der Werkstatthallen sowie die notwendige Erweiterung der Abstellanlage der RNV ermöglichen eine städtebauliche Optimierung: Die Abstellanlage kann verlagert werden, wodurch eine Öffnung zum Bahnhof sowie in Richtung Käfertal Zentrum entsteht. Die langfristige Planung sichert Flächen für eine Erschließung, die das Gebiet direkt an die B38 anbindet. Mit der Entstehung weiterer Baufelder kann sich zusätzlich Gewerbe ansiedeln.

E Entwicklungsfläche Koblenzer Straße
Zwischen den Gleisen im Westen und Nebenfahrbahnen, auf und um die Fläche herum, ist der Freiraum aktuell nicht nutzbar. Hier besteht die Möglichkeit, mit einem baulichen Hochpunkt einen Stadteingang zu gestalten.

Das Projekt wird durch das Bundesministerium für Wohnen, Stadtentwicklung und Bauwesen im Rahmen des Nationalen Stadtentwicklungspolitik gefördert.

„Urlaub in Käfertal" ist eine Einladung des Spinelli FreiRaumLabs, den Stadtraum zu entdecken. Die Ausstellung ist Teil eines experimentellen Prozesses, mit dem das Netzwerk Räume und Grünflächen an der Schnittstelle zwischen Käfertal und dem neuen Quartier Spinelli nachbarschaftlich und offen nutzbar macht und neue Wege der Kooperation entwickelt.

Netzwerk: Katholische Kirchengemeinde Maria Magdalena mit der Kirche St. Hildegard, evangelische gemeinde käfertal und im rott mit der Philippuskirche, Caritas-Verband Mannheim mit dem Joseph-Bauer-Haus und dem Franz-Völker-Haus, Turnverein 1880 Käfertal e.V., Wohngruppen NeighborWood, Oikos und WohnWerk, Anundo Wohnen & Service. Projektträger/ Forschung / Begleitung: Stadt Mannheim, Projektgruppe Konversion

Spinelli FreiRaumLab

Bundesministerium für Wohnen, Stadtentwicklung und Bauwesen

NATIONALE STADTENTWICKLUNGS POLITIK

STADTMANNHEIM

Urlaub in Käfertal

KONSUM IM UMBRUCH: MANNHEIMER STRASSE 58

17

Dieses unscheinbare Gebäude ist auf den ersten Blick ein recht gewöhnliches Wohn- und Geschäftshaus, von denen es einige in der Gegend gibt. Ursprünglich befand sich wohl ein kleineres Gebäude auf diesem Grundstück, welches durch das heutige Bauwerk ersetzt wurde. Doch in seiner lebendigen Nutzungsgeschichte und deren baulichen Auswirkungen bis hin zur heutigen Nutzung spiegelt sich der Wandel dieser beliebten Einkaufsstraße auf exemplarische Weise wider.

⬆ Ansichtskarte der Mannheimer Straße in Käfertal. Das Eckhaus auf der rechten Seite ist die Hausnummer 56, dahinter die Nummer 58.
Abbildung: Historische Postkarte, Geschichtswerkstatt Käfertal e. V.

➡ Die Schaufensterfront des Modehauses Heckmann.
Abbildung: Geschichtswerkstatt Käfertal e. V.

Über die ersten Nutzer:innen des Erdgeschosses des Hauses ist nicht viel bekannt. Nach dem Mannheimer Adressbuch von 1915 waren die Mieter ein Fabrikarbeiter, ein Tagelöhner und ein Maurer. Der Eigentümer war Verwaltungsassistent.

Auf alten Ansichten ist noch kein Laden zu erkennen – im Gegensatz zum Nachbargebäude mit der Hausnummer 56. Beide Häuser wurden im Zweiten Weltkrieg stark zerstört.

⬅ Kaufhaus Merkur in der Mannheimer Straße 58.
Abbildung: Geschichtswerkstatt Käfertal e. V.

Wann das Modehaus Heckmann in die Mannheimer Straße 58 einzog, ist nicht bekannt, doch alte Fotos zeigen, dass man – vielleicht im Zuge des Wiederaufbaus nach dem Krieg – im Erdgeschoss mittlerweile großzügige Schaufenster eingebaut hatte. Dies kann auch auf eine wachsende Nachfrage nach Geschäftsräumen hindeuten.

Nach der Schließung des Modegeschäfts 1955 zog das Kaufhaus Merkur ein und blieb bis 1968.

Ein Begriff für Käfertal
in Qualität, Auswahl, Preiswürdigkeit
ist das **KAUFHAUS MERKUR**
Das Kaufhaus mit den Großstadtleistungen
KÄFERTAL, gegenüber der Post

1970 fand die Blumen-Apotheke, Käfertals erste Apotheke von 1881, hier ihren vierten Standort und gestaltete die Räume wiederum für ihre Zwecke um. 1998 übernahm die Apotheke auch die Ladenräume der Hausnummer 56 von der Firma Farben-Belz, die 1924 dort als „Jean Belz Lack – Oelfarben – Bodenwachsfabrik" begann. Kurzzeitig befand sich in den Ladenräumen ein Corona-Testzentrum.

⬅ Anzeige des Kaufhauses Merkur.
Abbildung: Geschichtswerkstatt Käfertal e. V.

⬅ Jean Belz Lack – Oelfarben – Bodenwachsfabrik in der Mannheimer Straße 56.
Abbildung: Geschichtswerkstatt Käfertal e. V.

Spinelli Frei Raum Lab

STADT MANNHEIM

Bundesministerium für Wohnen, Stadtentwicklung und Bauwesen

NATIONALE STADTENTWICKLUNGS POLITIK

Das Projekt wird durch das Bundesministerium für Wohnen, Stadtentwicklung und Bauwesen im Rahmen der Nationalen Stadtentwicklungspolitik gefördert.

„Urlaub in Käfertal" ist eine Einladung des Spinelli FreiRaumLabs, den Stadtraum zu entdecken. Die Ausstellung ist Teil eines experimentellen Prozesses, mit dem das Netzwerk Räume und Grünflächen an der Schnittstelle zwischen Käfertal und dem neuen Quartier Spinelli nachbarschaftlich und offen nutzbar macht und neue Wege der Kooperation entwickelt.

Netzwerk: Katholische Kirchengemeinde Maria Magdalena mit der Kirche St. Hildegard, evangelische gemeinde käfertal und im rott mit der Philippuskirche, Caritas-Verband Mannheim mit dem Joseph-Bauer-Haus und dem Franz-Völker-Haus, Turnverein 1880 Käfertal e.V., Wohngruppen NeighborWood, Oikos und WohnWerk, Anundo Wohnen & Service. Projektträger/Forschung: stca / Begleitung: Stadt Mannheim, Projektgruppe Konversion

Urlaub in Käfertal

SONNENSCHEIN

ABSCHIED DER BAUERNHÖFE: DIE LETZTE KUH VON KÄFERTAL

21

Am 1. November 1987 war es soweit: „Die letzte Kuh von Käfertal", so der „Mannheimer Morgen", verließ für immer ihren Stall auf dem Bauernhof in der Mannheimer Straße 14. Der tränenreiche Abschied war auch Ausdruck eines fundamentalen Wandels, dem der Stadtteil unterworfen war. Denn während Käfertal bis zur Mitte des 19. Jahrhunderts eine bäuerliche Dorfgemeinschaft war, veränderte die Industrialisierung das wirtschaftliche Gefüge.

1987 war auch der Hof in der Mannheimer Straße 14 nur noch einer von vier übriggebliebenen, und die letzte Kuh von Käfertal hatte ihren Stall schon lange nicht mehr verlassen.

↑ Maimo, die „Letzte Kuh von Käfertal", und ihre Besitzer Herr und Frau Schertel. Abbildung: Geschichtswerkstatt Käfertal e. V.

Mit dem Einzug der Industrie in Käfertal gingen einerseits Anbauflächen verloren, andererseits wuchs die Bevölkerungszahl rasant: Von 1.800 Einwohner:innen im Jahre 1850 auf 4.000 im Jahre 1900 auf 10.464 im Jahre 1953.

Besonders in den 1920er Jahren herrschte Arbeitslosigkeit – für viele reichte das Geld gerade zum Überleben.
Bäuerliche Betriebe konnten sich durch Obst- und Gemüseanbau und Tierhaltung ernähren, doch die Versorgung der breiten Bevölkerung war ein Problem. Deshalb wurde z. B. in der neu gebauten Speckwegsiedlung der subsistenzwirtschaftliche Anbau von Gemüse und Kleintierhaltung ermöglicht.

Eigenanbau und Kleintierhaltung etablierten sich auch andernorts, und nach dem Zweiten Weltkrieg setzte sich der Siedlungsgedanke fort. Mit dem Wirtschaftswunder verschwanden jedoch nach und nach die Schweine, Kühe und Ziegen der Bauern, ebenso wie die Schafe und die städtische Bullenzucht im Faselstall.

Kleintierhaltung ist heute für viele Käfertaler:innen nur noch ein Hobby, dem im Kleintierzüchterverein C122 Käfertal 1904 e.V. oder im Kleintierzuchtverein 1909 e.V. am Speckweg nachgegangen wird.

↑ Schweinezucht auf einem Hof in Käfertal. Abbildung: Geschichtswerkstatt Käfertal e. V.

Heute ist der 1880 erbaute Hof in der Mannheimer Straße 14 gleichermaßen stummer Zeuge von Wandel wie von vergangenen Zeiten in Käfertal. Doch aktuell steht er – wie viele andere Höfe im Stadtteil – leer, und seine Zukunft ist ungesichert.

↑ Hühnerzucht im Hinterhof. Abbildung: Geschichtswerkstatt Käfertal e. V.

→ Auch Bienen wurden gezüchtet in Käfertal. Abbildung: Geschichtswerkstatt Käfertal e. V.

Das Projekt wird durch das Bundesministerium für Wohnen, Stadtentwicklung und Bauwesen im Rahmen der Nationalen Stadtentwicklungspolitik gefördert.

„Urlaub in Käfertal" ist eine Einladung des Spinelli FreiRaumLabs, den Stadtraum zu entdecken. Die Ausstellung ist Teil eines experimentellen Prozesses, mit dem das Netzwerk Räume und Grünflächen an der Schnittstelle zwischen Käfertal und dem neuen Quartier Spinelli nachbarschaftlich und offen nutzbar macht und neue Wege der Kooperation entwickelt.

Netzwerk: Katholische Kirchengemeinde Maria Magdalena mit der Kirche St. Hildegard, evangelische gemeinde käfertal und im rott mit der Philippuskirche, Caritas-Verband Mannheim mit dem Joseph-Bauer-Haus und dem Franz-Völker-Haus, Turnverein 1880 Käfertal e.V., Wohngruppen NeighborWood, Oikos und WohnWerk, Anundo Wohnen & Service. Projektträger/ Forschung: sbca / Begleitung: Stadt Mannheim, Projektgruppe Konversion

Urlaub in Käfertal

SONNENSCHEIN

ALICE DROLLER, SCHAUSPIELERIN UND KABARETTISTIN

Alice Droller wurde 1907 in eine wohlhabende und kulturell interessierte jüdische Familie hineingeboren. Als Kabarettistin war sie in Deutschland und den Niederlanden erfolgreich. 1942 wurde sie in Auschwitz ermordet.

Ihr Vater Julius Droller war Möbelhändler und betrieb in der Mannheimer Innenstadt eine Werkstatt für Raumkunst, über der die Familie auch wohnte. Als aktives Mitglied des jüdischen Männergesangsvereins „Liederkranz" ließ der Vater seine Tochter früh an den kulturellen Aktivitäten des Vereins teilhaben. Bereits mit 16 Jahren rezitierte sie dort Gedichte und begann, sich für die Schauspielerei zu interessieren.

ERSTE SCHRITTE IN DEUTSCHLAND
Nach privatem Schauspielunterricht in ihrer Heimatstadt wechselte Droller 1925 an die Schauspielschule von Max Reinhardt in Berlin und trat an verschiedenen deutschen Theatern und am Mannheimer Nationaltheater auf. Doch schon bald widmete sie sich verstärkt der Kleinkunst und trainierte ihr komisches und kabarettistisches Talent bei Veranstaltungen des Liederkranzes, wo sie auch erste eigene Texte vortrug.

NEUANFANG IN DEN NIEDERLANDEN
Das Jahr 1933 bedeutete für Alice Droller, die sich als Künstlerin Alice Dorell nannte, eine Zäsur. Sie floh über die Schweiz nach Paris und dann in die Niederlande. Schon bald beherrschte sie die niederländische Sprache und hatte mit ihren Parodien und anspruchsvollen Kabarettprogrammen in wechselnden Konstellationen großen Erfolg. Mit der Pianistin Rose von Hessen und der Kabarettistin Annie Prins bildete sie „Dorells Dreidamenkabarett", die erste nur aus Frauen bestehende Kabaretttruppe in den Niederlanden. Als eine der ersten Frauen auf diesen Bühnen integrierte sie auch politische Anspielungen in ihr Programm.

TOD IN AUSCHWITZ
Nach dem Einmarsch der Deutschen Wehrmacht gehörte Alice Droller zu den ersten Opfern der antijüdischen Maßnahmen in den Niederlanden und wurde zurück nach Deutschland gebracht. Am 30. September 1942 wurde sie in Auschwitz ermordet. Mit Ausnahme eines Bruders erlitt ihre gesamte Familie das gleiche Schicksal.

An ihrem ehemaligen Wohnort auf den Planken in P 7, 22 erinnern heute Stolpersteine an die Familie Droller.

Im neuen Quartier Spinelli ist eine Straße nach ihr benannt.

Foto: Alice Droller, 1932
Quelle: MARCHIVUM, Bildsammlung, KF041094

Das Projekt wird durch das Bundesministerium für Wohnen, Stadtentwicklung und Bauwesen im Rahmen der Nationalen Stadtentwicklungspolitik gefördert.

STADT MANNHEIM

Bundesministerium für Wohnen, Stadtentwicklung und Bauwesen

NATIONALE STADTENTWICKLUNGSPOLITIK

„Urlaub in Käfertal" ist eine Einladung des Spinelli FreiRaumLabs, den Stadtraum zu entdecken. Die Ausstellung ist Teil eines experimentellen Prozesses, mit dem das Netzwerk Räume und Grünflächen an der Schnittstelle zwischen Käfertal und dem neuen Quartier Spinelli nachbarschaftlich und offen nutzbar macht und neue Wege der Kooperation entwickelt.

Netzwerk: Katholische Kirchengemeinde Maria Magdalena mit der Kirche St. Hildegard, evangelische gemeinde käfertal und im rott mit der Philippuskirche, Caritas-Verband Mannheim mit dem Joseph-Bauer-Haus und dem Franz-Völker-Haus, Turnverein 1880 Käfertal e.V., Wohngruppen NeighborWood, Oikos und WohnWerk, Arundo Wohnen & Service. Projektträger/Forschung: sbca / Begleitung: Stadt Mannheim, Projektgruppe Konversion

Urlaub in Käfertal

SONNENSCHEIN

ANNELIESE ROTHENBERGER, OPERN- UND OPERETTEN-SÄNGERIN

Die „erfolgreichste deutsche Sängerin nach dem zweiten Weltkrieg", wie der langjährige Chef der Metropolitan Opera in New York, Rudolf Bing, Anneliese Rothenberger einmal bezeichnete, wurde am 19. Juni 1919 in Mannheim geboren.

Anneliese Rothenberger studierte an der Mannheimer Musikhochschule Gesang und begann ihre Karriere 1942 am Stadttheater in Koblenz als Christel im Vogelhändler von Carl Zeller. Nach Kriegsende machte sie sich bald international als Mozart- und Strauss-Interpretin einen Namen. Neben festen Engagements in Hamburg, Düsseldorf und Wien trat sie an allen wichtigen Opernhäusern der westlichen Welt auf, so z. B. an der Metropolitan Opera in New York oder der Mailänder Scala.

Auch als Interpretin klassischer Lieder gab Rothenberger Liederabende in Deutschland, Österreich, der Schweiz, England, Schottland, Japan, den USA und der Sowjetunion. Viele Jahre lang machte sie zweimal jährlich eine große Liedertournee. Darüber hinaus wirkte sie an Musikfilmen mit, zum Beispiel der englischen Verfilmung der „Fledermaus" von Johann Strauss im Jahr 1955. 1989 trat sie zum letzten Mal öffentlich als Sängerin auf.

MEHR ALS EINE SÄNGERIN
Parallel zu ihren Bühnenauftritten als Sängerin startete sie eine zweite Karriere im Fernsehen. Hohe Einschaltquoten verzeichneten ihre Sendungen „Anneliese Rothenberger gibt sich die Ehre" und „Anneliese Rothenberger präsentiert junge Künstler", mit denen sie in Deutschland und den USA einem breiten Publikum bekannt wurde. 1977 schrieb der Spiegel, Anneliese Rothenberger sei „die populärste, ja die einzige wirklich populäre Fernsehfrau" der BRD.

Weniger bekannt ist ihr Stiftungsengagement für die Nachwuchsförderung sowie ihre Ambitionen als Malerin. In den frühen 1960er Jahren studierte sie in New York bei dem Kunstmaler Alfred Zwiebel. Seitdem richtete sie etliche Ausstellungen in Deutschland und der Schweiz aus.

VIELFACH AUSGEZEICHNET
Anneliese Rothenberger erhielt zahlreiche Auszeichnungen, darunter das Bundesverdienstkreuz Erster Klasse und den Mannheimer Bloomaulorden. Letzterer wurde ihr im Jahr 1971 verliehen, sie war damit die zweite Bloomaulorden-Trägerin nach Franz Schmitt.

2010 starb Anneliese Rothenberger in der Schweiz, wo sie zuletzt lebte. Ihren künstlerischen Nachlass vermachte sie ihrer Geburtsstadt Mannheim.

Im neuen Quartier Spinelli ist eine Straße nach Anneliese Rothenberger benannt.

Foto: Anneliese Rothenberger, 1967
Quelle: MARCHIVUM, Bildsammlung, KF032864,
Fotografen: Bohnert und Neusch, Mannheim

Das Projekt wird durch das Bundesministerium für Wohnen, Stadtentwicklung und Bauwesen im Rahmen der Nationalen Stadtentwicklungspolitik gefördert.

„Urlaub in Käfertal" ist eine Einladung des Spinelli FreiRaumLabs, den Stadtraum zu entdecken. Die Ausstellung ist Teil eines experimentellen Prozesses, mit dem das Netzwerk Räume und Grünflächen an der Schnittstelle zwischen Käfertal und dem neuen Quartier Spinelli nachbarschaftlich und offen nutzbar macht und neue Wege der Kooperation entwickelt.

Netzwerk: Katholische Kirchengemeinde Maria Magdalena mit der Kirche St. Hildegard, evangelische gemeinde käfertal und im rott mit der Philippuskirche, Caritas-Verband Mannheim mit dem Joseph-Bauer-Haus und dem Franz-Völker-Haus, Turnverein 1880 Käfertal e.V., Wohngruppen NeighborWood, Oikos und WohnWerk, Avundo Wohnen & Service. Projektträger: sbca / Begleitung: Stadt Mannheim, Projektgruppe Konversion

Bundesministerium für Wohnen, Stadtentwicklung und Bauwesen

STADT MANNHEIM

NATIONALE STADTENTWICKLUNGS POLITIK

Ein Gastprojekt der

IBA

Internationale
Bauausstellung

Wissen | schafft | Stadt

Heidelberg ▶

2022

Spinelli FreiRaumLab

PROJEKTTRÄGERSCHAFT
Stadt Mannheim, Projektgruppe Konversion

PLANUNG
Sally Below, sbca, Berlin/Mannheim (konzeptionell-fachliche Begleitung)
studio urbane landschaften, Hamburg (räumliche Studie)
Sally Below/Christopher Dell, ifit, Berlin (Kuration Piazza Spinelli)

Heidelberg, den 08.07.2022

michael braum | prof.

Spinelli Frei Raum Lab

About   Piazza Spinelli   Programm   Logbuch   Forschung   Kontakt

Das Spinelli FreiRaumLab im „Turnerboten"

Seit vielen Jahren ist der Turnerbote ein wichtiger Teil des Vereinslebens des TV 1880 Käfertal e.V. Die Ausgabe 01/2022 stellt das Spinelli FreiRaumLab vor.

Spinelli FreiRaumLab

About   Piazza Spinelli   Programm   Logbuch   Forschung   Kontakt

Bewegung auf der Piazza Spinelli! – Projektwettbewerb „Gemeinsam Neues schaffen" der BASF gewonnen!

Der TV Käfertal ist einer der Gewinner des Projektwettbewerbs „Gemeinsam Neues schaffen" der BASF 2023. Kurz vor Weihnachten hatte der Verein als Vertreter des Spinelli FreiRaumLabs den Antrag für „Bewegung auf der *Piazza Spinelli*" eingereicht. Am 24. März 2023 wurde das Projekt gemeinsam mit den anderen Preisträgern im Gesellschaftshaus der BASF in Ludwigshafen prämiert. Das Netzwerk Spinelli FreiRaumLab wurde von Stefanie Trinemeier, Richard Link und Jörg Trinemeier vertreten.

Und das ist die Idee: Der TV 1880 Käfertal möchte die geplanten Vernetzungs-, Ausstellungs- und Veranstaltungsformate, die der Bildung einer langfristigen Gemeinschaft dienen, ergänzen. Unter der Leitung von Stefanie Trinemeier bietet der Verein deshalb ab Juni 2023 ein Bewegungsprogramm an – sowohl in Form von Gymnastik auf öffentlichen Plätzen, wie es zum Beispiel in Asien üblich ist, als auch mit Geräten. Für diese wird in Gemeinschaftsarbeit eine Aufbewahrungsbox gebaut. Die Geräte selbst sollen über einen Aufruf in Käfertal gesammelt werden – so viele Dinge liegen doch ungenutzt in Garagen und Kellern herum. Damit wird auch gleich eine zentrale Botschaft des Spinelli FreiRaumLabs verbreitet, nämlich dass Vorhandenes oft ausreicht, um Neues zu schaffen – man muss es nur nutzen.

Spinelli Frei Raum Lab

About   Piazza Spinelli   Programm   Logbuch   Forschung   Kontakt

Tag der Architektur auf Spinelli

Führung zum Tag der Architektur 2023 durch das neue Mannheimer Quartier Spinelli, Foto: Annika Schmidt

Der Tag der Architektur ist seit den 1990er Jahren ein fester Termin für alle, die sich für ihre gebaute Umwelt interessieren.

Am 24. Juni 2023 kamen auf Einladung der Kammergruppe Mannheim der Architektenkammer Baden-Württemberg rund 70 Mannheimer:innen zusammen, um das neue Quartier Spinelli und das Spinelli FreiRaumLab kennenzulernen.

Nach einer Begrüßung in der Philippuskirche und einer Einführung in den Kontext vor Ort an der Schnittstelle zwischen Käfertal-Süd und Spinelli durch Carolin Klumpe, Architektenkammer Baden-Württemberg und Sally Below, Urbanistin und Prozessgestalterin im Netzwerk Spinelli FreiRaumLab, mit Ute Mickel, Diakonin in der evangelischen Gemeinde Käfertal und im Rott, und Jürgen Klenk, stellvertretender Sprecher des Gemeindeteams der katholischen Kirchengemeinde Maria Magdalena, ging es in das neu entstehende Quartier.

Die Genossenschaften Oikos und WohnWerk Mannheim sowie das Baugruppenprojekt Neighborwood stellten ihre Bauten vor und erläuterten, wie sie zukünftig gemeinschaftlich wohnen werden und sich für ihre Nachbarschaft engagieren wollen.

Zum Ausklang an diesem heißen Tag kamen eine ganze Reihe der Teilnehmenden zu einem kalten Getränk auf die *Piazza Spinelli* zusammen.

„JEDE WOHNUNG IST EINE WELT."

„SCHON DIE VERBINDUNG VON EINER STRASSENSEITE ZUR ANDEREN IST EINE AUFGABE."

NACHBARSCHAFTSCHOR

NACHBARSCHAFTSCHOR
KÄFERTAL SÜD MEETS SPINELLI

Sing mit! Musik verbindet!

Ob Volkslied oder Beatles-Song,
Schlager, Shanty oder Spiritual,
wir singen, was uns gefällt.
Lust mitzusingen?
Komm einfach zum Schnuppern vorbei!

Freitags 18 Uhr
Bis 21. Juli 23 in der Philippuskirche
Deidesheimer Str. 25 // 68309 Mannheim
Ab 15. Sept. 23 bei Oikos im Gemeinschaftsraum
Alice-Droller-Straße 5 // 68309 Mannheim

Mit freundlicher   Spinelli   Frei
Unterstützung von   Raum
                                     Lab

Schlaflos

IN KÄFERTAL 2023

- 3. Juli   "Schlaflos"
- 1. August   "Feuer, Feiern, Rütlischwur"
- 31. August   "Blue Moon"
- 29.September "Schlaflos beim Pubquiz" *
- 28. Oktober   "Heimat"
- 27. November "Orgelgeflüster für gestresste Seelen" *
- 27. Dezember "Rauhnächte"

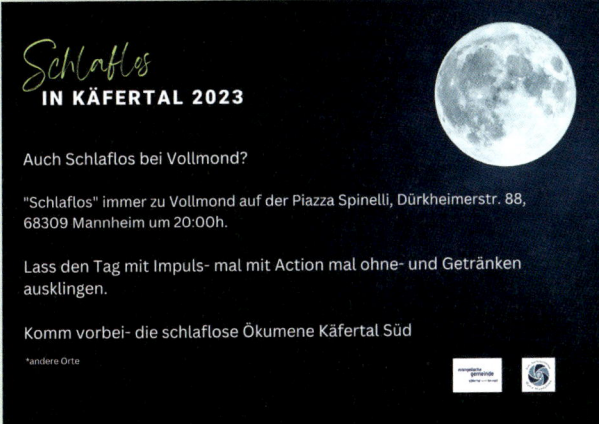

Schlaflos

IN KÄFERTAL 2023

Auch Schlaflos bei Vollmond?

"Schlaflos" immer zu Vollmond auf der Piazza Spinelli, Dürkheimerstr. 88, 68309 Mannheim um 20:00h.

Lass den Tag mit Impuls- mal mit Action mal ohne- und Getränken ausklingen.

Komm vorbei- die schlaflose Ökumene Käfertal Süd

*andere Orte

ÜBUNGSRÄUME FÜR DIE
OFFENE GESELLSCHAFT –
PERSPEKTIVEN EINER
KOOPERATIVEN
PLANUNGSKULTUR

EXERCISE SPACES FOR
THE OPEN SOCIETY –
PERSPECTIVES OF
A COOPERATIVE
PLANNING CULTURE

Stadtentwicklungssymposium
12.–13. Juli 2023

STADT**MANNHEIM**²

Quelle: Kay Sommer

ÜBUNGSRÄUME FÜR DIE OFFENE GESELLSCHAFT – PERSPEKTIVEN EINER KOOPERATIVEN PLANUNGSKULTUR

Symposium und Review 10 Jahre Konversion in Mannheim
Festhalle Baumhain im Luisenpark | Mittwoch, 12. und Donnerstag, 13. Juli 2023

Das junge und wachsende Mannheim mit seiner vielfältigen Bevölkerung und seiner dynamischen Stadtentwicklung lädt im Juli 2023 bundesweite und internationale Expert:innen zu einem Symposium ein, um Konzepte und Perspektiven einer neuen kooperativen Planungskultur in Stadtentwicklung und -planung, Architektur, Städtebau und Landschaftsarchitektur zu diskutieren: Welche Instrumente hat die Planung, um angemessen auf die realen Entwicklungen der Stadt reagieren zu können? Wie kann sie urbaner Vielfalt flexibel gegenübertreten, diese verfügbar und erlebbar machen? Wie kann sie die Schätze der Stadt heben? Wie können neue gemeinschaftliche Verfahren entstehen, und welche Übungsräume brauchen wir dafür?

10 Jahre Konversion in Mannheim
In diesem Kontext erfährt auch die rund zehnjährige Konversion von Militärflächen in Mannheim eine erste Bilanz. Im Programmteil Review am 12. Juli beleuchten, reflektieren und diskutieren Akteur:innen verschiedener Disziplinen, die an den Entwicklungen mitgewirkt haben, die Herausforderungen und Ergebnisse dieser umfangreichen Stadtentwicklungsmaßnahmen.

Kontext BUGA 2023
Veranstaltungsort des Symposiums ist die Festhalle Baumhain im Luisenpark. Dieser wurde anlässlich der Bundesgartenschau 1975 angelegt, die seinerzeit die Stadt Mannheim grüner und vielfältiger machte. In diesem Jahr vollendet die BUGA 2023 die Entwicklung des Grünzugs Nordost auf Spinelli – und der Luisenpark erfährt, wie viele andere Stadträume Mannheims – eine Transformation, um wieder Teil einer BUGA zu sein. Das in diesem Kontext verortete Symposium bietet neben dem fachlichen Diskurs mit Fokus auf generellen Stadtentwicklungsfragen auch die Möglichkeit für die Teilnehmenden, die BUGA und die angrenzenden neu entstandenen Quartiere zu entdecken.

Die Kirche muss kürzen

Die Zahl der Gläubigen und die Höhe der Kirchensteuereinnahmen sinken, die Kosten steigen. In dieser Zwickmühle sieht sich die
Evangelische Kirche in Mannheim. Sie wird daher Kirchengebäude und Gemeindehäuser aufgeben – auch wenn es schwerfällt.

Von Peter W. Ragge

Die drei Bronzeglocken sind nach Ostfriesland verkauft worden, das Kreuz auf der Vogelstang verwendet, die Orgel in Käfertal. Auch Altar, Taufbecken und Ambo hat man ausgebaut, Taufschale, Abendmahlutensilien, Altardecke, Osterkerze und Glasfenster gerettet. Aber dann, Anfang März, kamen die Bagger. Es wurde laut, staubig, Wändekrachten mit, Fenster zersplitterten, schnell türmte sich Schutt auf.

Das war im Frühjahr 2012 das Ende der 1958 errichteten Kreuzkirche in Wohlgelegen. Wenige Wochen später folgte die Immanuelkirche auf der Rheinau. Dort hat man erst den Bürgern Hoffnung gemacht, das Gebäude werde zu Wohnzwecken „umgewidmet" – was sich dann aber zerschlagen hat, zerschlagen im Wortsinne, denn auch da kam dann der Bagger. Zwei evangelische Kirchen wurden in Mannheim also schon abgerissen. Werden weitere Gottseshäuser folgen?

Situation ist „knallhart"

Ralph Hartmann, der Dekan der Evangelischen Kirche in Mannheim, kann und will das nicht ausschließen, auch wenn es ihm schwerfällt. Er gibt zu, dass ein, wie er es nennt, „Störgefühl" einsetzt, wenn man daran denkt, dass ein Kirchturm von einer Abrissbirne weggeschlagen wird. Doch die finanzielle Situation sei „knallhart" und lasse keine andere Wahl, als sich für „Konzentration und Profil" zu entscheiden – was die Trennung von Standorten bedeute.

Der Grund seien „zurückgehende Kirchensteuereinnahmen bei steigenden Kosten", so der Dekan. Weil die Zahl der Kirchenmitglieder abnimmt, zugleich geburtenstarke Jahrgänge in Rente gehen und auch aufgrund der Wirtschaftsentwicklung rechnet die Badische Landeskirche

>
>
> **Wir können dem Denkmalschutz definitiv nicht nachkommen**

mit – schon inflationsbereinigt – 20 Prozent geringeren Steuereinnahmen im Jahr 2030. Zugleich stünden dem zehn Prozent höhere Aufwendungen für Digitalisierung und Klimaschutz entgegen. „Wir haben also 30 Prozent weniger Ressourcen für Gebäude und Personal", rechnet er vor, denn das seien die beiden größten Ausgabeposten.

Zugleich seien die Gebäudekosten in den vergangenen zehn Jahren, besonders aber in den zurückliegenden Monaten „exponentiell gestiegen". Hinzu komme ein, so der Dekan,

Offiziell ist es noch nicht entschieden, aber intern geht man davon aus, dass die Lutherkirche in der Neckarstadt-West aufgegeben wird.   BILD: MICHAEL RUFFLER

„enormer Sanierungsstau" bei vielen der 30 Kirchengebäude - Gemeindehäuser sind in der Zahl gar nicht eingerechnet. Diesen Sanierungsstau beziffert Hartmann bis 2025 auf 22,5 Millionen Euro, „ohne die aktuell ja steigenden Baukosten". Dem stehen Mittel in Höhe von sechs Millionen Euro gegenüber. „Es muss also etwas passieren", sagt er. Der weitere Erhalt aller Kirchen sei jedenfalls „nicht darstellbar".

Die Stadtsynode als höchstes Entscheidungsgremium hat daher einen Prozess begonnen, den sie „Kirchenmasterplan" nennt. Sie sieht vor, bis zum Frühjahr 2022 ein Konzept zu erarbeiten und Prioritäten zu setzen. Letztlich gehe es darum, „welche unserer Kirchen wir langfristig als geistliche Orte erhalten und pflegen wollen", so Hartmann. Das könne auch, „zur Stärkung der Strahlkraft", wie er formuliert, mit Investitionen verbunden sein – von Akustik über Licht bis zu Sanitäranlagen oder Veranstaltungstechnik.

Dazu wurden drei Kriterien entwickelt:

■ Kirchen, die langfristig erhalten und saniert werden. Hartmann beziffert die Zahl auf „schätzungsweise zwölf Kirchen".

■ Kirchen, in die man „nur das Nötigste an Reparaturen" stecke und die vorübergehend genutzt werden, aber mittelfristig keine Chance haben. Deren Zahl gibt der Dekan auch mit „etwa zehn bis zwölf" an.

■ Kirchen, in die man kein Geld mehr stecke und die man ganz aufgebe, was Umnutzung oder alternative Finanzierung bedeuten könne, im Notfall auch Abriss. Das könnten „sieben bis acht" sein.

Aus Sicht der Synode – wo ja Laien und Hauptamtliche zusammensitzen – entscheiden über die Einstufung verschiedene Kriterien. Dabei geht es um die Frage, welches Gebäude genügend Raum für

Auch Katholiken geben Gebäude auf

Nicht nur die Evangelische Kirche steht für einschneidende Änderungen - auch die Katholiken.

Das katholische Stadtdekanat Mannheim wird 2025, spätestens 2026 ebenso wie alle einzelnen Mannheimer Pfarrgemeinden aufgelöst. Im Zuge des Prozesses einer einzigen Pfarrei. Grund sind auch die sinkenden Einnahmen aus der Kirchenentwicklung der Erzdiözese Freiburg entsteht daraus der Kirchensteuer, aber – bei den Katholiken noch viel stärker – auch der enorme Priestermangel. Derzeit gibt es in Mannheim 53 katholische Priester, 18 davon sind Pensionäre, teils in sehr hohem Alter. Neue Geistliche kommen nur vereinzelt.

Stadtdekan Karl Jung hat daher bereits vor über zehn Jahren einen Zukunftsprozess initiiert, noch ehe der Prozess der Kirchenentwicklung für die gesamte Erzdiözese Freiburg anlief. Wie eine neue Struktur mit Leben gefüllt wird, darüber laufen derzeit viele Gespräche. Klar ist schon, dass es bestimmte Themakirchen – die Jugendkirche in Liebfrauen oder die Citykirche Heilig Geist mit starker kirchenmusikalischem Schwerpunkt Musik – geben wird sowie für bestimmte Stadtteile „Pastorale Zentren." An vielen Details wird gearbeitet.

Bei den Gebäuden haben die Katholiken den Vorteil, dass der Sanierungsstau nicht so hoch ist wie bei der Evangelischen Kirche. Im Vorfeld des Deutschen Katholikentags 2012 wurden in der Quadratestadt 14 Kirchengebäude saniert – für zusammen 18 Millionen Euro. Ohne diese Investitionen sähe es bei den Katholiken eher noch schlimmer aus als jetzt bei der Evangelischen Kirche.

Dennoch ist klar, dass sich auch das katholische Stadtdekanat von Bauten trennen muss. Kriterien gibt es noch nicht, der Diskussionsprozess läuft. In Feudenheim wurde aber schon das katholische Gemeindehaus „Prinz Max" aufgegeben. In Wallstadt steht der Abschied von den als sanierungsbedürftig geltenden Gemeindezentrum an St. Peter in der Schwetzingerstadt, wo ein hoher Sanierungsbedarf besteht, soll abgerissen und durch ein Caritas-Seniorenheim ersetzt werden.   pwr

zeitgemäßen und zukunftsfähigen Gottesdienst biete. Berücksichtigen wolle man aber ebenso, welche Rolle dem Gebäude im Stadtteil zukomme. Schließlich sei die Wirtschaftlichkeit zu klären – also die Frage, ob sich eine Sanierung, gerade mit Blick auf den Klimaschutz, rentiere.

Ein Problem: Viele der Kirchen, die wohl eher eine Zukunft haben, stehen unter Denkmalschutz. Hartmann ist bewusst, dass dies „eine besondere Sensibilität" erfordere und letztlich einen „Abriß verbiete, ja sogar Umbauten erschwere. Aber er stellt auch ganz klar: „Wir können dem Denkmalschutz definitiv nicht nachkommen!"

Entscheidungen, welche Gebäude es trifft, würden im Frühjahr 2022 fallen. Vorher will Hartmann bewusst keine Namen nennen, nichts bestätigen. Aber bekannt ist, dass die 1904 und 1906 im neugotischen Stil erbaute Lutherkirche in der Neckarstadt unter den Kandidaten ist, die aufgegeben werden könnten. Sie wird ohnehin schon - mit Kirchencafé, Beratungsturmern und Arbeitslosenzentrum - als Anlaufstelle der Diakonie genutzt. In der Neckarstadt würden sich die Evangelischen dann auf die Paul-Gerhardt-Kirche am Neuen Meßplatz konzentrieren. Von der Paulskirche auf dem Waldhof,

1907 geweiht, ist bekannt, dass es dort den höchsten Sanierungsstau gibt. Besonders kritisch wird man in allen Stadtteilen hinschauen, wo es zwei evangelische Kirchen gibt – in Käfertal etwa. In Feudenheim wurde Epiphanias bereits erfolgreich zur Kulturkirche umgewidmet, und die Trinitatiskirche – nur wenige Meter von der Konkordienkirche entfernt – dient seit 2017 als Eintzanshaus. „Doch das lost unser Problem nicht – wir haben immer noch den Bauunterhalt", macht Hartmann deutlich. Vielversprechender sei es das Neuostheimer Modell, wo St. Pius beide Konfessionen als Ökumenisches Zentrum nutzen – und die evangelische Kirche aufgegeben wird.

In jedem Stadtteil präsent

Noch gar nicht untersucht sind die Gemeindehäuser - die kommen nun bei der Kirche dran, auch da werde es deutliche Einschnitte geben. Es gibt Überlegungen, die Pfarrgemeinden zu sieben Regionalgemeinden zu fusionieren, die dann jeweils ein gemeinsames Pfarrbüro haben, personelle und inhaltliche Schwerpunkte setzen können. Ziel sei indes, dass man „in jedem Stadtteil präsent" bleibe, versichert er, doch sicher „nicht immer das volle Programm mit Kirche, Gemeindehaus, Pfarrhaus und Pfarrer und Konfirmandenunterricht an jedem Ort", so der Dekan. „Wir werden uns von Gewohntem und auch Liebgewonnenem verabschieden müssen", macht er klar: Das sei „schmerzhaft", aber wegen der Finanzlage ohne Alternative.

Die in der Wirtschaft tätige Frage, welche „Wirksamkeit" man erziele, dürfe auch für die Kirche „kein Tabuthema" sein. Die Coronakrise etwa habe gezeigt, dass man außerhalb von Kirchengebäuden, bei Open-Air-Gottesdienst oder anderen neuen Formen, mehr Menschen erreiche. Ein-

>
>
> **Wir werden uns von Liebgewonnenem verabschieden**

zelne Kirchen könnten sich profilieren, als Hochzeitskirche oder mit musikalischem Schwerpunkt. Hartmann will „die notwendige Veränderung daher auch als Chance sehen", sich „mehr an Menschen und Aufgaben statt an Strukturen und Flächen zu orientieren". So wie derzeit die Gesellschaft, so müsse sich eben auch die Kirche wandeln. Was aber unverändert bleibe, sei „unser Auftrag und unsere Leidenschaft, unseren Glauben zu leben und in die Welt zu tragen", für die Menschen da zu sein und den Zusammenhalt zu fördern.

2012 abgerissen: die Kreuzkirche in Wohlgelegen.   BILD: THOMAS TRÖSTER

Zahlen zur Kirche

■ In Mannheim gibt es derzeit etwa **68 000 evangelische Gläubige**, das sind rund 22 Prozent der Bevölkerung. 1960 waren es noch 160 000 Mitglieder.

■ Derzeit hat die Evangelische Kirche in Mannheim **32 Gemeindepfarrstellen**. Dazu kommen zehn weitere Pfarrer in der Sonderseelsorge (Krankenhäuser, Gefängnis und vieles mehr). Um die Zahl der Pfarrer wird um ein Drittel abnehmen.

■ Bei den **30 Kirchengebäuden** gibt es einen Sanierungsstau von 22,5 Millionen Euro. Das Budget beträgt sechs Millionen Euro.

■ Der letzte beschlossene **Doppelhaushalt** der Evangelischen Kirche in Mannheim sieht für das Jahr 2020 Ausgaben von rund 72,6 Millionen Euro und für 2021 von rund 73,6 Millionen Euro vor. Man rechnet binnen zehn Jahren mit **30 Prozent** weniger Einnahmen. pwr

Neu genutzt, aber die Kirche hat – noch – die Baulast: die Trinitatiskirche, nun Eintzanshaus.   BILD: MICHAEL RUFFLER

Links die Türme der beiden Kirchen von Käfertal-Süd, erst Philippus und dann St. Hildegard, sowie dazwischen der TV Käfertal, rechts ein Teil der neu entstehenden Bebauung am Nordrand von Spinelli, fotografiert vom Buga-Gelände aus. *BILD: MICHAEL RUFFLER*

Stadtplanung: Soziales Leben in Käfertal-Süd und dem Neubaugebiet wird Mannheimer Gastbeitrag zur internationalen Bauausstellung in Heidelberg / Forderung nach einer Sporthalle

Ein Modell für das Zusammenwachsen

Von Peter W. Ragge

Sie geraten „plötzlich von einer Randlage in den Mittelpunkt", so formuliert es Richard Link, Pastoralreferent der katholischen Kirche: „Und das wollen wir aktiv mitgestalten". Wie die Bewohner von Käfertal-Süd und dem neuen Baugebiet auf Spinelli zusammenwachsen, wird weltweit von Architekten stark beachtet. Es ist als Mannheimer Gastprojekt der Internationalen Bauausstellung (IBA) Heidelberg mit dem Titel „Spinelli FreiRaumLab" vom 29. April bis Ende Juni Teil der großen Abschlusspräsentation.

Käfertal erlebt gerade ein enorm rasantes Wachstum der Einwohnerzahl auf prognostiziert fast 30 000 – so stark wie kein anderer Stadtbezirk. Das liegt nicht nur am Neubaugebiet Franklin. Auch am Nordrand der früheren Spinelli-Kaserne, die ja überwiegend der Bundesgartenschau und dem Grünzug Nordost dient, drehen sich ein Dutzend Kräne, werden blitzschnell zahlreiche Wohnhäuser hochgezogen. Im ersten Bauabschnitt, bis zum Beginn der Bundesgartenschau, ziehen 500 bis 600 Leute hierher, nach 2023 gehen die Bauarbeiten weiter. Am Ende sollen es 4000 neue Bewohner sein.

Direkt angrenzend ist das bisherige Wohngebiet Käfertal-Süd, in den 1950er Jahren entstanden und vom Ortskern durch die stark befahrene B 38 abgetrennt – eine absolute Randlage. Läden gibt es so gut wie nicht, aber eine katholische und eine evangelische Kirche (St. Hildegard und Philippus), einen großen Sportverein, den TV Käfertal, das Joseph-Bauer-Haus (Pflegeheim) und das Franz-Völker-Haus (Betreutes Wohnen) der Caritas, eine Bezirkssportanlage und eine Grünanlage. Das alles liegt genau dort, wo auch neue Einrichtungen für das Neubaugebiet entstehen sollen: die Grundschule, eine Kindertagesstätte, ein Jugendzentrum und der sogenannte Quartiersplatz mit Einzelhandel.

„Wir wollen zeigen, wie das alles zusammenwächst, wie da ein neues Quartier entsteht", erklärt Jens Weisener, für das Thema verantwortlicher Architekt im Fachbereich Stadtplanung im Bezirksbeirat Käfertal die Idee. Heidelberg habe Mannheim eingeladen, sich mit drei Gastprojekten an der Internationalen Bauausstellung zu beteiligen, „die zeigen soll, wie die Gesellschaft mit öffentlichen Räumen umgeht und welche neuen Ideen es gibt, sie attraktiv zu gestalten". Neben den Plänen für eine neue Stadtbibliothek auf N 2 und der Sanierung der Multihalle habe man das Konzept „FreiRaumLab" auf Spinelli eingereicht, wozu es nun von Ende April bis Juli mehrere Veranstaltungen in Heidelberg und Mannheim geben werde

> „Die Kirchen wollen das Miteinander gerne mitgestalten."
>
> RICHARD LINK, PASTORALREFERENT

Ziel des Projekts sei, „bestehende und neue Nachbarschaften von Anfang an zusammenzubringen" und „neue Wege der Zusammenarbeit zu gehen", so Weisener. Übergeordnet wolle man das präsentieren als „Bei-RaumLab" auf Spinelli eingereicht, planung im Bezirksbeirat Käfertal die Idee. Heidelberg habe Mannheim

solle dafür zum „beispielhaften Ort werden", sagte Jens Weisener.

Dabei gehe es um die gemeinschaftliche Nutzung bestehender und neuer Räume. Schließlich gruppierten sich beide Kirchen, das Pflegeheim, die Sportstätten, aber auch die neu geplanten Einrichtungen alle recht zentral um die Mitte zwischen alter Wohnbebauung und neuen Gebäuden. Das alles könne man „bündeln", so Weisener „und ein Cluster bilden". Begleitet wird das Projekt von der Berliner Stadtforscherin Sally Below.

Um die jetzigen und künftigen Bewohner früh miteinander bekannt zu machen, sind schon dieses Jahr Veranstaltungen geplant – „Urlaub im Käfertal" lautet etwa der Arbeitstitel einer Open-Air-Ausstellung, gemeinschaftliche Aktionen und Sport sind ebenso vorgesehen wie eine Entdeckungstour in Käfertal für neu Zugezogene oder ökumenische Veranstaltungen. Gerne werde man mit all dem auch an die in Käfertal ohnehin im zweiten Halbjahr geplanten Aktivitäten zum Jubiläum „125 Jahre Eingemeindung" dann „andocken", sagte Weisener.

„Die Kirchen wollen das Miteinander gerne mitgestalten", sagte jedenfalls Richard Link auch im Namen der evangelischen Glaubensbrüder. „Wir freuen uns, Teil des Projekts zu sein", erklärte er. Schon bislang arbeiteten St. Hildegard und Philippus ökumenisch eng zusammen, das wolle man fortsetzen, aus neuen Gebäuden. Das alles wolle man gemeinsam mit anderen, neuen Akteuren in den Viertel kooperieren.

> „Sport kann eine Brücke sein, neu zuziehende Menschen zu integrieren."
>
> JÖRG TRINEMEIER, TV KÄFERTAL

„Das ist eine Riesenchance für uns", erklärte auch Vorsitzender Jörg Trinemeier für den TV Käfertal. Der Verein arbeite bisher schon mit dem Joseph-Bauer-Haus zusammen und biete Sport für dessen Bewohner an. „Wir haben klar die Bereitschaft, uns da einzubringen". „Sport kann eine Brücke sein, neu zuziehende Menschen zu integrieren", erklärte Trinemeier. Allerdings benötige man dazu mehr Platz. Das setze voraus, dass

der Verein weiter existieren könne – kürzlich war dem TV Käfertal ja mal plötzlich der Abriss seines Gebäudes avisiert worden, was die Stadt dann als „Missverständnis" zurücknahm.

Zudem habe man bisher schon für einige Sportangebote eine lange Warteliste, weil die eigene Turnhalle zu klein sei. Der Neubau der Sporthalle neben der Grundschule, von der Stadt gerade wieder infrage gestellt, sei daher „eine absolute Notwendigkeit", so Trinemeier. „Die ist existenziell wichtig für einen Stadtteil, der mit dem Rott zusammen über 10 000 Einwohner haben wird", mahnte auch Bezirksbeirat Michael Mayer (CDU). Ein Grundstück dafür sei freigehalten und die Planung bestehe, antwortete Weisener – der Rest sei Entscheidung der Politik.

Auch Pläne für Einzelhandel, wonach Bezirksbeirätin Rotraud Schmid (Linke) fragte, seien vorgesehen – ein Vollversorger mit 1000 Quadratmetern. „Wir haben aber keinen Einfluss, wer sich da ansiedelt, doch Interessenten gibt es", sagte Weisener. Für den Jugendtreff habe man Platz in einem Geschäftshaus „vertraglich gesichert".

Corona: Stadt meldet am Mittwoch 546 Neuinfektionen

Inzidenz weiter im Sinkflug

Um fast 200 Punkte im Vergleich zum Dienstag ist die Sieben-Tages-Inzidenz in Mannheim am Mittwoch gesunken. Sie liegt laut Landesgesundheitsamt nur noch bei 1513 und in ganz Baden-Württemberg bei 1638,8. Seit einigen Tagen befindet sich die Inzidenz im Sinkflug. Zuvor hatte das Mannheimer Gesundheitsamt am Mittwoch 546 Neuinfektionen mit dem Coronavirus registriert. Allerdings meldete die Stadtverwaltung erneut einen Todesfall im Zusammenhang mit dem Coronavirus – den 467. seit Beginn der Pandemie. Demnach verstarb eine über 90 Jahre alte Frau in einem Mannheimer Krankenhaus.

Letzter Impfbus-Termin

Mit dem Umzug des kommunalen Impfzentrums vom Rosengarten in die Salzachstraße 15 in Neckarau endet auch der Betrieb des städtischen Impfbusses – die letzte Chance, sich über das Angebot gegen das Coronavirus impfen zu lassen, besteht also an diesem Donnerstag, 31. März. Dann steht der Bus noch einmal von 12 bis 18 Uhr am Kurpfalz-Center an der Vogelstang. *lok*

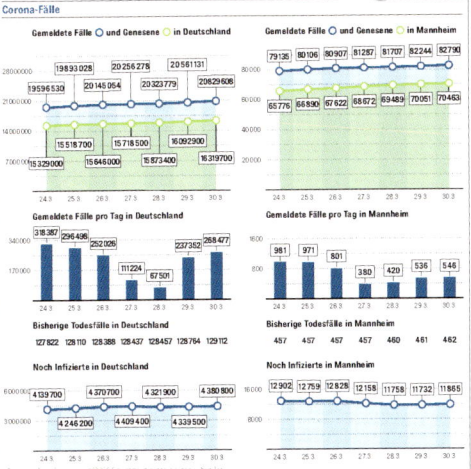

Corona-Fälle

Sinti & Roma: Kritik nach Rassismus-Vorwurf am Hauptbahnhof

Zentralrat bittet Bahn zu Gespräch

Eine mögliche Ungleichbehandlung einer aus der Ukraine geflüchteten Roma-Familie bei der Bahn hat den Zentralrat Deutscher Sinti und Roma auf den Plan gerufen. Verbandschef Romani Rose hat wegen eines Vorfalls in der Nacht auf den 24. März am Hauptbahnhof Konzernchef Richard Lutz um ein Treffen, weil DB-Sicherheitsmitarbeiter ukrainischen Geflüchteten aufgrund ihrer Zugehörigkeit zur Minderheit der Roma den Zugang zu einem Rückzugsraum untersagt haben sollen. Das stelle eine völlig inakzeptable und rechtswidrige Ungleichbehandlung dar, kritisierte der Zentralrat am Mittwoch.

Das persönliche Gespräch will Rose gemeinsam mit dem neuen Beauftragten der Bundesregierung gegen Antiziganismus, Mehmet Daimagüler, führen. Es soll darüber gesprochen werden, wie die Deutsche Bahn zukünftig sicherstellen könne, dass sich solche diskriminierenden Vorfälle nicht wiederholen und dass allen Geflüchteten aus der Ukraine die gleiche Unterstützung zukomme. Ein ähnlicher Vorfall wurde nach Zentralratsangaben vom Hauptbahnhof in Berlin berichtet. Der Verband habe daher die Sorge,

dass es sich nicht um einen Einzelfall handele, sondern dass die Ungleichbehandlung System habe. Bei den Vorwürfen aus Mannheim beruft sich der Zentralrat auf die Aussage einer Mitarbeiterin sowie weiterer ehrenamtlicher Helfer vor Ort. Andere aus der Ukraine vertriebene Menschen hätten dagegen unproblematisch Zugang zum Rückzugsraum erhalten.

Jetzt in Heidelberg untergebracht

Begründet wurde das Vorgehen damit, dass eine Gruppe Geflüchteter, die der Roma-Minderheit zugeordnet wurden, sich in der Vergangenheit in den Räumen nicht angemessen verhalten hätte. Nach Angaben des Zentralrats habe sich die betroffene Gruppe – vorwiegend Frauen und Kinder – jedoch ruhig und unauffällig verhalten. Sie wurde nach dem Vorfall auf eine Initiative in die Erstaufnahmestelle der Stadt Heidelberg gebracht, so der Zentralrat. Die Bahn bedauert, „dass es zu Missverständnissen gekommen ist". Ein Sicherheitsmitarbeiter habe sich persönlich entschuldigt. Kulturelle Vielfalt, Offenheit, Toleranz und Respekt seien Grundwerte des Konzerns. *kpl/dpa*

MANNHEIMER MORGEN

DAS WETTER

Freitag 22/9° C	Samstag 23/9° C	Sonntag 22/10° C
Wolkig, meist trocken	Meist gering bewölkt	Überwiegend freundlich

STADTAUSGABE

EX-ADLER ALS LAUDATOR
Marcus Kink zählt zur Prominenz beim SportAward ▶ Sport

mannheimer-morgen.de/wwh
„MM"-Kunstausstellung und Auktion mit
Manfred Fuchs: Berichte, Bilder und Videos

SENIORENTREFF NIMMT GESTALT AN
Im Stadtteil Vogelstang gehen die Träger neue
Wege bei Betreuung und Pflege Älterer ▶ Mannheim

FREITAG 6. MAI 2022 · 77. JAHRGANG · NR. 104   UNABHÄNGIGE TAGESZEITUNG   D 4624 · Preis: 2,50 €

„Wir wollen helfen": Manfred Fuchs spendet Kunstwerke

Ausstellung und Auktion

Mannheim. Gemeinsam mit der Prince House Gallery lädt diese Zeitung am 7. Mai zur Ausstellung „Licht – Farbe – Erlebnisse" mit Werken von Manfred Fuchs ein. Alle Erlöse aus den Verkäufen wie auch einer Auktion am 19. Mai kommen dem Hilfsverein „Wir wollen helfen" dieser Zeitung für wohltätige Zwecke zugute. Bis zum 30. Juni ist die Ausstellung zu sehen. In einer Sonderbeilage in dieser Ausgabe steht alles über den Künstler und sein Wirken, werden die zu ersteigernden Bilder gezeigt und erklärt, wie „Wir wollen helfen" arbeitet.

Als einen „Glücksfall für diese Stadt" bezeichnete Florian Kranefuß, Vorsitzender des Hilfsvereins und der Geschäftsführung der Haas Mediengruppe, Manfred Fuchs und dessen ehrenamtliches Engagement. Fuchs, einer der bekanntesten Unternehmer und 44. Ehrenbürger der Stadt, war sein ganzes Leben im Herzen Künstler. Gemeinsam mit Gemälden der letzten zwei Jahre präsentiert die Ausstellung auch eine Auswahl von Collagen des Künstlers aus alten Plakatabrissen, die er selbst einsammelt. Die Auswahl wird in der Ausstellung von rund 20 Kleinformaten ergänzt. red

▶ Sonderbeilage

Soll aufgegeben werden: Die Jonakirche in Mannheim-Blumenau ist auf der Vorschlagsliste für die Synode.
BILD: THOMAS TRÖSTER

Mannheim: Evangelisches Dekanat legt Liste mit Vorschlägen vor / Bestandsgarantie lediglich für zwölf der 32 Gotteshäuser

13 Kirchen bald geschlossen?

Von Peter W. Ragge

Mannheim. Die Evangelische Kirche in Mannheim will mittelfristig 13 ihrer 32 Kirchen ganz aufgeben. Für weitere sieben Gebäude wird nur noch der Bauunterhalt gezahlt, aber Umnutzungen seien „wünschenswert". Lediglich für zwölf Gotteshäuser gibt es eine Bestandsgarantie, wonach weiter aus Kirchensteuermitteln in sie investiert wird. Das geht aus einem Beschlussvorschlag für die Stadtsynode hervor, die an diesem Wochenende tagt.

Das Dekanat begründet dies mit drastisch rückläufigen Mitgliederzahlen und Kirchensteuereinnahmen sowie Corona-Mindereinnahmen. Daher hatte die Stadtkirchen-

Gravierender Sanierungsstau
Stadtdekan Ralph Hartmann verweist auf einen gravierenden Sanierungsstau von 22 Millionen Euro im Jahr 2025, dem aber nur ein Etat von sieben Millionen Euro gegenübersteht. Daher und wegen des hohen Gebäudebestandes, der rückläufigen Mitgliederzahlen gegenübersteht, könnten nicht mehr alle Kirchengebäude aus eigener Kraft finanziert werden.

bezirk bereits im November 2019 einen Baustopp für die Kirchen verhängt und im Mai 2020 beschlossen, einen Kirchenmasterplan aufzustellen, wie mit den Gebäuden in Zukunft verfahren wird. Dieser Prozess steht nun vor dem Abschluss.

„Was wir aufgrund günstiger ökonomischer Gegebenheiten geschaffen haben, können wir aufgrund veränderter ökonomischer Gegebenheiten auch aufgeben", verweist er auf den Kirchen-Bauboom der Nachkriegszeit. Kirchen seien „keine heiligen Räume", sondern das Werk von Menschen. Allerdings sei er sich bewusst, „dass das Wahnsinnsschmerzen erzeugt", so Hartmann. Ziel sei aber, „mindestens eine kirchliche Präsenz in jedem Stadtbezirk" aufrechtzuerhalten.

Im Vorfeld der Synode, die an diesem Wochenende die endgültige Entscheidung trifft, wurde jede der 32 Kirchen daraufhin untersucht, wie hoch laufende Kosten und Sanierungsbedarf sind, aber auch wie

stark sie frequentiert sind, ob es eine ökumenische oder multifunktionale Nutzung gibt oder künftig möglich ist. Von der Infrastruktur bis zur Identifikationswert und der baukulturellen Bedeutung wird der Kriterienkatalog. Danach werden die Gebäude in die Gruppen A (langfristig erhalten), B (nur noch kleiner Bauunterhalt) und C eingeteilt. In der letzten Rubrik, in die 13 Kirchen fallen, bleiben die Kirchen so lange geöffnet, bis sicherheitsrelevante Mängel auftreten. Zugleich sollen Umnutzung, Vermietung oder Verkauf geprüft werden. Auch einen Abriss könne er „im absoluten Notfall nicht ausschließen", so Hartmann.

▶ Bericht Mannheim

KOMMENTAR

Peter W. Ragge zur Schließung von Kirchen

Traurig, aber wahr

Das ist heftig: Von 32 evangelischen Kirchen haben in Mannheim nur zwölf eine langfristige Bestandsgarantie. Das tut weh – und ist doch erst der Anfang. Auch den Katholiken steht noch ein gewaltiger Schrumpfungsprozess bevor, und nach den Kirchen folgen weitere Abstriche bei Gemeindehäusern sowie bei den Pfarrstellen.

Für die Gläubigen ist das bitter. Kirchen sind Identifikationsorte. Sie stellen oft architektonisch sehr bedeutende, herausragende Bestandteile eines Vororts dar, manchmal über Jahrhunderte hinweg als deren prägender Mittelpunkt. Aber nicht allein ihre Gestalt als ein Ausrufezeichen Gottes im Alltag haben einen hohen Wert. Viele Menschen bleiben emotional eng mit Kirchenräumen verbunden, nachdem sie dort getauft, konfirmiert, getraut worden sind und weil sie dort unzählige Stunden mit ehrenamtlichen Engagement, von der Jungschar bis zum Seniorenkreis, verbracht haben.

Das alles soll nun geschlossen, verkauft, profan genutzt oder gar abgerissen werden? Dass dies zu Protesten vor Ort, zu Verletzungen und Frustration führt, ist absehbar und sehr verständlich.

Aber genauso verständlich ist, dass das Dekanat handeln muss. Wenn die Zahl der Kirchenmitglieder so stark sinkt wie zuletzt, kann eben nicht mehr die gleiche Infrastruktur aufrechterhalten werden wie vor 30 Jahren. Das ist traurig, aber logisch.

Das Dekanat hat sich diese Entscheidung keineswegs leicht gemacht. Der Prozess erstreckt sich jetzt über zwei Jahre, ist stets transparent und demokratisch sowie unter Einbeziehung der Basis geladen – bei den Katholiken wird da viel, viel mehr von oben verordnet als bei der Evangelischen Kirche.

Entscheidend wird sein, welche neuen Lösungen nun für die Gebäude gefunden werden. Gut wäre, da ja auch die Katholiken sparen müssen, wenn künftig pro Stadtteil wenigstens ein christliches Gotteshaus erhalten bleibt für gut funktionierende ökumenische Nutzungen gibt es ja bereits wenige, aber gute Beispiele. Auch die Kommunalpolitik sollte nicht nur Zuschauer sein, wie die Kirchen ihre Gebäude reduzieren, sondern gemeinsam mit ihnen die Wege dazu klären. Schließlich sind Kirchen über Gottesdienste hinaus stadtbildprägende Kristallisationspunkte gesellschaftlichen und kulturellen Lebens in vielen Vororten, und die braucht man in jedem Fall weiterhin. Wandeln wird sich das Bild vieler Kirche wie der Stadtteile in jedem Fall. Sehr bedauerlich ist das – aber einfach eine Folge davon, dass sich die Gesellschaft verändert hat.

Unternehmer und Künstler Manfred Fuchs mit einem seiner Werke. BILD: HENNE

Bundespräsident: Telefonat räumt Irritationen aus

Selenskyj lädt Steinmeier ein

Berlin. Wochenlang herrschte eine Art Eiszeit zwischen Berlin und Kiew. Doch jetzt scheint das Eis zu tauen: Bundespräsident Frank-Walter Steinmeier telefonierte am Donnerstag mit dem ukrainischen Präsidenten Wolodymyr Selenskyj. „Irritationen der Vergangenheit wurden ausgeräumt", teilte Steinmeiers Sprecherin Cerstin Gammelin anschließend mit. Selenskyj lud, wie es aus dem Bundespräsidialamt hieß, sowohl Steinmeier persönlich wie auch die gesamte Bundesregierung zu Besuchen nach Kiew ein.

Bereits am Abend kündigte Bundeskanzler Olaf Scholz (SPD) an. Außenministerin Annalena Baerbock (Grüne) werde „demnächst" in die Ukraine reisen. dpa

▶ Bericht Politik

ZI: Beamte bringen 2021 über 600 auffällige Menschen in Notaufnahme / Institut bat 100 Mal um Hilfe

Enger Austausch mit Polizei

Mannheim. Nach dem umstrittenen Polizeieinsatz, bei dem ein psychisch erkrankter Mann gestorben ist, erklärt das Zentralinstitut für Seelische Gesundheit (ZI) auf Anfrage dieser Redaktion: „Das ZI erlebt die Zusammenarbeit mit der Mannheimer Polizei insgesamt als sehr gut und hilfreich", so ein Sprecher. Seit Jahren arbeite man dennoch eng und vertrauensvoll zusammen. Polizisten und Polizistinnen unterstützten die Arbeit des ZI mit im Zusammenhang mit schwer oder akut erkrankten Patienten.

Laut ZI brachte die Polizei 2021 über 600 entsprechend auffällige Menschen in die Notaufnahme des ZI. Das ZI bat seinerseits in 100 Fällen die Polizei um Hilfe. In rund der Hälfte dieser Fälle ging es um Unterstützung bei der Deeskalation, in der anderen Hälfte um Personen, die zurückgeholt werden mussten. Besonders mit der nahe gelegenen H4-Wache

Das ZI arbeitet seit Jahren mit der Polizei Mannheim eng zusammen. BILD: BLÜTHNER

stehe man im engen Kontakt. Neben stetigen Treffen auf Leitungsebene hätten in den vergangenen vier Wochen 50 Beamte das ZI besucht. Die Treffen sind aber keine Schulungen, sondern dienen einem vertieften

Austausch zum Umgang mit Menschen in akuten psychischen Krisen, die selbst oder andere gefährden. lia

▶ Bericht Mannheim

Maimarkt: Besucherzahl deutlich niedriger

Aussteller zufrieden

Mannheim. Die meisten Aussteller sind nach Angaben der Veranstalter mit dem Verlauf des Maimarktes zufrieden. Zwar liegt die Besucherzahl zur Halbzeit mit knapp 100 000 deutlich unter den Vorjahren. „Für uns ist das dennoch mehr als erwartet", so Maimarkt-Chefin Stefanie Goschmann. Eine Prognose, ob die früher oft überschrittene Marke von 300 000 erreicht wird, wollte sie nicht abgeben. „Es wird auf jeden Fall nicht die Besucherzahl vor Corona, diese Erwartung hatten wir auch nicht", stellte sie klar. Wer komme, sorge bei den Firmen aber auch für Umsatz. Der Maimarkt, an dem nur 800 statt der üblichen 1400 Aussteller teilnehmen, dauert noch bis Dienstag, 10. Mai. pwr

▶ Berichte Mannheim

Schnell gefunden
Familienanzeigen   Seite 18
Fernsehprogramm   Seite 22

Abonnement-Service
Tel.: 0621/ 3 92-22 00
Fax 0621/ 3 92-14 00

E-Mail: Kundenservice@mamo.de
Mo.- Fr. 7-17 Uhr; Sa. 8-12 Uhr

Anzeigen-Service
Tel.: 0621/ 3 92-11 00
Fax: 0621/ 3 92-14 45

E-Mail: Anzeigen@mamo.de
Mo.- Fr. 8-17 Uhr

Service- und Ticketshop Mannheim im EG von Thalia
Tel.: 0621/ 3 92-1710   P 7, 22 (Planken)
Di., Mi, Do., Sa. 10-18 Uhr; Fr. 10-18 Uhr

5 0118
4 190462 402507

Samstag
21. MAI 2022

MANNHEIM

Von Eva Baumgartner

Käfertal? Trotz vieler schöner Bereiche nicht gerade der erste Gedanke, der Mannheimern bei der Wahl ihres Urlaubsziels in den Sinn kommt. Das Projekt FreiRaumLab möchte das ändern – und bietet „Urlaub in Käfertal" an. Mit Faulenzen unter schattigen Bäumen hat das wenig zu tun: „Unter Urlaub verstehen wir, etwas anderes zu machen, aus gewohnten Bahnen herauszutreten, neugierig zu sein", sagen die Organisatoren um die Urbanistin Sally Below, die das Projekt fachlich und konzeptionell begleitet. Schließlich gehe es um die Entwicklung des neuen Mannheimer Stadtquartiers Spinelli.

Die Piazza Spinelli spielt dabei eine zentrale Rolle. Sie ist ein Installations- und Ausstellungsprojekt, das sich dem Erforschen und Initiieren des städtischen Zusammenlebens, des Wissensaustauschs und des Teilens von Räumen widmet – quasi ein Prototyp künftiger Stadtentwicklung auf dem Gelände der Spinelli Barracks. Auf dieser Konversionsfläche entsteht derzeit die Bundesgartenschau (Buga) – als Teil des Grünzugs Nordost. Nach der Buga 2023 wird das Areal nicht nur zu einem öffentlichen Park, sondern auch zu einem neuen Stadtquartier. Der Stadtteil Käfertal-Süd wird erweitert: Hier wohnen künftig über 4000 neue Mannheimerinnen und Mannheimer.

Rundgang durch Käfertal

Um den Weg zu einem neuen Stadtquartier zu ebnen, soll die Piazza Spinelli helfen – als Open-Air-Ausstellung, die auf 31 Orte in Käfertal hinweist, die Stück für Stück gemeinschaftlich verbunden werden sollen. In gemeinschaftlichen Formaten sollen sich alltägliche Praktiken wie Versammeln, Sport treiben, Kochen oder Kaffee trinken mit Vorträgen internationaler Expertinnen und Experten zur Stadtentwicklung verbinden. „Ziel der Piazza Spinelli ist das disziplin- und institutionsübergreifende Schaffen einer neuen kooperativen Methodik zum konstruktiven Umgang mit bestehenden städtischen Situationen", erklären die Organisatoren.

Kooperation der Nachbarn

Das Netzwerk Spinelli FreiRaumLab ist quasi ein Übungsraum, in dem praktisch geprobt wird, wie eine Stadt entsteht und sich entwickelt. Die Mitwirkenden arbeiten daran, bestehende und neu entstehende Räume sowie Grünflächen zwischen dem Stadtteil Käfertal und dem Spinelli-Quartier nutzbar zu machen. Bei der Kooperation der beiden Nachbarn gehe es um das Teilen von Wissen von Ressourcen und von Raum. Bestehende Kirchen- und Gemeindräume, Sportanlagen oder

grüne Flächen sind ebenso Kern der Diskussion wie die neu entstehenden Gemeinschaftsräume der Wohngruppen, die auf Spinelli gebaut werden. Das Ziel des FreiRaumLabs, um diese Einrichtungen „eine neue, kooperative Gemeinschaft

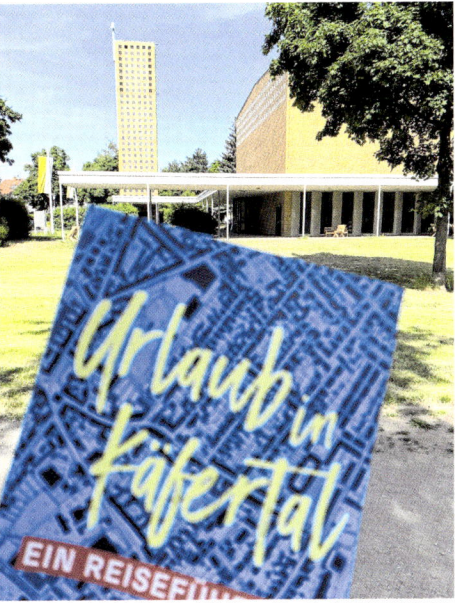

Auf der Piazza Spinelli an der Kirche St. Hildegard liegen die Reiseführer aus, mit denen Interessierte 31 Orte in Käfertal erkunden können, die bei der Verschmelzung des alten und neues Quartiers helfen sollen. BILD: EVA BAUMGARTNER

Übungsraum
für eine neue Stadt

Stadtentwicklung: Im Spinelli FreiRaumLab wird geprobt, wie sich ein Quartier entwickeln kann

entstehen zu lassen, kann eine Chance sowohl für die Kirche als auch für die Gemeindeeinrichtung sein", heißt es auf einem Ausstellungsplakat.

Projektträger des Spinelli FreiRaumLab sind die Stadt Mannheim,

hier die Projektgruppe Konversion. Und in diesem Netzwerk arbeiten bereits verschiedene Akteure mit: die katholische Kirchengemeinde Maria Magdalena mit der Kirche St. Hildegard und Im Rott mit der

Philippuskirche, der Turmverein 1880 Käfertal, der Caritas-Verband Mannheim mit dem Joseph-Bauer-Haus und dem Franz-Völker-Haus, die Wohngruppen NeighborWood, Oikos und WohnWerk sowie Anundo Wohnen & Service.

Weiße Räume

Für das Netzwerk sind Freiräume nicht nur Grün- und Erholungsflächen, sondern auch Räume, die in den einzelnen Gebäuden für neue Formen der Kooperation zur Verfügung stehen. „Viele von ihnen sind vielfältig nutzbar, sogenannte weiße Räume, die für alle Altersgruppen und ihrer Bedürfnisse geeignet sind. Dies sind im Bestand Kirchen- und Gemeinderäume, Bezirkssportanlage. Pflegeheim, Vereinssportflächen und Vereinsheim, Grünflächen und Wege sowie im Entstehen befindliche Orte wie die Gemeinschaftsräume der Wohngruppen, die auf Spinelli bauen", informiert das Netzwerk. Das grüne und gemeinschaftliche Zentrum auf Spinelli soll zu einem „beispielhaften Ort der kooperativen Wissenssammlung und -produktion für Mannheims Stadtgesellschaft" werden, an dem später auch weitere Einrichtungen wie beispielsweise die Grundschule ihren Platz haben.

Reiseführer liegt aus

Bis Mitte Juli ist auf der Piazza Spinelli jedenfalls Urlaub möglich – im Sinne einer Entdeckungsreise auf dem Weg zum neuen Mannheimer Stadtquartier. Die Open-Air-Ausstellung hängt noch bis 10. Juli im Stadtraum Käfertal. Mit einer Art Reiseführer, den man an der Piazza Spinelli erhält oder sich online herunterladen kann, können Interessierte auf Entdeckungsreise gehen und 31 Orte in Käfertal erkunden – vom Bunker Bäckerweg über den Stempelpark bis hin zum Mannheims ältesten Friedhof im Alten Postweg. Oder sie stoßen auch ganz zufällig beim Einkaufen oder Spazierengehen auf Plakate mit Hintergrundinformationen: Diese hängen an Laternenpfosten, in Schaufenstern oder an Zäunen. Reiseführer gibt es in der Infobox an der Piazza Spinelli (an der Kirche St. Hildegard), Dürkheimer Straße 88. Unterstützt bei der Entwicklung der Inhalte wurde das kuratorische Team übrigens vom Verein Käfertaler Geschichtswerkstatt.

Eine Sache ist den Machern auf dem Weg zum neuen Stadtquartier besonders wichtig: Dass die Installation zum Urlaub vor Erwartbaren oder von Vorteilen einladen soll. Es solle schließlich ein neuer Weg gegangen werden – nicht ohne bestehende Strukturen einzubeziehen.

Spinelli FreiRaumLab

- Das Netzwerk Spinelli FreiRaumLab will bestehende und neu entstehende (Frei-)Räume zwischen Käfertal Süd und dem neuen Quartier Spinelli **nachbarschaftlich und flexibel nutzbar** machen – auch mit neuen Wegen der Kooperation.

- Schon bei der Entwicklung des Rahmenplans Spinelli entwickelte die Projektgruppe Konversion unter dem Motto „**Quartier statt Siedlung**" mit örtlichen Institutionen sowie städtischen Fachressorts Leitbilder für das Quartier.

- Auf dem Weg zu **guter Nachbarschaft** arbeiten die katholische Kirchengemeinde Maria Magdalena, die Philippuskirche Käfertal, der TV 1886 Käfertal, der Caritas-Verband (Joseph-Bauer-Haus und Franz-Völker-Haus), drei Wohngruppen, die auf Spinelli bauen, und der Realisierer Anundo, der auf Spinelli Gebäude errichtet, zusammen.

- Neben der Multihalle und dem Stadtteilbibliothek-Neubau in N 2 ist das Vorhaben Mannheim mit **Gastprojekt der Internationalen Bauausstellung Heidelberg**. Noch bis 10. Juli lädt das FreiRaumLab auf die Piazza Spinelli zu Film und Vorträgen ein: Dienstag, 7. Juni: **Filmvorführung** zum Thema „Aufschrei der Jugend – Fridays for Future inside" (18 Uhr). Mittwoch, 8. Juni: „**Maker City**", Axel Timm, raumlabor, Berlin, mit Christopher Dell, ifit, Berlin. Mittwoch, 22. Juni: „**Losing my religion?** – Die Kirche als urbane Funktion", Prof. Stefan Rettich, Universität Kassel. Donnerstag, 30. Juni: „**Design a better world**", Vera und Ruedi Baur, Zürich. **Start und Treffpunkt** für die Vorträge: Philippuskirche, Dürkheimer Str. 25.

- Samstag, 21. Mai, 10 bis 13 Uhr: ökumenischer **Kinderbibeltag** (Philippuskirche, Helmut-Kbz-ekiba de). Sonntag, 22. Mai, 17 Uhr: ökumenischer **Gottesdienst mit Picknick** (Verpflegung ist mitzubringen, städtische Sportanlage hinter dem Gelände von St. Hildegard). Dienstag, 24. Mai, 20 Uhr: **Bürgergespräch** mit Diakonin Ute Mickel und Pastoralreferent Richard Link (Philippuskirche) zum Thema „Was macht Spinelli mit den Kirchen? Und was machen die Kirchen mit Spinelli?". *baum*

Weitere Informationen:
www.spinelli-freiraumlab.de

254

Bauwelt

Suche   Stellenmarkt   Wettbewerbe   Termine   Login

ARCHIV   RUBRIKEN   HEFT   BAUWELT-PREIS   EXTRAS   KONGRESS

campus

Übungsräume für die offene Gesellschaft – Perspektiven einer kooperativen Planungskultur
Einladung zum Stadtentwicklungssymposium Mannheim

Zurück

Datum 12.07.2023-13.07.2023
Location
Festhalle Baumhain im Luisenpark
Gartenschauweg 12
68165 Mannheim
Symposium
URL www.mannheim.de

Termin merken

Mo	Di	Mi	Do	Fr	Sa	So
					1	2
3	4	5	6	7	8	9
10	11	12	13	14	15	16
17	18	19	20	21	22	23
24	25	26	27	28	29	30
31						

JULI 2023

Anzeige

Am 12. und 13. Juli findet in der Festhalle Baumhain im Luisenpark Mannheim das Stadtentwicklungssymposium "Übungsräume für die offene Gesellschaft – Perspektiven einer kooperativen Planungskultur" und eine Review zu zehn Jahren Konversion von Militärflächen in Mannheim statt. Das Konzept des Symposiums wurde durch das Symposiumsmanagement sbca mit der Projektgruppe Konversion Stadt Mannheim entwickelt. Am 12. Juli werden Akteur:innen verschiedener Disziplinen, die an den Entwicklungen mitgewirkt haben, Herausforderungen und Ergebnisse dieser umfangreichen Stadtentwicklungsmaßnahmen beleuchten und reflektieren. Am 13. Juli sprechen internationale Forschende und Stadtmacher:innen über Wege des Stadt-Lesens, Stadt-Gestaltens, Stadt-Machens und die Transformation im Bestand sprechen. Die Teilnahme ist kostenlos, für den Zugang zum Luisenpark ist ein Ticket für die BUGA erforderlich. Es besteht im Rahmen des Symposiums die Möglichkeit auf ein Sonderticket für 15 €.
Anmeldung - auch nur für einen Tag des Programms - unter www.sbca.de/events

Süddeutsche Zeitung BEILAGE Freitag, 27. Oktober 2023
Reportage Bayern, Deutschland, München, Nord, Österreich Seite V2/15

Neulich in der Steppe

In den Ballungsräumen entscheidet sich, wie die Gesellschaft mit dem Klimawandel klarkommen wird. Besuch in Mannheim, einer Stadt, die bei der Planung neuer Quartiere erstaunlich viel richtig macht

75 Prozent Grünfläche: Das Neubauviertel Spinelli ist eines von mehreren Quartieren in Mannheim, die auf einem ehemaligen Kasernengelände entstehen. Insgesamt konnte die Stadt nach Abzug der Amerikaner 300 Hektar entwickeln. FOTO: BEN VAN SKYHAWK

Von Laura Weißmüller

teppe, mitten in Mannheim. In Blassgrün breitet sich die gigantische Freifläche schier endlos vor einem aus. Da steht kein Baum und auch kein Strauch. Erst in der Ferne zeichnen sich die Umrisse der Stadt ab. „Wir haben schon überlegt, ob wir eine Büffelherde hier reinstellen“, sagt Jens Weisener vom Baudezernat Mannheim halb im Spaß. Aber eben nur halb. Erstens, weil die endlose Weite wirklich ein wenig an die Kulissen alter Westernfilme denken lässt, in denen Cowboys die Büffelherden über die Steppe treiben. Und zweitens, weil die so spärlich bewachsene Fläche nicht allen gefällt. „Die Ödnis in einem Klimapark ist ein Problem“, sagt Weisener. Dabei ist sie entscheidend. Ein sogenannter Klimapark soll auch dafür sorgen, dass kühlere Luft in die Stadt reinzieht. Selbst pflanzliche Elemente wie höhere Büsche oder eben Bäume würden da nur stören.

Innovative Stadtplanung ist wie ein Puzzlespiel mit 1000 Teilen

Willkommen in der Stadtplanung des 21. Jahrhunderts, wo es nicht mehr nur darum geht, vielen Menschen ein Dach über dem Kopf zu verschaffen und dazu ein gut ausgebautes Straßennetz. Sondern wo die Anforderungen komplexer, ach was, schier unmöglich zu erfüllen sind – zumindest, wenn man nicht einfach den nächsten Neubauriegel hinklotzt. Denn bezahlbaren Wohnraum zu bauen, ist durch die vielen Krisen schwieriger denn je. Gleichzeitig muss Stadtplanung der Klimakatastrophe Rechnung tragen. Nicht nur um die miese Klimabilanz der Bauindustrie zu verbessern, sondern weil es sonst an vielen Tagen im Jahr auch hierzulande ungemütlich werden kann, Stichwort Hitzetage und Starkregenfälle. Außerdem muss ein neues Stadtquartier versuchen, sich in bestehende Strukturen einzufügen, alte und neue Nachbarschaften zu beleben und soziale Gräben zu überwinden. Klingt wie ein Puzzle mit 1000 Teilen? Ist es auch.

„Wir spüren viel Dankbarkeit“, hatte der Baubürgermeister Ralf Eisenhauer vorher gesagt, als man gemeinsam Richtung Steppe spazierte. Die war früher mal Militärfläche der Amerikaner, eingegrenzt von Nato-Draht und ausgewiesen mit Schildern, die „Vorsicht Schusswaffengebrauch“ warnten. Der Klimapark ist dabei nur ein kleiner Teil des ehemaligen US-amerikanischen Kasernengebiets. In Mannheim gibt es acht Konversionsflächen mit einer Größe von insgesamt mehr als 500 Hektar. Etwa 300 Hektar davon konnte die Stadt seit 2012 selbst entwickeln. „Eine historisch einmalige Chance“, so Eisenhauer.

Aus einem alten Güterbahnhof wurde die U-Halle, ein Ort für Veranstaltungen, Gastronomie – und Natur. FOTO: LUKAC-DIEHL; BUGA-23

Der Radschnellweg RS 15 verbindet die Neubauquartiere mit dem Zentrum. FOTO: MWSP

In der evangelischen Philippuskirche finden nicht nur Gottesdienste statt. FOTO: DANIEL LUKAC

Wie kann man bestehende Sportanlagen besser ausnutzen, damit mehr Menschen davon etwas haben? Darüber diskutieren sie auch bei der Bezirkssportanlage in Käfertal. FOTO: DANIEL LUKAC

Vor allem, wenn man daran denkt, wie viele Städte und Kommunen heute das Problem haben, keine öffentlichen Grundstücke mehr zu besitzen. Verkauft in Zeiten, in denen der Glaube vorherrschte, private Investoren könnten besser bauen, fehlen nun die Flächen, die es so dringend bräuchte. Ganz zu schweigen von den tristen Neubauquartieren, die man sich durch das Vertrauen auf private Investoren eingehandelt hat. „Als Stadt hat man nur einen Einfluss, wenn einem auch die Dinge gehören“, sagt die Pressereferentin des Baudezernats, Corinna Hiss. Auch das ist ein Grund, warum sich Deutschland mit der Bauwende so schwer tut.

Mannheim hat es da besser. Wobei die Stadt durchaus Angst vor riesigen Brachen hatte, als die Amerikaner abzogen. Ob es genügend private Investoren geben würde, um eine Fläche zu entwickeln, die so groß ist wie das Tempelhofer Feld in Berlin? Es gab sie, aber was noch viel eindrucksvoller ist: Die Stadt Mannheim traute sich zu, die Flächen selbst zu entwickeln. Was mit der Zeit immer besser klappte, wenn man sich die Quartiere mit so wohl klingenden Namen wie Turley, Franklin und Spinelli heute anguckt. „Wir mussten auch lernen“, sagt Weisener, der als stellvertretender Leiter der Projektgruppe Konversion die Lernkurve unmittelbar mitgeprägt hat. Zum Beispiel vom „Planeten Tübingen“. Die Metropole gilt seit Jahrzehnten als Vorreiter in puncto ökologischer Stadtentwicklung. Aber eben auch, wie viel man als Stadt vorgeben muss, damit es am Ende ein lebendiges Viertel wird. Spoiler: sehr viel.

Was sofort nach Spinelli führt, dem neuesten Quartier unter den umgewandelten Kasernenflächen. Wobei: Zumindest kurz sollte man auf der alten Kirchbank der evangelischen Philippuskirche Platz nehmen. Der Bau aus den Sechzigerjahren wurde vor einigen Jahren behutsam und durchaus elegant saniert. Jetzt können hier neben Gottesdiensten auch andere Veranstaltungen stattfinden. Trotzdem ist nicht klar, ob die evangelische Landeskirche diese Kirche nicht doch aufgibt. Das gleiche Schicksal könnte der katholischen St. Hildegard-Kirche blühen, ein ebenso eindrucksvoller wie großer Bau auf der anderen Straßenseite. Die Zahl der Mitglieder der beiden deutschen Großkirchen befindet sich auch in Mannheim im Sinkflug.

Dabei gehört der Bezirk Käfertal, in dem beide Kirchen stehen, zu den am stärksten wachsenden Stadtteilen Deutschlands. Schlicht weil hier mit Spinelli und Franklin gleich zwei neue Quartiere auf ehemaligen Militärflächen entwickelt werden, mit Tausenden neuen Bewohnern. Bedarf an öffentlichem Raum, an Sportanlagen und Begegnungsstätten, an denen sich vielleicht auch die alte Nachbarschaft mit der neuen mischen kann, ist also da. Womit Sally Below ins Spiel kommt. Die Urbanistin berät die Stadt Mannheim bei ihrem Transformationsprozess. Sie fand es beeindruckend, wie viele Workshops die Stadt allein für das neue Spinelli-Quartier veranstaltete. Vom Thema Kaltluftschneise und Biodiversität bis hin zu Erbbaurecht. Das Beste daran: „Alle saßen dabei an einem Tisch.“ Neben den beiden Kirchen waren das auch der Sportverein, der Caritas-Verband, die Stadt sowieso und dazu noch Vertreter der neuen Bewohnern aus dem Neubauquartier. Um zu gemeinsamen Lösungen zu kommen, schloss man sich zum Netzwerk Spinelli FreiRaumLab zusammen.

Die Treffen haben etwas ins Rollen gebracht. Bei der evangelischen Kirche zeichnet sich eine ökumenische Nutzung ab. Für das katholische Pendant ist zumindest eine Nachnutzung als Ausbildungszentrum im Gespräch. „Durch eine intensive Bespielung kann man sich Neubauten sparen“, sagt Sally Below. Auch das ist Nachhaltigkeit, nicht nur im ökologischen Sinne, sondern auch sozial: Nutzungen zu mischen, die Zeiten, in denen ein Gebäude oder ein Sportplatz in Gebrauch ist, auszudehnen und so auch unterschiedliche Menschen zusammenzubringen.

Im neuen Quartier wurden alle Grundstücke nur im Konzeptverfahren vergeben

Und damit zurück zur Steppe. Der Klimapark war Teil der gerade zu Ende gegangenen Bundesgartenschau in Mannheim, weswegen am Rand noch die farbenprächtigen Beete blühen und die für jede Buga offenbar obligatorischen Pavillons herumstehen. Ansonsten ist man in Mannheim eher pragmatisch an die Buga gegangen. Mannheim richtete 1975 seine letzte Bundesgartenschau aus. Mit der Buga im Rücken gibt es deutlich mehr Fördermittel, außerdem kann man ambitionierte Zeitpläne einhalten, schließlich naht ein Eröffnungstermin. Auf der Steppe zum Beispiel herrschte 2020 noch das Gegenteil von Ödnis. Die Amerikaner hatten ihre Hallen zurückgelassen. Fast alle wurden für die Buga in rasantem Tempo abgerissen, das Areal anschließend entsiegelt.

Nicht so die U-Halle – zum Glück. Denn das Berliner Büro Hütten & Paläste Architekten konnte hier zeigen, wie man den unterschiedlichen Phasen eines Rückbaus etwas abgewinnen kann. Für die Buga wurde der U-förmige ehemalige Güterbahnhof mit seiner irrsinnigen Länge von 700 Metern zunächst ein bisschen zurückgebaut und als Ausstellungsfläche genutzt. Jetzt, nach weiterem Rückbau, gibt es immer noch genügend Flächen für Gastronomie und Ausstellungen, aber eben in dem Maße, wie es hier noch Sinn ergibt.

Der Umgang mit der alten Halle war dabei so beispielhaft, dass die U-Halle bereits für den „Deutschen Nachhaltigkeitspreis Architektur 2024“ nominiert ist. Mit ausdrücklichem Hinweis der Jury auf den „Mut der auftraggebenden Stadt Mannheim (…), die trotz überschaubaren Budgets die Herausforderung der Bestandsnutzung angenommen hat“. Mut hat Mannheim aber nicht nur bei der Buga bewiesen – in deren Windschatten die Stadt auch den ersten innerstädtischen Radschnellweg von Mannheim nach Darmstadt initiiert hat –, sondern vor allem auch bei der Vergabe der Grundstücke für das Spinelli-Quartier.

Herausgekommen ist ein auffallend kompaktes Stück Stadt, auf dem die unterschiedlichen Funktionen eng miteinander verknüpft sind. „75 Prozent von Spinelli bleiben grün, da braucht es Dichte in den restlichen 25 Prozent“, sagt Weisener. Warum die Dichte hier trotzdem angenehm wirkt, dürfte an den sehr unterschiedlichen Haustypen liegen und vor allem daran, wie sie über die grünen Innenhöfe und Plätze miteinander verwoben sind. Die Mischung hat vor allem damit zu tun, dass die Stadt auch kleinere Grundstück im Konzeptverfahren mit klaren Vorgaben – 30 Prozent preisgünstiger Mietwohnraum ab zehn Wohneinheiten – vergeben hat. Beim Konzeptverfahren bekommt das Projekt, das die beste Nutzung für einen Ort verspricht, das Grundstück. Das ist zwar laut Weisener „sehr aufwendig zu organisieren“, hilft jetzt aber bei der Mischung – der Grundvoraussetzung für ein lebendiges Quartier. „Wir wollen hier eine Ungleichzeitigkeit erzeugen“, sagt der Stadtplaner. Also nicht nur jungen Familien mit Kindern, die dann gleichzeitig alt werden, sondern von Anfang an Studierende und Best-Ager nebeneinander. Kann das funktionieren? „Wir wagen das Experiment.“

Ökologisch ist das Quartier anspruchsvoll. Sichtbar aber wird das erst mal nicht. „Das Interessante findet eigentlich im Untergrund statt“, sagt Katja Uster von MWSP, einem Unternehmen der Mannheimer Wohnungsbaugesellschaft GBG, das für die Entwicklung der Konversionsflächen gegründet wurde. Uster erklärt, wie das Quartier als Schwammstadt funktioniert, wo größere Wasserspeicher für Bäume entstehen und wie der komplette Niederschlag lokal versickert.

Und schließlich: die Parkplätze. Da man Tiefgaragen vermeiden wollte, hat man einen Quartiersplatz geschaffen, „wo alles zusammenläuft“, so Uster. Hier findet sich der Platz fürs Auto, der große Supermarkt, aber auch die Schule, die gerade fertig wird, und die Haltestelle für Bus und Tram. Weswegen beim Mobilitätskonzept auch an den Bollerwagen gedacht wurde, der von den Bewohnern für die Wochenkäufe ausgeliehen werden kann. Wer hier lebt, soll sich ganz offensichtlich auch hier bewegen. Weiter als 200 Meter ist es von den Wohnhäusern zum Quartiersplatz aber auch nicht.

Das alles zeigt: Innovative Stadtentwicklung hört nicht bei der Wahl von ökologischem Baumaterialien oder dem Einsatz von Photovoltaikanlagen auf, sondern greift auf vielen Ebenen in die Planung ein. Die Entwicklung einer Idee, wie ein altes Kirchengebäude weiter genutzt werden kann, kann genauso dazu gehören wie die Bereitstellung eines Bollerwagens. In Mannheim sind sie dabei, das zu begreifen. Ganz im Ernst.

Gemeinde St. Hildegard Käfertal-Süd

Grundlegende Informationen der Gemeinde St. Hildegard im Hinblick auf einen möglichen Verkauf des Standortes

Gemeindeteam St. Hildegard

10. Januar 2024

Tabelle 1.1: Vergleich der grundlegenden Daten der einzelnen Gemeinden, basierend auf [1] und Kapitel 1.

Gemeinde	St. Hildegard	St. Laurentius	Zwölf Apostel	St. Peter und Paul	Christ König	St. Peter	gesamte SE	ganz MA
Fläche des Gemeindegebietes in km²	2.14	6.51	3.47	5.64	7.11	5.89	30.79	162.41
Einwohnerzahl	9139	13247	12371	14478	7994	9311	66540	333163
Anzahl an Katholiken	237	3202	3461	3715	2231	2653	17636	85537
Abnahme der Katholiken in Person/Jahr	-22.91	10.66 (ohne Franklin: -25.44)	-69.11	-56.28	-11.39	-4.94	-151.67	-993.67
Anteil Katholiken in %	26.3	24.2	28.0	25.7	27.9	28.5	26.5	25.7
Männeranteil in %	49.3	46.4	48.5	48.2	49.5	48.6	48.2	49.7
Frauenanteil in %	50.7	53.6	51.5	51.8	50.5	51.4	51.8	50.3
Gottesdienstteilnehmer Mittel über die Jahre 2004-2021	179.6	197.388	306.33	220.89	181.61	223.78	1312.61	8559
Abnahme der Gottesdienstbesucher (2004-2021) in Person/Jahr	-11.78	-13.94	-18.33	-12.78	-15.89	-16.22	-80.83	-461.28
Abnahme der Gottesdienstbesucher (2004-2019) in Person/Jahr	-6.56	-10.69	-6	0.625	-10.75	-11.125	-34.75	-245.94
Anzahl Gottesdienstbesucher im Jahr 2021	38	9	20	36	14	28	145	2580
Anteil Gottesdienstbesucher an Katholiken im Jahr 2021 in %	1.60	0.28	0.58	0.97	0.63	1.06	0.82	3.02
Anzahl Gottesdienstbesucher im Jahr 2019	45	89	254	276	128	152	1045	6948
Anteil Gottesdienstbesucher an Katholiken im Jahr 2019 in %	5.75	3.24	7.00	7.08	5.49	5.46	5.84	7.67
Durchschnittsalter der Katholiken in Jahren	46	44	51	49	49	48	48	47
Jugendanteil in %	10	13	12	12	14	16	13	10
Altenanteil in %	22	21	33	30	30	28	28	25
Anteil der pot. Erwerbstätiger Katholiken in %	68	66	55	58	56	56	60	65
Jugendanteil der Gesamtbevölkerung in %	17	18	16	15	17	18	17	16
Altenanteil der Bevölkerung in %	16	19	29	23	21	21	22	19
Anteil pot. Erwerbstätiger Einwohner in %	67	63	55	61	62	62	61	65
Ausländeranteil in %	20.79	16.28	14.36	9.11	7.29	9.79	12.9	23.12

Kapitel 1. Vergleich der grundlegenden Zahlen der einzelnen Gemeinden der
Seelsorgeeinheit Maria Magdalena Mannheim 5

Tabelle 1.2: Entwicklung der Zahlen von St. Hildegard mit dem Neubaugebiet Spinelli,
basierend auf [1] und Kapitel 1.

Gemeinde	St. Hildegard	Hochrechnung Spinelli	Prognose St. Hildegard
Fläche des Gemeindegebietes in km²	2.14	2.14	2.14
Einwohnerzahl	9139	5000	14139
Anzahl Katholiken	2374	1284	3658
Anteil Katholiken in %	26.0	25.7	25.9
Männeranteil in %	49.3	49.7	49.4
Frauenanteil in %	50.7	50.3	50.6
Anzahl im Jahr 2021	38	39	77
Anteil Gottesdienstbesucher an Katholiken im Jahr 2021 in %	1.60	3.02	2.10
Anzahl im Jahr 2019	145	98	243
Anteil Gottesdienstbesucher an Katholiken im Jahr 2019 in %	5.75	7.67	6.66
Durchschnittsalter der Katholiken	46	47	46.35
Jugendanteil in %	10	10	10.00
Altenanteil in %	22	25	23.05
Anteil der pot. erwerbstätiger Katholiken in %	68	65	66.95
Jugendanteil der Gesamtbevölkerung in %	17	16	16.65
Altenanteil der Bevölkerung in %	16	19	17.06
Anteil pot. erwerbstätiger Einwohner in %	67	65	66.29
Ausländeranteil in %	20.79	23.12	21.61

2. Erweiterung des Stadtteils durch das Neubaugebiet Spinelli

Im Rahmen der Umgestaltung des ehemaligen amerikanischen Militärgelände Spinelli Barracks wird der Stadtteil Käfertal-Süd erweitert. Etwa 4500-6000 Menschen werden neue Bewohner des Stadtteils. Die Stadt Mannheim geht in ihrer Bevölkerungsprognose von einem langfristigen Wachstum der Einwohnerzahl des Stadtteils Käfertal-Süd von 16,8 % aus [3]. Das Maximum wird im Jahr 2027 erwartet. In Abbildung 2.1 ist diese Entwicklung graphisch dargestellt.

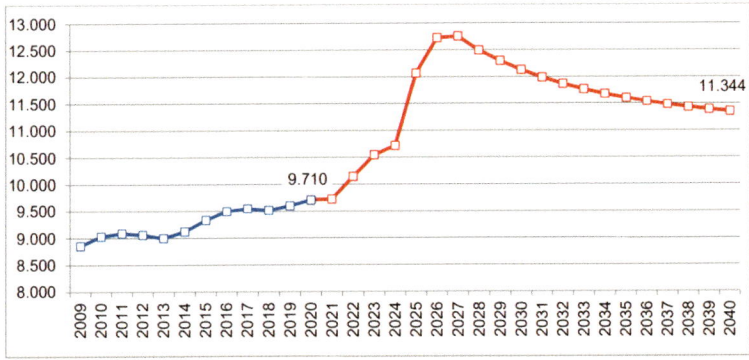

Abbildung 2.1: Bevölkerungsentwicklung und Prognose in Käfertal-Süd bis 2040 aus [3].

Dieser Zuzug bietet Potential zur Stärkung des Standortes der Kirche vor Ort. Der Rahmenplan [2] der Stadt Mannheim sieht die beiden Kirchen, St. Hildegard und Philippus als Orte mit wichtiger öffentlicher Funktion, da diese nachbarschaftliche Treffpunkte für die Gemeinde und die Bewohner des Stadtteils sind. Beide Kirchen übernehmen mit ihren Kindergärten/Kindertagesstätten eine wichtige Aufgabe.

Am Rahmenplan haben Daniel Kunz und Barbara Kraus als Experte*in in Fachwerkstätten mitgearbeitet [2]. Barbara Kraus wird wie folgt zitiert: „Ich sehe in der Neugestaltung von Spinelli eine große Chance für den Stadtteil Käfertal-Süd/Im Rott. Durch die geplante Bebauung werden Lücken geschlossen, die bisher eher zu einer Trennung als zu gesellschaftlichem Miteinander geführt haben. In den Plänen für den Quartiersplatz mit Grundschule, Kindertagesstätte und einem Nahversorger sehe ich eine von vielen Möglichkeiten, damit sich Menschen hier begegnen können. Im Gegensatz zum Gelände Franklin besteht auf Spinelli die Situation, dass man an bestehende Strukturen anknüpfen kann. Durch die

Abbildung 2.2: Begrüßungspost an die neuen Bewohner von Käfertal-Süd/Spinelli (gestaltet von Silke Ostermeier).

gute Mischung von alteingesessenen und neu zugezogenen Bewohnerinnen und Bewohner des Stadtteils kann ich mir gut vorstellen, dass es eine Willkommenskultur geben wird."

Diese von Barbara Kraus prognostizierte Begrüßungskultur wird gerade aufgebaut. Es gibt eine Gruppierung aus Mitgliedern der Gemeinden St. Hildegard und Philippus und Vertretern des Turnvereines 1880 Käfertal e.V., die ein gemeinsames Begrüßungskonzept erarbeitet hat. Die Begrüßung der neuen Bewohner startet Ende April unter dem Motto „Willkommen im Süden" (siehe Abb. 2.2).

Die Planung der Stadt steht unter dem Motto „Stadt weiterbauen". Hierfür wird auf bestehende Strukturen zurückgegriffen, „indem die bestehenden übergeordneten Achsen und Bezüge weitergeführt und gestärkt werden" [2]. Hierfür sollen auch die beiden Kirchen bauliche Akzente setzen und Orientierung bieten. Diese tragen zudem zur Identitätsbildung des neuen Stadtquartiers bei. [2]

Wichtig für einen Stadtteil ist ein soziales Zentrum. Hierfür wird unter dem Motto „Stadt weiterbauen" weitere noch benötigte Einrichtungen in das bereits bestehende Netz aus Einrichtungen der katholischen Kirche St. Hildegard, der evangelischen Philippuskirche, dem Pflegeheim Joseph-Bauer-Haus und dem Turnverein 1880 Käfertal e.V. ergänzt. Das bereits bestehende Netz bildet das Fundament des Stadtteils und ist daher wichtig für alles, was jetzt neu hinzukommt. Ein Treffpunkt für Jung und Alt, für Alt und Neu kann die Kirche sein, die mit niederschwelligen Angeboten einen Beitrag zum Zusammenwachsen leisten kann. Zusätzlich dazu ergibt sich die Möglichkeit sich inhaltlich stärker aufzustellen und das Angebot zu erweitern. Durch neue Menschen ist Wachstumspotential vorhanden. Dieses Potential ist in Tabelle 1.2 dargestellt. Für die Kirche St. Hildegard ergibt sich unter der Annahme eines Zuzuges von 5000 Personen mit dem Abbild der Mannheimer, eine

Verdopplung in der Anzahl an Gottesdienstbesuchern. Viele der Häuser sind Wohnprojekte, die sich bereits als Gruppe organisiert haben, um das Projekt zu realisieren und, die sich auch vor Ort im Stadtteil engagieren möchten, nach Aussage der Teilnehmer im Spinelli Freiraum Lab.

Der Stadtteil kann jedoch nur wachsen und davon profitieren, wenn die vorhandenen Strukturen gepflegt und gestärkt werden. Da ansonsten niemand, weder die Alteingesessenen noch die neu Hinzugezogenen, gegenseitig profitieren können, und ein Nebeneinander statt ein Miteinander entsteht. Die Stadt Mannheim bezeichnet die Gemeindearbeit vor Ort als sehr wertvoll. Spinelli bringt Wachstumspotential für die Gemeinde St. Hildegard. Dadurch, dass der Stadtteil wächst, steigt sehr wahrscheinlich auch die Anzahl an Katholiken. Es wird damit gerechnet, dass vermehrt Familien nach Spinelli ziehen. Durch erwerbstätige Menschen steigt auch das der Gemeinde zustehende Budget, mit welchem die Arbeit vor Ort gestärkt werden könnte.

Ein Verkauf der Kirche St. Hildegard steht im Widerspruch zur städtebaulichen Planung der Stadt Mannheim.

ENTWURF

Kooperationsvereinbarung

Die nachstehend genannten Einrichtungen und Akteur:innen

- Stadt Mannheim,
  vertreten durch...

- evangelische Gemeinde Käfertal und im Rott,
  vertreten durch...

- römisch-katholische Kirchengemeinde Maria Magdalena Mannheim,
  vertreten durch...

- TV 1880 Käfertal e. V.
  vertreten durch...

- Caritasverband Mannheim,
  vertreten durch...

- Spinelli Grundschule,
  vertreten durch...

- Genossenschaft Oikos eG,
  vertreten durch...

- Genossenschaft WohnWerk,
  vertreten durch...

- Baugruppe NeighborWood,
  vertreten durch...

- Entwicklungsgesellschaft Anundo Wohnen & Service,
  vertreten durch...

- Spinelli FreiRaumLab als Netzwerk,
  vertreten durch...

hier Netzwerkpartner:innen genannt, beschließen folgende Kooperation:

1. Gegenstand der Kooperationsvereinbarung

Gegenstand der Kooperationsvereinbarung ist die Entwicklung und Gestaltung eines neuen grünen und sozialen Zentrums auf dem Areal zwischen dem Stadtteil Käfertal und dem neuen Quartier Spinelli im Rahmen der derzeitigen institutionsübergreifenden Zusammenarbeit im Spinelli FreiRaumLab. FreiRaum bedeutet im Sinne des Netzwerks die Räume der beteiligten Akteur:innen ebenso wie öffentliche Grün- und Erholungsflächen im Umfeld.

Die Entwicklung des Areals wird seit dem Jahr 2021 von den unterzeichnenden Kooperationspartner:innen und der Stadt Mannheim auf der Grundlage des vom Gemeinderats der Stadt Mannheim beschlossenen Rahmenplans Spinelli umgesetzt.

Oberstes Anliegen und Selbstverständnis ist es, zur Etablierung des neuen grünen und sozialen Zentrums Wissen, Ressourcen und Räume zu teilen. Hierfür wird ein Konzept für die flexible Nutzung der vorhandenen Räume und zur Durchführung von Raumprogrammen entwickelt, das in den beteiligten Institutionen verhandelt werden kann. Zur Umsetzung des Konzepts soll das bestehende Netzwerk in eine langfristig tragfähige und selbstständig agierende Trägerstruktur übergehen.

Mit diesem innovativen Ansatz war das Spinelli FreiRaumLab eines von drei Mannheimer Gastprojekten der Internationalen Bauausstellung (IBA) Heidelberg 2022, die das Motto „Wissen schafft Stadt" führte.

Leitbild ist hierbei die These des IBA-Kuratoriumsmitglieds Dr. Karl-Heinz Imhäuser, dass Städte „Kommunale Wissens-Schaffens-Zentren" benötigen. Sie sind Orte hybrider Überlagerung bisher institutionell und räumlich getrennter Aufgaben, Rollen und Funktionen.

Die Ergebnisse der institutionsübergreifenden Kooperation und der Erprobung innovativer Ansätze der Quartiersentwicklung sollen für andere Kommunen und Institutionen nutzbar gemacht werden. Die Kooperationsstruktur verfolgt dabei den Anspruch, über die konkrete Situation vor Ort hinaus beispielhaft zu sein – ein Prototyp, der auch auf andere Netzwerke und Stadträume übertragen werden kann.

Die Unterzeichnenden erklären mit ihrer Unterschrift ihre verbindliche Beteiligung an der weiteren Entwicklung des Spinelli FreiRaumLabs zu einer dauerhaften Organisationsstruktur.

2. Zielsetzungen der Kooperation

Gemeinsames Ziel ist das Erschließen von Raumpotenzialen im Bestand. Dabei sollen die Räume für ein soziales, lebensnahes und inklusiv angelegtes Miteinander für die alten und neuen Bewohner:innen Käfertals geöffnet werden, flexibel zur Verfügung stehen und konsumfrei nutzbar sein. Hier stehen die Menschen, ihre Bedürfnisse und ihre konkrete Lebenswelt im Mittelpunkt des Handelns.

Das Netzwerk soll in seiner Struktur dafür so ausgebaut und gestärkt werden, dass es nach der derzeitigen Entwicklungsphase in eine Erprobungsphase übergeht und im weiteren in der Lage sein wird, die Kooperationsziele in einer Konsolidierungsphase langfristig umzusetzen und zu verstetigen.

Die erarbeitete Organisationsstruktur soll in der Form handlungstähig sein, als dass sie das Raum- und Ressourceteilen für alle Parteien kooperativ möglich macht. Eine Nach- und Umnutzung von Räumen wird hierbei mitgedacht und konzeptionell bearbeitet.

Die Zusammenarbeit geschieht in folgenden Arbeitsschwerpunkten:

- die interne Stärkung des Spinelli FreiRaumLabs
- die Erbeitung von Handlungsoptionen und Szenarien für die Entwicklung der Räume
- die Entwicklung eines Konzepts für das Raumteilen, d.h. Organisationsstruktur, Verwaltungstools, Finanzierung, Partnermodelle, Fördermöglichkeiten, Betrachtung von Chancen und Risiken
- die Ansprache und Einbeziehung von Entscheider:innen in Politik, Verwaltung und Institutionen
- die Weiterentwicklung der Installation „Piazza Spinelli" als öffentlichen Raum des Erprobens, Begegnens und Experimentierens
- die Dokumentation und Nutzbarmachung der Erkenntnisse der Zusammenarbeit

- die Thematisierung von kooperativen Herangehensweisen und nachhaltigen Strategien für den Umbau unserer Städte in der Öffentlichkeit

Das Spinelli FreiRaumLab spricht dabei folgende Adressat:innen an:

- die Menschen in den Institutionen, deren Vertreter:innen im Netzwerk mitarbeiten
- die Vertreter:innen der Verwaltungsressorts, die beteiligt sind und sein werden
- die Politiker:innen, die inspirierende Konzepte von Kooperation fördern sollen
- die Nachbar:innen in Käfertal, die konkrete Raum- und Programmangebote bekommen
- die Menschen in Käfertal und Mannheim, die Räume für gemeinschaftliche Aktivitäten suchen und nutzen wollen
- die breite Bürgerschaft, die das Netzwerk als gutes Beispiel von sozialem Miteinander wahrnehmen sollen
- die Fachöffentlichkeit, die eine neue Methodik zum Umgang mit bestehenden städtischen Situationen und Ansätzen einer neuen Planungskultur verfolgen kann
- die Medien als Multiplikator:innen

3. Form der Zusammenarbeit

Die Netzwerkpartner:innen verpflichten sich zu einer offenen und wertschätzenden Zusammenarbeit.

Es ist den Netzwerkpartner:innen bewusst, dass es schwierige Situationen und Aushandlungsprozesse geben kann. Wichtig ist es deshalb, dass die besonderen Bedarfe und Bedürfnisse aller Netzwerkpartner:innen gleichwertig behandelt werden. Entscheidungen über das Gesamtnetzwerk und über Projekte, die das Gesamtnetzwerk durchführen will, erfolgen im Konsens und werden von allen Beteiligten gleichermaßen für alle verantwortet und getragen. Projekte der einzelnen Einrichtungen bleiben unberührt.

Das Netzwerk ist die notwendige Basis für die kooperative Entwicklung des Konzepts und die programmatische Gestaltung der Räume. Dafür stellen die beteiligten Einrichtungen und Organisationen entsprechende Ressourcen bereit.

Die Stadt Mannheim wird alle Anstrengungen des Netzwerks zur Schaffung der Organisationsstruktur unterstützen, fördern und die Ergebnisse der Konzepte und Raumplanungen mit erarbeiten und im Rahmen ihrer Möglichkeiten bei der Planung von Ausstattungen, Gebäuden und Grundstücken berücksichtigen.

4. Dauer der Kooperationsvereinbarung

Diese Vereinbarung tritt mit dem Tag der Unterzeichnung in Kraft.

Im Fall von Unstimmigkeiten, der Unzufriedenheit einer oder mehrerer Netzwerkpartner:innen werden unverzüglich Gespräche aufgenommen. Führt dieser Dialog nicht zu einer Einigung, obliegt es dem/der jeweiligen Netzwerkpartner:in, die Vereinbarung schriftlich zu kündigen. Die Vereinbarung der übrigen Netzwerkpartner:innen wird durch das Ausscheiden der kündigenden Partner:innen nicht berührt.

Mannheim, den ………

…….

EINE SITUATIONS-ANALYSE

KURZURLAUB IN KÄFERTAL

projektbüro, Hamburg

NOTATIONEN
KÄFERTAL,
MANNHEIM

Zwei Tage Situationsanalyse in Käfertal. Vom 30. Juni bis zum 2. Juli 2022 waren wir nach Mannheim eingeladen, um im Rahmen des Spinelli FreiRaumLabs den Stadtteil Käfertal zu erkunden. Das machen, was wir so oft machen, was uns mit Christopher Dell in der Vergangenheit an Orten und Einrichtungen zusammengebracht hat. Das Spinelli FreiRaumLab setzt sich mit folgender Frage auseinander: Wie wird Wissen in unserer urbanen Gesellschaft produziert?
An den Tagen, an denen wir da sein werden, wird es einen Vortrag geben von Vera und Ruedi Baur, zum Abschluss vor Ort ein Sofagespräch über unsere Verfahrensweise und in der Postproduktion einen Besuch von Christopher Dell bei uns im Büro. Herauskommen soll eine Notation. So weit unser *Briefing* vorab.

Vor Ort haben wir eine Situationsanalyse (als Schnellversion) gemacht. Dabei geht es uns darum, die Stadt in ihrer Gewordenheit ernst zu nehmen und sichtbar zu machen. Das, was bereits da ist, als Ausgangspunkt zu verstehen. Welche Orte prägen Käfertal? Wie sind sie baulich beschaffen? Welche Akteure prägen diese Orte? Was sind ihre spezifischen Handlungs- und Gebrauchsweisen?
Mit der Methode der Situationsanalyse richten wir unsere Werkzeuge der Architektur und Stadtplanung nicht auf die Zukunft, sondern in einer Serie räumlicher Analysen auf das Hier und Jetzt.

Mannheim-Käfertal:

Aufnahme in zwei Tagen, ein erstes Bild über die Zwischenstadt Käfertal, eine Art Blaupause für jeden beliebigen Ort, Käfertal als Folie für die Zwischenstadt. Als Grundlage für die Notation nutzen wir die Situationsanalyse als Methode. Als Methode,

— um mit der Offenheit oder Unbestimmtheit umzugehen, und darüber hinaus diese auch zu ermöglichen,

— um Offenheit lesbar zu machen,

— um einen Ort systematisch aufzunehmen,

— um einen Ort zu verstehen, und

— um Dichte über Masse zu produzieren.

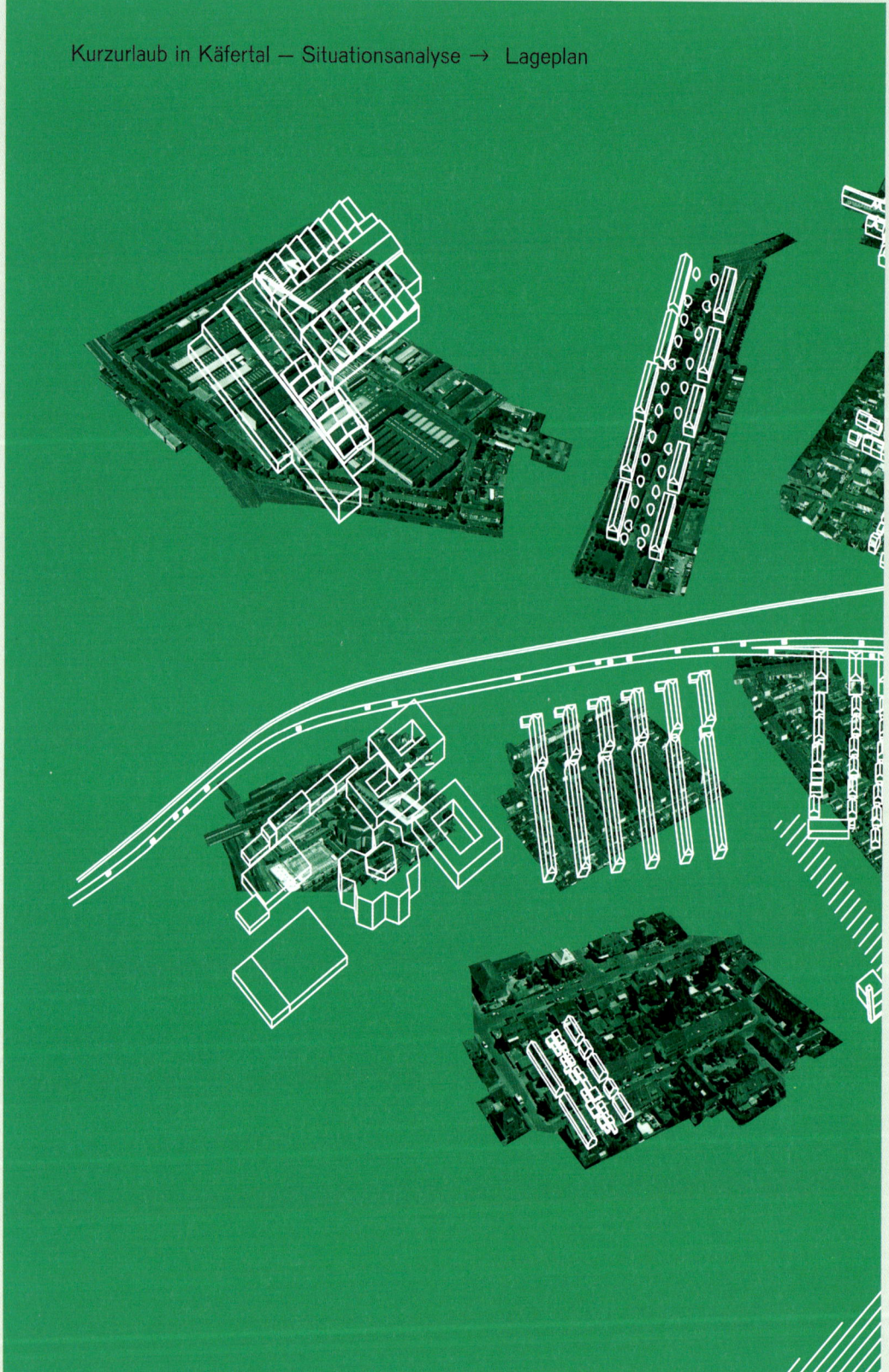

Kurzurlaub in Käfertal — Situationsanalyse → Lageplan

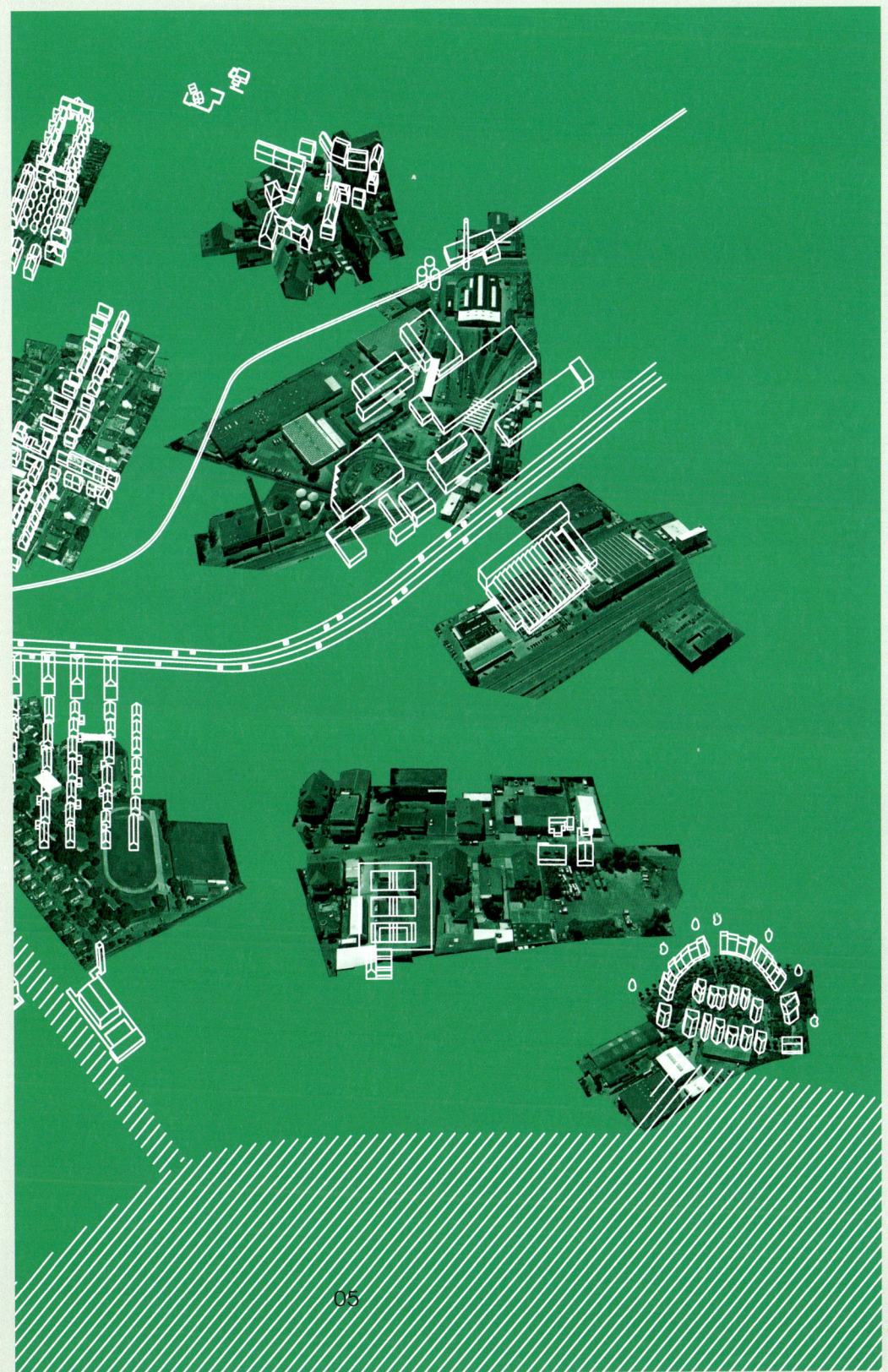

05

GEHEN, BEOBACHTEN, NOTIEREN...

Mannheim — Käfertal — Zwischen–
stadt. Zwischen den großen Würfen,
den Plänen für die städtebauliche Ent–
wicklung der ehemaligen Militärflächen
Franklin und Spinelli, liegt Käfertal:
Zwischenstadt par excellence —
Spielanlage par excellence?

Sally Below und Christopher Dell luden zum „Urlaub in
Käfertal" ein. Wir, Dominique, Marius und Renée von
projektbüro sind eines der Büros, die zum Gastspiel
geladen werden. Vorab erhalten wir den Konzepttext,
einen Flyer und eine Karte vom Käfertal und dessen
„Urlaubsorte". Wir arbeiten uns ein, lesen nochmals,
nach langer Zeit, Thomas Sieverts Zwischenstadt.
Freude darüber, dass auch beim x–ten Mal lesen die
eigenen Grundlagen und Motive in den Kanon passen,
und es noch viel zu tun gibt. Flyer und Karte nutzen
wir für die ersten Schritte dessen, was wir Situations–
analyse nennen.

Territorium abstecken

Im ersten Schritt der Situationsanalyse stecken wir das Territorium ab. Grenzen im Plangebiet sind eigentlich verpönt, widersprechen dem relationalen Raumverständnis, haben aber den pragmatischen Vorteil, dass wir mit den Grenzen festlegen, wo wir anfangen und wie weit wir gehen. Die Karte muss aufs Papier passen – maximal DIN A3 geht ins Faltmäppchen und funktioniert auch noch für Notizen – und das Territorium muss in begehbare, besser (be)greifbare „Kacheln" eingeteilt werden. Wir vertrauen den Infos aus dem Vorgespräch, schnellen Internetrecherchen und Onlinekartendiensten, und ziehen 100 quadratische „Kacheln" mit je 150 Metern Seitenlänge über Käfertal. Links oben A1 — Reichenbachstraße, chemische Erzeugnisse, Fitness und Wellness für Frauen, Fahrzeugaufbereitungsdienst; rechts unten J10 — Spinelli Barracks.

Vorbereitungen und Ankommen

Die Übersichtskarte drucken wir auf DIN A3, die einzelnen Kacheln auf DIN A4, ebenso wie ein Formular — der Notationsbogen — mit Feldern für ein Foto (9 mal 13 cm) und vier weiteren Feldern für eine Grundriss- bzw. Lageplanskizze, eine Beschreibung, eine Referenz und eine Zeichnung — Ansicht, Perspektive oder Schnitt, packen alles ins Reisegepäck, nehmen Kameras und Smartphone plus Ersatzakkus und Powerbanks mit, kaufen neue Klemmbretter und Stifte, buchen Züge, geben An- und Abreise für die Hotelbuchung an die Auftraggeberin weiter, checken Wetterbericht und ÖPNV-Verbindungen, packen Sonnenschutz und Kleidung für Hundstage ein. Wir kommen am frühen Nachmittag an, checken ein, lassen die Reisetaschen im Hotel, nehmen nur Beutel mit

dem notwendigsten mit: Notizbuch, Stift, Kamera/Smartphone, Wasser, checken erneut die ÖPNV-Verbindung und brechen Richtung Käfertal auf. An der Straßenbahnhaltestelle Boveristraße steigen wir aus, zu Fuß geht es weiter an städtebaulichen Großformen, autistischen Bürobauten mit Glasfassade und sehr großen Industriehallen vorbei. Wir sind in Käfertal.

Am ersten Nachmittag gehen und laufen wir rum. Der Hunger bringt uns zu einem Döner-Imbiss an der Straßenecke Mannheimer Straße und Innere Bogenstraße, quasi eine Reihe hinter der großen Rohlbühlstraße. Wir bringen uns ins Gespräch. Fragen, was man hier macht, um Spaß zu haben. Abends Dart spielen, im Lokal dort, wo Mannheimer Straße und Rohlbühlstraße sich kreuzen. Grüße an Moni sollen wir ausrichten. Wir laufen erstmal weiter durch Käfertal. Abends dann der Vortrag von Vera und Ruedi Baur in der Philippuskirche. Im Anschluss auf zu Moni. Zwei, drei Runden Dart, zwei, drei Runden Getränke, wir richten die Grüße aus und werden zum Beweis fotografiert. Viel Zeit bleibt nicht, dann geht es weiter in die Neckarstadt, an den alten Meßplatz, dort wo die Käfertaler Straße beginnt. Während der erste Grappa der Vortragsgäste an den Tisch kommt, ordern wir noch Pizza und spazieren dann zum Hotel.

Kacheln auswählen und Klemmbretter ausstatten

Im Anschluss an das Frühstück heißt es Aufteilen, um mehr Kacheln begehen zu können. Mit Blick auf die Übersichtskarte wählen wir die Kacheln aus, die wir für besonders interessant halten.

Um dem Zufall eine Chance zu geben und die eigenen Entscheidungen zu konterkarieren, werfen wir außerdem noch einmal mit einem von Renées Ringen auf die Karte — eine Abwandlung von Raoul Bunschotens Bohnenwerfen (Pipan 2012). Die A4-Blätter der ausgewählten und geworfenen Kacheln werden aufgeteilt, in die Klemmbretter eingespannt, Sonnencreme, Wasser, Werkzeug und Material gecheckt, auf in die Straßenbahn, wieder Halt an der Boveristraße, wieder sind wir in Käfertal.

Kacheln begehen

Jede:r macht sich auf den Weg in ihre/seine Kacheln. Mit Blick zwischen Übersichtskarte, Kachelkarte und Realität im Abgleich finden wir uns ein, und beginnen, in der Kachel angekommen, mit dem Fotografieren und Notieren. Notiert wird zum einen der Gebrauch, was wächst, wo parken die Autos und andere Mobilitätsformen, was machen die Leute, die wir sehen, und zum anderen städtebauliche Aspekte wie Orientierung, Zugänglichkeit, Geschossigkeit, Differenzen zwischen der Alkis-Plangrundlage und der Realität, besondere Dinge.

Fotografiert wird wie bei Stephen Shore (2012) das Banale, das Alltägliche als Motiv im Vorübergehen, eher Quer- als Hochformat, so passt in der Regel mehr drauf, entweder Übersicht oder *Blow-up*. Schnell zeigen sich wiederkehrende Dinge: Autos, die vor der Garage parken, weil sie nicht mehr reinpassen,

Dämmmaterial in den Vorgärten, Dachaufbauten, die nicht verputzt sind, Vorgärten aus grünem Teppich und vieles mehr. Eineinhalb Tage machen wir das.

Fotos drucken

Um bereits zum Abschluss vor Ort eine erste Auslegeordnung zeigen zu können, suchen wir einen Drogeriemarkt mit Fotodrucker. Auf dem Weg vom Hotel dorthin treffen wir eine Auswahl und drucken diese als Fotos aus. Die Auswahl erfolgt entweder in Richtung Verdichtung oder Konterkarieren eines Phänomens.

Auf dem Tisch auslegen

Wir haben den Schlüssel der Philippuskirche bekommen, können oben in dem verglasten Raum an einer langen Tafel aus einzelnen Tischen unser Material auslegen. Der Index liefert die Ordnung. Ausgefüllte Blätter und ausgedruckte Fotos kommen auf den Tisch. Wir verdichten, was wir beim Begehen nicht mehr geschafft haben, halten fest, was im Nachgang noch zu tun ist, und notieren Stichpunkte, um beim Sofagespräch zum Abschluss Material im Kopf zu haben.

Sofagespräch

Beim Sofagespräch am Samstag, 2. Juli 2022,
sprechen wir mit Christopher Dell sowie interessierten
Gästen zu unserem Vorgehen und unseren Beobach-
tungen. Zu „Tiefenbohrungen", über die wir versuchen,
uns die Gesamtheit der Stadt annähernd zu erschließen und dem Versuch, Filter auszustellen, durch die
wir gewöhnlich die Stadt betrachten. Wir sprechen
über Käfertal als Zwischenstadt und zu Planungs-
wettbewerben und warum es manchmal wichtiger ist,
Waffeln zu backen, als Styrodur-Modelle zu bauen.

Wandhängung und Bodenlegung

Zurück in Hamburg folgt die Wandhängung. Das
Material, die Kacheln, Notationsbögen, Fotos werden
im Raster an der Wand befestigt. Wir bleiben den
Kacheln treu. Vor uns nun also die Masse, durch die
wir versuchen Dichte zu erzeugen. Wird die Wand
gebraucht, weichen wir auf den Boden aus. Es ergibt
sich eine lange Reihe Käfertal: Straßen, Autos,
Vorgärten, private Vorlieben prägen den Raum. Und
dann: Tankstelle wird Getränkemarkt, Tankstelle
ist Schrauberwerkstatt, Grundstücke werden aus-
genutzt, das Leben spielt nicht im Vorgarten, das zur
Schau stellen schon, am Imbiss trifft man sich zum
Feierabendgetränk.

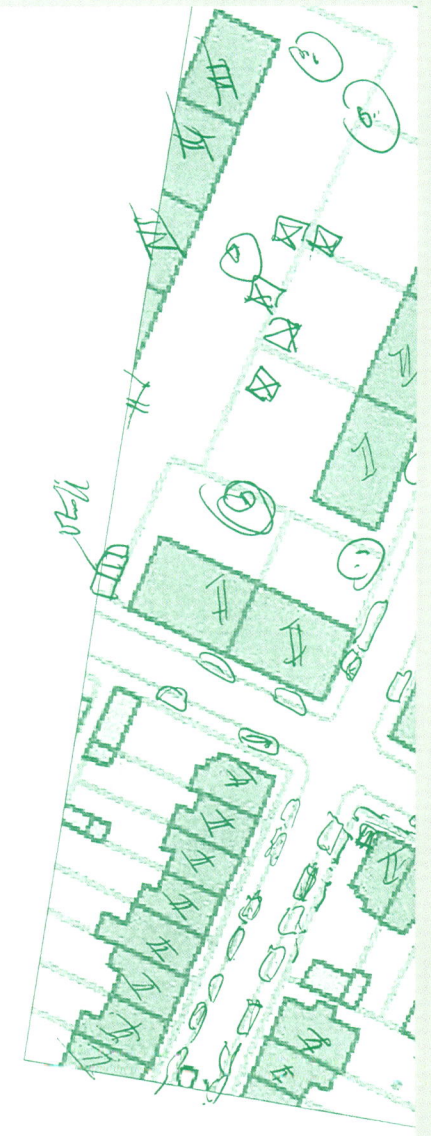

Referenzen

Pipan, Tomaz. 2012. *Urban Gallery. Didactics and
    Implementation*. Berlin: TU Berlin & CHORA
    City & Energy. https://de.scribd.com/
    document/328687411/Urban-Gallery-Reader-pdf.
Shore, Stephen. 2015. *Uncommon Places: The
    Complete Works*. New York, N.Y: Aperture Foun-
    dation; Expanded edition. Sieverts, Thomas. 2012.
    *Zwischenstadt. Zwischen Ort und Welt, Raum und
    Zeit, Stadt und Land*. Bauwelt Fundamente 116.
    Basel: Birkhäuser.

Schlussfolgerungen machen

Käfertal ist privat. Die Orte, die uns faszinieren, sind weiße Flecken im meist vollflächig schwarzen Nolliplan.

D9 Gartenpflege

Das, was man sichtbar tut, wird auf ein Mindestmaß reduziert, das Fahrzeug dafür sichtbar platziert. Der Vorgarten ist kein Ort der Pflege, er ist reduziert auf ein Minimum. Die Steigerung von Kiesgärten ist grüner Beton. Gefühlt hat jeder seins. Gefühlt macht jeder seins.

F2 „Tankstelle"

Obwohl es keine Tankstellen mehr sind, ist hier alles vollgeparkt. Und dennoch öffnen die ehemaligen Vorfahrten Räume — hier gibt es was zu sehen. Über den Zaun lugt es sich wie durch ein Fenster in ein privates Zimmer. Die Tankstellendächer sind Raum-erweiterung, Vordach, Veranda, Terrasse mit Grill. Es wirkt einladend, und zugleich spürt man, dass man eine Schwelle von Gehweg zu Auffahrt übertritt.

H2 Piazza

Der öffentliche Raum vor Ort. Bella Italia. Eine T-Kreuzung weitet sich, mit der Eisdiele im Rücken sitzt man fast im verkehrsberuhigten Bereich, rechts das kleine Rathaus, das schnuckelig wirkt, aber wegen Sanierung zu ist, und blickt die Poststraße entlang. So ist das alte Käfertal, denkt man sich. Dreigeschossige Gebäude, eng und dicht, zum Teil mit Hofeinfahrten und Inschriften von 1858, eine Gaststätte aus der Gründerzeit. Hier trifft man auf Menschen, die ein Eis holen. Eigentlich ist es ein Haushaltswarengeschäft.

Der eigentliche Platz daneben ist neugestaltet, Bäume spenden Schatten. Aber hier sieht man nichts.

I7 Elefanten

Wohnen mit Gewerbe. Gewerbe mit Wohnen. Maß-stäblich ist das nicht. Pragmatisch schon. Durch den gewerblichen Hof und Einfahrt schält sich das sonst so häufig abgeschottete Wohnhaus hinaus. Das Dahinter wird deutlich — und ist vollflächig gepflastert. Jeder Winkel benutz- und befahrbar.

J8 Elisabeth-Ring

Die städtebauliche Form hat uns schon im Luftbild und auf dem Übersichtsplan interessiert. Wie kommt New Town, New Urbanism, Disneys Celebration oder gar ein Zitat des Royal Crescent in Bath nach Käfertal? Die halbkreisförmige Anordnung täuscht. Hier scheint sich die Umkehrung der Konnotation von Straße als öffentlicher Raum vollzogen zu haben. Stadt klein-städtischer Idylle Betonpflastersteine im H-Verbund. Parken auch auf dem Gehweg, dessen Bezeichnung sinnentleert wirkt. Wir fallen auf. Fotografieren unerwünscht.

AUSGE-WÄHLTE UND „GEWORFENE" KACHELN

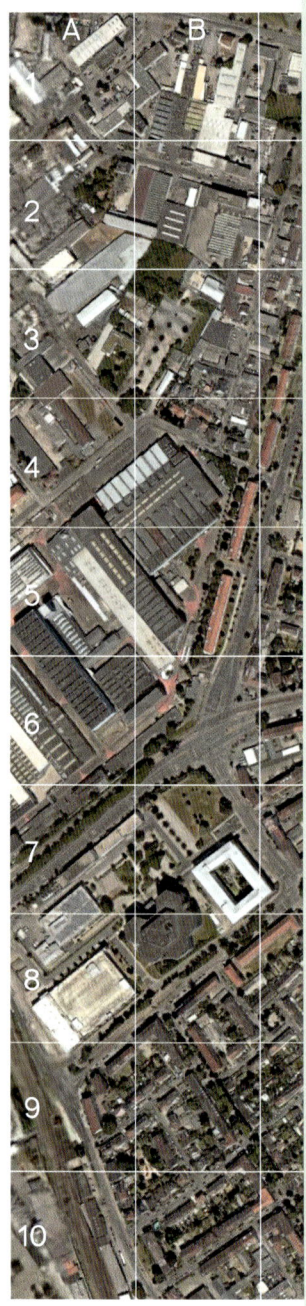

Kurzurlaub in Käfertal — Situationsanalyse → Kacheln

AUSGE-WÄHLTE UND „GEWORFENE" KACHELN

	A	B
1		
2		
3		
4		
5		
6		
7		
8		
9		
10		

— in Materialsammlung überführt

— als Feldnotizen dokumentiert

C   D   E   F   G   H   I   J

GARTEN-
PFLEGE

 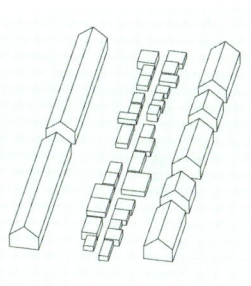

Vorgarten an Vorgarten, Haus an Haus, Garten an Garten, Schuppen an Schuppen, Gasse, Schuppen an Schuppen, Garten an Garten, Haus an Haus. Der Block Bäckerweg, Ruppertsberger Straße, Dürkheimer Straße ist annähernd symmetrisch aufgebaut. Auch andere Blöcke in der direkten Umgebung sehen im Plan ähnlich aus. Während am Bäckerweg in etwa eine Autolänge zwischen Flurstückgrenze und Hausmauer Platz ist, bleibt entlang der Ruppertsberger Straße nur eine Fläche von eineinhalb Metern, ein Busch breit. Ein Blick in den Bebauungsplan von 1947 verrät, dass der Vorgarten immer an der Straße höherer Hierarchie liegt — in der Kachel D9 eben am Bäckerweg. Die Gasse ist zu schmal für motorisierten Individualverkehr. Türen, und nicht etwa Garagentore vorbinden Gärten und Gasse. Unkraut und ein unbefestigter Weg macht sie aus. Nur selten kann man über die Türen oder die Mauern in die Gärten schauen. Erst im Luftbild sieht man eine annähernd immer die gleiche Gartenausstattung: Sonnenschirm, Pool, Trampolin, überdachter Grillplatz am Schuppen oder am Haus, Wintergarten. Einige Gärten sind stark, beinahe wild bewachsen, andere bieten freie Rasenfläche. Früher Nachmittag, Ende Juni, im Durchlaufen des Bäckerwegs spürt man die Hitze über dem Asphalt. Zumeist zwei–plus–Spitzdach–geschossige Bebauung, häufig versiegelte Vorgärten als Steingarten oder mit Kunstrasen, keine straßenbegleitenden Bäume oder anderes Grün, dafür aber PKWs, die zu zwei Drittel auf dem Bürgersteig parken, sind der Sonne ungeschützt ausgesetzt.
An der Ecke Bäckerweg, Leistädter Straße ragt ein Gebäude über die Baugrenze hinaus. Das Volumen ist im Bebauungsplan vom 13.8.1947 bereits in der Form enthalten. Die festzustellende Bauflucht wurde bis heute nicht festgestellt.

17

Kurzurlaub in Käfertal — Situationsanalyse — Materialsammlung → D9

19

Kurzurlaub in Käfertal — Situationsanalyse — Materialsammlung → F2

„TANK-STELLE"

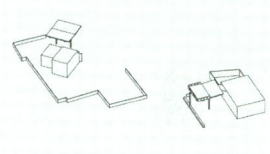

Schräg gegenüber in der Oberen Riedstraße, zwei ehemalige, kleine Tankstellen. Die eine ist nun Autowerkstatt, die andere ein Getränkemarkt und Partyservice. Unter dem Dach der Autowerkstatt stehen neben Autos ein Tisch mit Stühlen und ein Grill. Eine Art Outdoor Pausenraum. Aus der Werkstatt hupt es kläglich — scheinbar wird eine Hupe repariert. Ebenfalls unter dem Dach, an der Stelle, wo früher die Zapfsäulen standen: Werkzeugschränke. Immer wieder kommt ein Mann aus dem Innenraum der Werkstatt und holt Werkzeuge aus den Schubladen. Dann hupt es wieder... wird besser...
Die Schwelle zwischen Drinnen und Draußen verschwimmt.
Das Dach des Getränkemarktes und Partyservices ist bestückt mit 17 Schildern unterschiedlicher Biersorten. Unter dem Dach parken auch hier Autos.

21

Kurzurlaub in Käfertal — Situationsanalyse — Materialsammlung → F2

PIAZZA

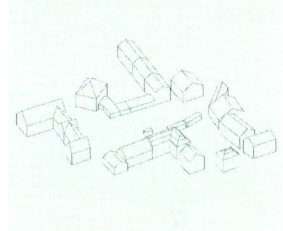

Wo die Mannheimer Straße, die Wormser Straße und die Ladenburger Straße aufeinandertreffen steht das Rathaus Käfertal. Südöstlich des Eingangs möblieren Bänke, Mülleimer, ein Brunnen, Straßenlaternen, Sonnenschirme, Außengastronomiestühle und –tische, Poller und Kopf– steinpflaster eine kleine, aber feine Piazza.

An der Piazza liegt, in der schmalen, schattigen Gasse zwischen Südseite Rathaus und Nordseite Wohnbebauung, der Laden „De Maio" — ein Kleinod. Ein älterer Herr serviert uns den wohl besten Espresso nördlich der Alpen. Der schmeckt auch im Eiscafé. Während der Stunde, die wir an der Piazza verbringen, kommen immer wieder Leute in den Laden und kaufen frische und verpackte Lebensmittel, essen selbstgemachte italieni– sche Desserts — Tiramisu wird auf der Tafel angepriesen — oder Gelato. Im Schaufenster stehen überholte Espressomaschinen. Für die etwaigen Käuferinnen wird auch Kundendienst angeboten. In den Regalen lagert ein überschaubares aber wohlkuratiertes Sortiment Küchenhelfer wie zum Beispiel Papas Hand, ein spülmaschinengeeigneter, von Hand betriebener Gemüseschneider, der neben einem Aufsatz aus drei Edelstahlmessern auch mit einem Salatschleuder– und einem Rühraufsatz daherkommt.

Der Weg zur Toilette offenbart den Kundinnen, dass auch das Gebäude mehrere Funktionen aufnimmt. An der Theke vorbei geht es mit einem Schlüssel ausgestattet in das Treppenhaus des dreigeschossigen Gebäudes. Ab dem ersten Obergeschoss stehen Klingelschilder an den Türen. Der Weg raus führt nicht wieder über den Laden, sondern über die Garage durch eine Tür im Tor in die schmale, schattige Gasse. Das ist auch der Weg, den die Bewohnerinnen in und aus dem Haus nehmen. Die großzügige Garage — hier finden bequem ein PKW, mehrere Fahrräder, Mülleimer und einige Werkzeuge Platz — ist länger als das Hauptgebäude. Der Teil außerhalb des Hauptgebäudes ist mit einer transluzentem Material überdacht.

25

Kurzurlaub in Käfertal — Situationsanalyse — Materialsammlung → I7

ELEFANTEN

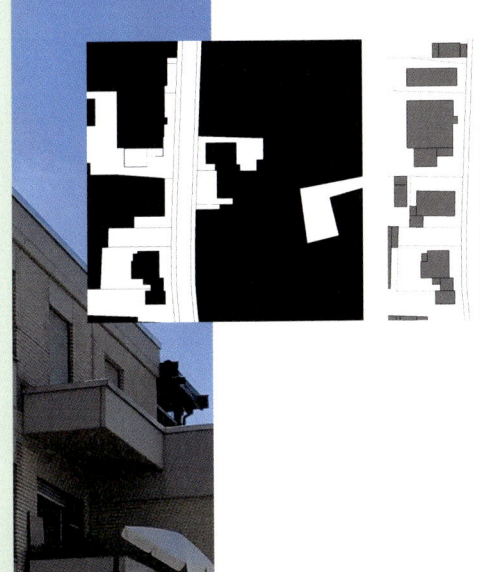
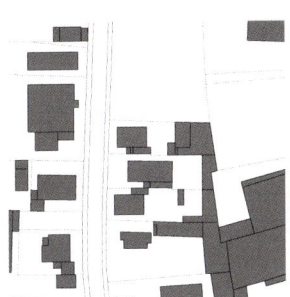
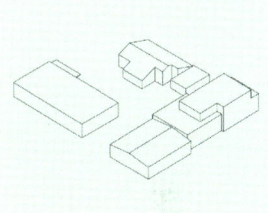

Hier macht sich die Lage in unmittelbarer Umgebung zur B38 bemerkbar. Während direkt an der B38 Hallen mit über 1.500 Quadratmeter Grund-fläche Platz finden, stehen entlang der Bad Kreuznacher Straße Gebäude mit Grundflächen von unter 1.000 Quadratmeter. Wahrlich wundersame Gebäude zwischen Wohnung, Hausmeisterwohnung, Gewerbe/Logistik-betrieb mit Laderampe. An den Schilder lässt sich der Betrieb ablesen: unter anderem Bau- und Grundreinigung, Catering, Krantechnik, Strahl-technik, Autoservice. Ein Blick in die Firmengeschichten auf der Website zeigt, dass einige in der Nachkriegszeit hier gegründet wurden und immer noch in business sind, andere kamen über die Jahre dazu und sind mittlerweile seit über 30 Jahren hier ansässig. Die Architekturen reichen von einfachen, grauen Hallen, über mit Dächern verbundene Container bis hin zu nicht verputzen Bauten mit sichtbaren Fensterstürzen und Geschossdecken, deren pragmatische Ästhetik sich auch in einschlägigen Architekturzeitschriften gut machen würde.

29

Kurzurlaub in Käfertal — Situationsanalyse — Materialsammlung → J8

ELISABETH-RING

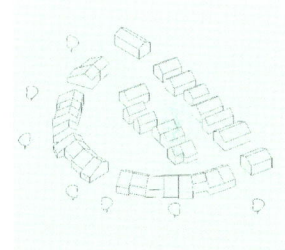

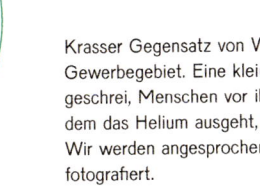

Krasser Gegensatz von Wohnen und Gewerbe. Eine Enklave mitten im Gewerbegebiet. Eine kleine Wohnstraße, Vogelgezwitscher, Kinder-geschrei, Menschen vor ihren Häusern und in den Gärten. Ein Luftballon, dem das Helium ausgeht, tänzelt über die Straße.
Wir werden angesprochen, es wird sich beschwert. Wir werden fotografiert.

33

Kurzurlaub in Käfertal — Situationsanalyse — Materialsammlung → J8

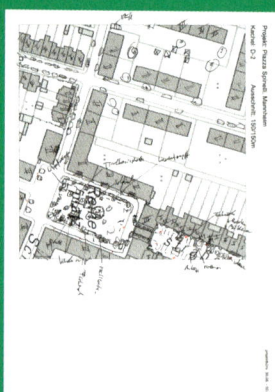

D2

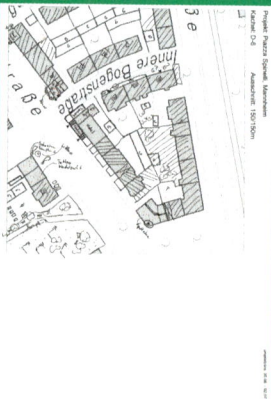

D6

D9

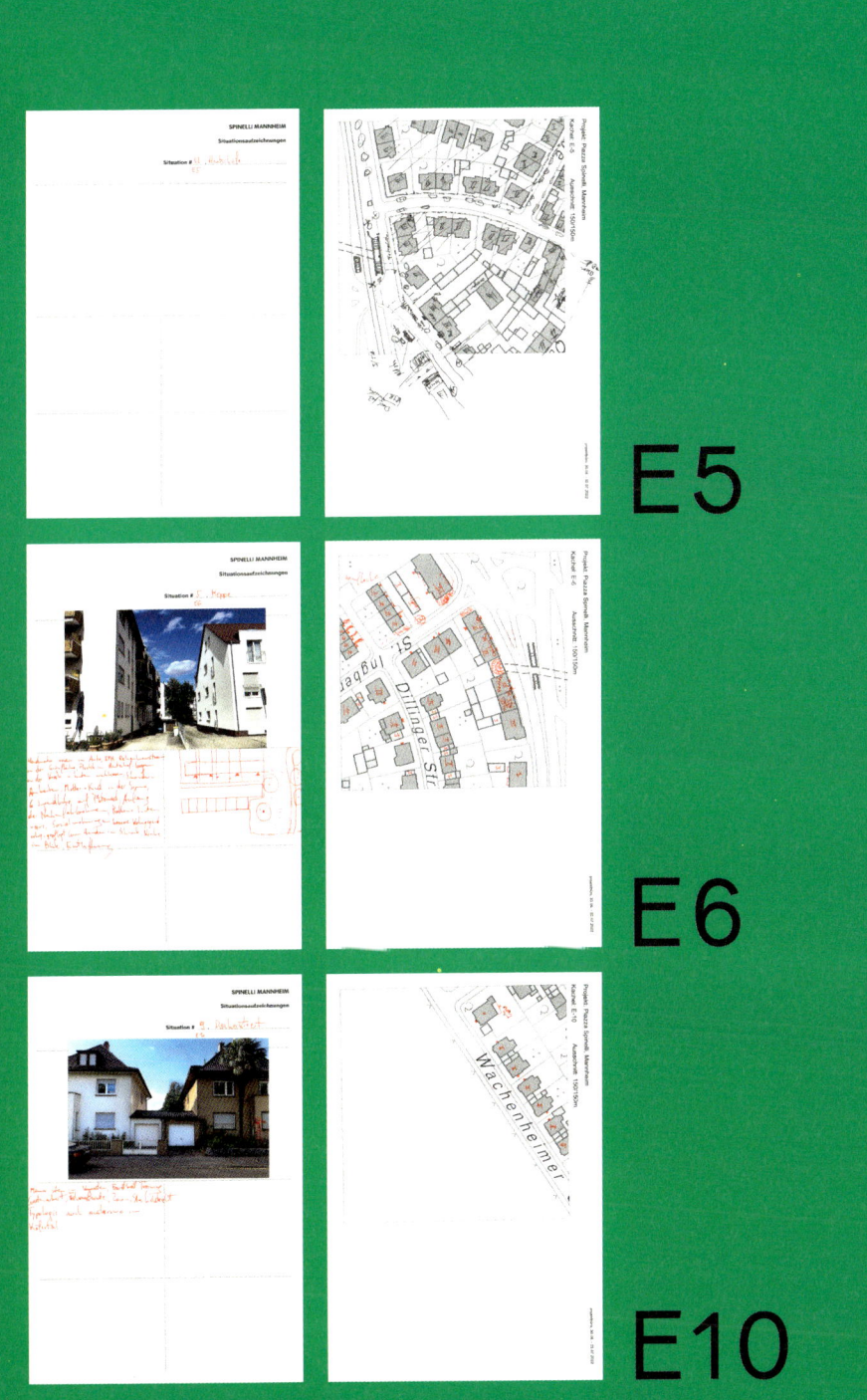

E5

E6

E10

Kurzurlaub in Käfertal — Situationsanalyse → Feldnotizen

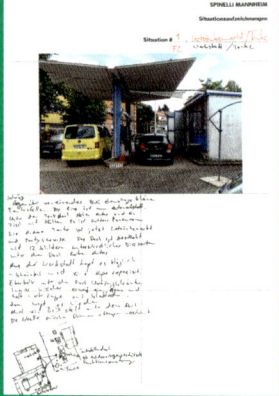

F2

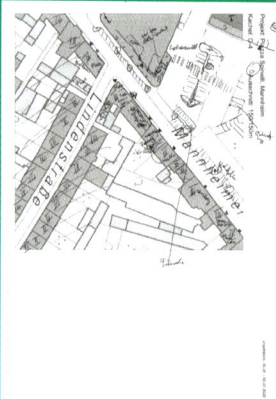

G4

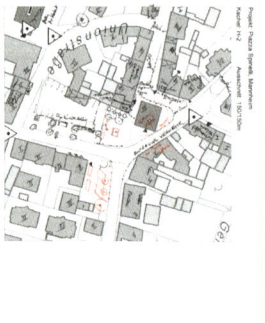

H2

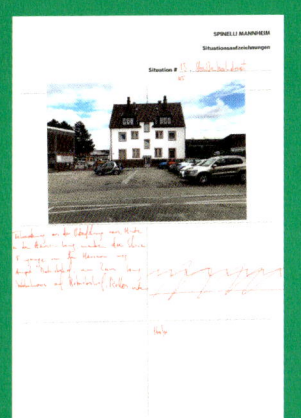

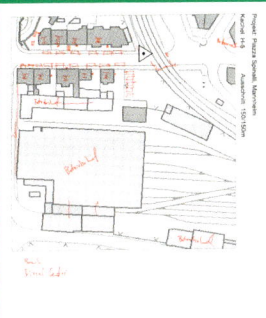

H5

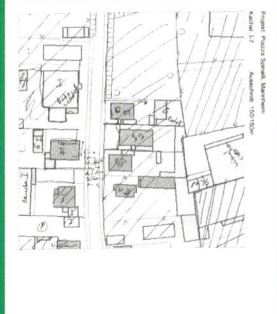

I7

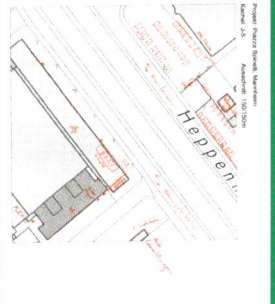

J5

THESEN AUF BASIS FRAGMENTIERTER SITUATIONEN

Nach zwei Tagen vor Ort und etwas Zeit im Studio können wir im Ergebnis nur *mehr* Fragen produzieren und eingangs gestellte Fragen präzisieren.

Wir beenden unsere Arbeit damit, Thesen zu formulieren, die wieder weitere Auseinandersetzungen mit dem, was da ist, was im Werden ist, ermöglichen. Wir nutzen diese Fragmente, um weiteren Fragen und Recherchebedarfe zu notieren. Es folgt ein kurzes Resümee unserer Methodik.

Klimafolgenanpassung

Wir haben gesehen, dass an vielen Orten bereits einiges getan wird: Mal liegt das Dämmmaterial im Vorgarten zwischen Bau- oder Gartenzaun und Fassade. Im Falle der Zeilen zwischen Mannheimer Straße, Deidesheimer Straße, Dürkheimer Straße und Bäckerweg wird noch entrümpelt, die Schuttrutschen hängen aus den Fenstern der leeren Wohnungen. Welches Material geht da die Rutsche runter? Wo sind die ehemaligen Bewohner:innen hin? Anscheinend musste die ganze Siedlung erst leergezogen werden, um hier die Sanierung anzugehen. Einzig ein Bäcker in einem der straßenbegleitenden Kopfbauten ist noch in Betrieb.

Garten Erde

Ein anderes Thema sind die Gärten oder besser: die Flächen zwischen Fassaden, der öffentliche Raum, die Straßenquerschnitte: Vom Steingarten bis die Artenvielfalt fördernde Biotope ist alles an Vorgärten dabei. Es gibt hier anscheinend keine verbindlichen Vorgaben. Eigentlich immer parken PKWs in den Einfahrten und straßenbegleitend, auch wochentags und tagsüber. Der Straßenquerschnitt ist im Vergleich zur Höhe der Gebäude relativ weit, es gibt keine Grünstreifen, oder straßenbegleitende Bäume, demnach auch kaum Schatten. In den Freiflächen hinter den Häusern finden wir immer wieder Trampoline und ähnliches für Kinder und Senioren, eine Laube, ein Grillplatz, manchmal auch ein Pool, der immer ein Aufstellpool ist, also nicht in der Erde — irgendwie wirken die Gärten sehr vollgestellt. Die meisten Fenster sind hinter außenliegendem Sonnenschutz versteckt. Es ist nicht erst seit gestern heiß in Mannheim. Bei den wenigen neueren Bauten im Einfamilienhausgebiet wird einiges an technischer Gebäudeausstattung aufgefahren. Häufig hängen eine oder zwei Klimaanlagen an der Fassade, in einem Beispiel waren es gleich vier. In der Einfahrt parken dann das hochpreisige Elektroauto und ein Campingbus, alles in Topausstattung mit viel Einsatz von Technik, um auf ein entsprechendes Maß an Behaglichkeit und Komfort zu kommen.

FIT

Fit Base, Mc Fit, Gorilla Sports, Profiled Training, Fitness Mannheim, Body Gym, American Fitness... Wahrscheinlich gibt es noch mehr Fitnessstudios in Käfertal. Über die B38 unweit der A6 scheint die Anbindung mit dem PKW sehr gut, die Dichte an Trainingsmöglichkeiten hoch. Es sind meist umgenutzte Industrie- und Gewerbehallen mit viel Parkfläche auf freier Fläche oder in Tiefgaragen, rund um die Uhr geöffnet. Perspektivisch scheint eine Auseinandersetzung mit der Typologie angeraten.

An der Grenze

An der Grenze zum Spinelli-Gelände liegen rund 35 Ein- und Zweifamilienhäuser halbkreisförmig angeordnet an der Elisabeth-Blaustein-Straße und der Elisabeth-Altmann-Gottheimer-Straße. Die mit Werbeplanen behängten Bauzäune rücken der wehrhaft aufgestellten Siedlung zunehmend auf die Pelle. Als Fremde fallen wir sofort auf. Nach nur wenigen Minuten werden wir in aggressiven Ton gefragt, ob wir von der BUGA sind, was wir hier tun. Nach etwas besänftigenden Worte verabschiedet sich die Person mit abfälligen Bemerkungen in Richtung BUGA und Spinelli. Eine andere Person, ebenfalls Bewohner:in der Siedlung, will das so nicht stehen lassen und sagt uns, dass es auch Leute gibt, die der BUGA offen gegenüber stehen.

Accessory dwelling unit (ADU)

Im Bereich südlich der Rohlbühlstraße, in den Gebieten mit freistehenden als auch aneinandergereihten Ein- und Zweifamilienhäusern, wird viel nachverdichtet. Freie Fläche auf den Grundstücken werden bebaut, häufig sahen wir Dachaufstockungen. Auf den ersten Blick sieht es so aus, als ob hier nur innerhalb der Flurstücke gedacht wird. Dabei ist ein Muster klar erkennbar. Kann die Stadt (Fachämter, Behörden, Politik) solche Muster lesen, darauf reagieren, sogar etwas anbieten oder entlang von Zielen ermöglichen?

SITUATIONS-ANALYSE

Eine Methode für den Anfang: Phase 0, davor und darüber hinaus.

Nach Adele E. Clarke (2006) dient die Situations-analyse dazu, gegenstandsbasiertes Theoretisieren zu betreiben und gegenüber ANT (*Actor Network Theory,* Akrich 2006) und STS (*Science and Technology Studies,* Sørensen 2012) in Position zu bringen. Sie basiert auf einer Unterteilung in verschiedene Ebenen und Schritte, die es erlauben, die Komplexität temporär zu reduzieren, zum Beispiel durch unterschiedliche Zoomstufen — im Maßstab 1:10.000 bis 1:200.
Nach Clarke ist die Situationsanalyse ein Analysetool, um sichtbar zu machen, was nicht da ist, was die Lücken sind, um sich der weißen Flecken bewusst zu werden. Mit Christa Kamleithners (2014) Kritik an der ANT, dass sich diese nicht um Macht kümmere, wird die Frage zentral, wo man hinguckt. Bei Clarke sind es drei Schritte — drei Kartierungen — um sich dem zu nähern, was in dem Projekt eigentlich enthalten ist, um zu bestimmen, ob und welchen Beitrag das eigene Projekt zu welchem Diskurs leistet. Die drei Kartie-rungen sind eine Positionsmap, Karten von sozialen Welten und eine Situationsmap.
Wir finden die Situationsanalyse hilfreich für die Leistungsphase Null (Bedarfsplanung) der Honorar-ordnung für Architekt:innen und Ingenieur:innen um den Ist-Zustand, das Sein, den Bestand in die Zukunft fortzuschreiben, als offenes Spiel.

Die Situationsanalyse dient uns als Methode, um eine Datenbasis zu versammeln, und darauf und daraus weitere Schritte, Handlungen, Aufgabenstellungen abzuleiten. Es geht auch um die Qualifikation der Phase Null selbst.

Wir wollen einen Umgang mit Komplexität finden, ohne sie zu reduzieren. Die Reduktion auf eine Kachel bedeutet, hinzugucken, zu verstehen, wie Orte funktionieren, um zu begreifen, wo man agiert, um minimale Eingriffe zu machen, um es diskutieren zu können und auch um einmal etwas nicht zu tun.

Es geht auch darum, sichtbar zu machen, wer macht was wann wo? In Anlehnung an eine Praxis im Film wäre dies, gemeinsam mit den Akteuren den Schnitt zu machen oder den Schnitt zu zeigen — also mindestens die Repräsentation der Akteure mit den Akteuren zu besprechen.

Im Kern geht es darum, Wissen zu verorten, kollaborativ zu arbeiten, und das Wissen in die Behörden weiterzugeben. Um es mit Christopher Dell (2022) zu fragen: Wie können die Vektoren und ihr Wissen in einen Plan hinzugefügt werden, der nicht schließend wirkt? Denn auch wenn die Funktion in Frage steht, findet der Gebrauch aber statt.

Die Situationsanalyse ermöglicht uns, einen Ausgangs- und Anbindungspunkt, um sich im Projekt zu verorten, zu situieren. Im Idealfall gelangen wir zu einer Position, die es erlaubt, andere Personen zu verstehen. Das sich-in-ein-Projekt-hineinzugeben ist eine Möglichkeit anders (anderes) zu sehen, anders zu verstehen, anders zu handeln. In Kommunikation kommen statt Checkbox-Verfahren. Für die Entwicklung von Projekten erlaubt es, eine bewusste Fokussierung zu setzen und auch zu kommunizieren: Was will ich daran lernen, was will da einbringen, und was will ich nicht? Es geht darum, ein multimodales Verständnis zu erzeugen. Auch um mit den Auftraggebenden klären zu können, wo wir eigentlich hinwollen, was wir eigentlich machen wollen — und wie kann sich jede:r darin einordnen und verorten? Sich situieren, vor Ort kollaborativ arbeiten, dient uns als Klärungstool für Perspektiven und Interessen: Lücken und Positionen offen darzulegen, auszumachen, wer spricht und wer nicht spricht.

Die Vorgehensweise ist auf verschiedene Untersuchungsebenen anwendbar, als Tiefenbohrungen auf die Stadt, den Stadtteil, das Quartier, zu Klärung der städtebaulichen Situation beispielsweise für hochbauliche Wettbewerbe. Oben dargestellt haben wir exemplarisch am Beispiel Käfertals den Aufbau,

Schritte, Teile, und Darstellungen. Das Formular für die Konstruktion einer Situation dient uns als Operationalisierung der kleinstmöglichen Versuchsanordnung. Um Gebrauch und Relation sichtbar zu machen, nutzen wir verschiedene Darstellungsmöglichkeiten: Foto, Text, Skizze, Axonometrie, Video; Referenzen, Materialkatalog. Die Situationsanalyse ermöglicht uns eine Sammlung für die Beantwortung der Frage: Was gibt es eigentlich alles schon? Das Material wird gesammelt und katalogisiert. Aus dem Materialarchiv wird — im Offenhalten — ein Handlungsarchiv.

In unseren Projekten nutzen wir die Methode, um situativ weiterzuentwickeln und kollaborativ zu forschen. Wir nutzen sie für Folgen im weiteren Prozess: um den Gebrauch in die Planung reinzubringen, um zu diskutieren, welcher Position wir eigentlich Gewicht geben. Es geht auch um das Lesen, wie kann die Stadtplanung, Politik und Verwaltung damit umgehen, wie kann das Diagramm, das Wissen gespielt werden? Und: Das Ziel muss sein, so wenig zu tun wie möglich, aber das Richtige.

Referenzen

Akrich, Madeleine. 2006. „Die De-Skription technischer Objekte". In *ANThology: Ein einführendes Handbuch zur Akteur-Netzwerk-Theorie* (Science Studies), herausgegeben von Andréa Belliger und David Krieger

Clarke, Adele. 2012. *Situationsanalyse: Grounded Theory Nach dem Postmodern Turn*. Auflage: 2012. Wiesbaden: VS Verlag für Sozialwissenschaften

Dell, Christopher. 2022. „Plan. Foundations of the Critique of Planning Economics in an Improvisational Perspective". In *Tom Paints the Fence. Re-negotiating Urban Design*, herausgegeben von Bernd Kniess, Christopher Dell, und Dominique Peck, 132—154. Leipzig: Spector Books

Kamleithner, Christa. 2014. „Narrative Ökonomien. Kommentar zu Alexa Färbers ‚Potenziale freisetzen'". *sub/urban zeitschrift für kritische stadtforschung* 2 (1): 116—119

Sørensen, Estrid. 2012. „STS und Politik". In *Science and Technology Studies. Eine sozialanthropologische Einführung*, herausgegeben von Stefan Beck, Jörg Niewöhner, und Estrid Sørensen, 197—226. Bielefeld: transcript Verlag

IMPRESSUM

Situationsanalyse Käfertal

Herausgeberin

Projektbüro GbR
Marieke Behne, Dominique Peck, Marius Töpfer,
Renée Tribble und Lisa Marie Zander
Süderstraße 112
20537 Hamburg
Germany

Im Autrag für

Spinelli FreiRaumLab
c/o Sally Below, sbca

Abbildungen
projektbüro

Gestaltung
Klass — Büro für Gestaltung

2023

Projektbeteiligte und Gäste

Netzwerkpartner:innen
Stand Januar 2024

Jürgen Klenk,
2. Gemeindesprecher
Katholische Kirchengemeinde
Maria Magdalena

Richard Link,
Pastoralreferent
Katholische Kirchengemeinde
Maria Magdalena

Ute Mickel,
Diakonin Evangelische
Gemeinde Käfertal und im Rott

Stefanie Trinemeier,
ehrenamtliche Übungsleiterin
TV 1880 Käfertal e. V.

Klaus Ulrich,
Vorstand Finanzen
TV 1880 Käfertal e. V.

Jens Weisener,
Projektgruppe Konversion,
Stadt Mannheim

Rüdiger Bischoff,
Vorsitzender Aufsichtsrat
WohnWerk Mannheim eG

Alexander Döring,
Geschäftsführer ANUNDO
Wohnen & Service,
Heidelberg

Gioselinda Goebel,
Leiterin Kindertagesstätte
St. Hildegard
Katholische Kirchengemeinde
Maria Magdalena

Regina Hertlein,
Vorstand
Caritasverband
Mannheim e. V.

Barbara Hoffbauer,
Wohngruppe NeighborWood

Valentina Ingmanns,
Vorstand
Oikos Genossenschaft

Liliane Klein,
Jugendtreff Käfertal,
Katholische Kirchengemeinde
Maria Magdalena

Barbara Kraus,
Gemeindereferentin
Seelsorgeeinheit Mannheim,
Katholische Kirche
St. Hildegard Käfertal Süd /
Kirche auf der BUGA

Stefan Kraus,
Gemeindereferent
Katholische Kirchengemeinde
Maria Magdalena

Daniel Kunz,
Leitender Pfarrer Seelsorge-
einheit, Katholische
Kirchengemeinde
Maria Magdalena

Petra Leinberger,
Aufsiedlungsmanagement,
MWS Projektentwicklungs-
gesellschaft mbH

Sebastian Mandel,
Architekt, Architektur Mandel,
Mannheim

Silke, Klaus und
Runa Ostermeier,
Katholische Kirchengemeinde
Maria Magdalena

Yasmin Schmitt,
Leiterin Kindertagesstätte
Philippus, Evangelische
Gemeinde Käfertal und im Rott

Sabine Stechl,
Schulleitung
Spinelli-Grundschule

Edith Strohm-Feldes,
Wohngruppe NeighborWood

Hans Peter Suchan,
Vorsitz Aufsichtsrat
WohnWerk Mannheim eG

Jörg Trinemeier,
1. Vorsitzender Vorstand
TV 1880 Käfertal e. V.

Beitragende Gäst:innen
auf der Piazza Spinelli und
des Symposiums
„Übungsräume für die
offene Gesellschaft –
Perspektiven einer
kooperativen
Planungskultur"

Theodoros A. Argiantzis,
Mitglied des ehrenamtlichen
Vorstands, Stadtjugend-
ring Mannheim e. V.

Elena Balabanska,
Stadtplanerin und Beraterin,
Abteilung Globale Lösungen,
Bereich Urbane Praktiken,
UN-Habitat

Vera und Ruedi Baur,
Designer:innen, Paris

Dr. Andrea Benze,
Professorin für Städtebau
und Theorie der Stadt,
Hochschule München

Dr. Davide Brocchi,
Sozialwissenschaftler
und Transformationsforscher,
Köln

Florian Budke, Vorstand
POW e. V., Mannheim

Dr. Frank Degler,
Geschäftsführung und
Soziokultur, Zeitraumexit,
Mannheim

Theo Deutinger,
Architekt, The Department,
Flachau/Salzburg

Benjamin Foerster-Baldenius,
Professor für Cohabitation,
Hochschule für Bildende
Künste – Städelschule,
Frankfurt/Main

Dr. Marion Fürst, Leitung
evangelischer Kirchenchor,
Dozentin Historische
Musikwissenschaft,
Musikhochschule Mannheim

Nanni Grau, Frank Schönert,
Hütten & Paläste Architekten,
Berlin

Dirk Grunert,
Bürgermeister für Bildung,
Jugend und Gesundheit,
Stadt Mannheim

Dr. Maren Harnack,
Professorin für Städtebau
und städtebauliches
Entwerfen, Frankfurt University
of Applied Sciences

Christ Hörr-Nusselt,
Geschichtswerkstatt Käfertal

Christophe Hutin,
Architekt, Christophe Hutin
Architecture, Bordeaux

Dr. Karl-Heinz Imhäuser,
Vorstand Montag Stiftung
Denkwerkstatt, Bonn

Prof. Dr. Phil. em. Rainer Kilb,
Theorie und Praxis der
Sozialen Arbeit,
Hochschule Mannheim,
Mitglied Planungskommission
Spinelli

Sebastian Klawiter,
Stadtgestalter und
Mitinitiator Stadtlücken e. V.,
Stuttgart

Eva de Klerk,
Bottom-up-Stadtplanerin,
Amsterdam

Bernd Kniess,
Professor für Urban Design,
HafenCity Universität
Hamburg

Daniel Koch,
Leiter Bau und
Liegenschaften,
Kirchenverwaltung
Evangelische Kirche
in Mannheim

Dr. Christoph Küffer,
Siedlungsökologe,
Professor am ILF Institut für
Landschaft und Freiraum,
Ostschweizer Fachhoch-
schule (OST)

Hilmar von Lojewski,
Beigeordneter und Leiter des
Dezernats Stadtentwicklung,
Bauen, Wohnen und Verkehr,
Deutscher Städtetag

Leona Lynen,
Vorstand
ZUsammenKUNFT Berlin eG

Friederike Meyer,
Chefredakteurin *BauNetz*

Tabea Michaelis, Ben Pohl,
Urban Designer
Denkstatt sàrl, Basel/Zürich

Dominique Peck,
Stadtplaner und Urban
Designer, Projektbüro
Hamburg

Stefan Rettich,
Professor am Fachgebiet
Städtebau, Universität Kassel

Martin Rist,
Ministerialrat, Leiter Referat
Städtebau, Bauplanungsrecht
und Baukultur, Ministerium für
Landesentwicklung und
Wohnen Baden-Württemberg

Lena Rübelmann, Head
of Female Entrepreneurship,
GIG7, Mannheim

Jan Sichau, ehemaliger
Vorstand Stadtjugendring
Mannheim e. V., Kinder- und
Jugendbeteiligung, Amt für
Stadtentwicklung, Stadt
Heidelberg

Marius Töpfer,
Architekt und Urban Designer,
Projektbüro Hamburg

Dr. Renée Tribble,
Professorin für Städtebau,
Bauleitplanung und
Prozessgestaltung,
Technische Universität
Dortmund

Jean Philippe Vassal,
Architekt, Lacaton & Vassal,
Paris

Sebastian Wünsch,
Architekt,
ruser + partner mbb,
Karlsruhe

Veranstaltungs-
partner:innen

Kunsthalle Mannheim,
Dörte Ilsabe Dennemann,
Programmkuratorin

Architektenkammer
Baden-Württemberg,
Karin M. Storch, Vorsitzende
der Kammergruppe
Mannheim; Carolin Klumpe,
Beisitzerin des Vorstands

MARCHIVUM,
Dr. Christian Groh,
Abteilung Ausstellungen

Bundesstiftung Baukultur,
Reiner Nagel,
Vorstandsvorsitzender

Connective Cities,
Servicestelle Kommunen
in der Einen Welt, Sina
Webber, Laura Hennecke

316

Möbel Piazza Spinelli

Entwurf: raumlaborberlin

Bau: Axel Timm, Luca Timm,
Marie Back, Moritz Henning
mit Kindern aus dem
Jugendtreff und
Nachbar:innen

Ausstellung
Urlaub in Käfertal

Kurator:innen: Sally Below,
Christopher Dell,
Moritz Henning

Inhaltliches Konzept und
Redaktion: Moritz Henning,
Architekt, Autor

Beratung und Materialien:
Geschichtswerkstatt
Käfertal / MARCHIVUM

Gestaltung:
Heilmeyer & Sernau, Berlin

Gerätecontainer für die
„Bewegung auf der Piazza
Spinelli"

Entwurf: Kevin Späth,
Architekturstudent,
HTWG Aachen

Bau: Seida Feldheim,
Elles Magermans,
Sebastian Mandel,
Kevin Späth,
Hans Peter Suchan

Grunddesign Spinelli
FreiRaumLab

Florian Renschke,
Drei meiner Kollegen,
Mannhelm

Verantwortliche IBA
Heidelberg 2022

Karoline Becker,
Projektleitung Hochbau

Carl Zillich,
kuratorische Leitung

Am Projekt Beteiligte der
Stadt Mannheim für das
Quartier Spinelli,
Rahmenplan und
Werkstätten (2017–2023)

Klaus-Jürgen Ammer,
Fachbereich Geoinformation
und Stadtplanung,
Beauftragter für Konversion,
Leiter der Projektgruppe
Konversion

Kirsten Batzler,
Leitung Marketing,
Kultur und Veranstaltungen,
Bundesgartenschau
Mannheim 2023 gGmbH

Wolfgang Biller,
stellvertretender
Leiter des Kulturamtes

Georg Bock,
Fachbereich Geoinformation
und Stadtplanung,
Freiraumplanung,
Projektgruppe Konversion

Sabrina Braun,
Jugendhilfeplanung,
Fachbereich Kinder,
Jugend und
Familie – Jugendamt

Mirka Brüggemann,
Jugendhilfeplanung,
Fachbereich Kinder,
Jugend und
Familie –Jugendamt

Yvonne di Natale,
Sachgebietsleitung
Kinder- und Jugendbildung

Johanna Doepner,
Fachbereich Geoinformation
und Stadtplanung,
Projektgruppe Konversion

Tatjana Dürr,
Referentin für Baukultur

Ralf Eisenhauer,
Bürgermeister für Bauen,
Planung, Infrastruktur,
Stadterneuerung,
Wohnungsbau, Verkehr
und Sport

Dr. Hanno Ehrbeck,
Leiter Fachbereich
Geoinformation und
Stadtplanung

Klaus Elliger,
Leiter Fachbereich
Geoinformation und
Stadtplanung

Monika Enzenbach,
Pressereferentin Dezernat
des Oberbürgermeisters,
stellvertretende Leiterin
Stabsstelle Presse
und Kommunikation

Christel Faller,
Bildung, Jugend, Gesundheit,
Kinder- und Jugendbetreuung

Karl-Heinz Frings,
Geschäftsführer GBG Unter-
nehmensgruppe GmbH

Margit Gerstner,
Bildung, Jugend, Gesundheit,
Jugendhilfeplanung

Dirk Grunert,
Bürgermeister für Bildung,
Jugend und Gesundheit

Daphne Hadjiandreou-Boll,
Abteilungsleiterin Stadtteil-
steuerung, Beteiligung und
Quartiersmanagement

Anja Hilpert,
Fachbereich Bildung,
Jugend und Gesundheit

Emily Hruban,
Fachbereich Internationales,
Europa und Protokoll

Christian Hübel,
Fachbereichsleitung
Demokratie und Strategie

Achim Judt,
Geschäftsführer
MWS Projektentwicklungs-
gesellschaft mbH

Arnold Jung,
Fachbereichsleitung
Stadtplanung,
Stadterneuerung und Wohnen

Pinar Karacinar-Gehweiler,
Fachbereich Geoinformation
und Stadtplanung,
Projektgruppe Konversion

Arno Knöbl,
Fachbereich Stadtplanung,
Stadterneuerung und Wohnen

Dr. Peter Kurz,
Oberbürgermeister
Stadt Mannheim

David Linse,
Fachbereichsleiter
Internationales,
Europa und Protokoll

Projektbeteiligte und Gäste

Dr. Diana Pretzell,
Bürgermeisterin für
Bürgerservice,
Klima- und Umweltschutz,
technische Betriebe

Lothar Quast,
Bürgermeister für Wohnen,
Stadtentwicklung, Mobilität

Uwe Raffloer,
Projektentwicklung
MWS Projektentwicklungs-
gesellschaft mbH

Regina Reich,
Referentin Planungs-/
Bau- und Sportdezernat

Silke Ruppenthal,
Fachbereichsleitung Bau- und
Immobilienmanagement

Inge Schäfer,
Fachbereich Geoinformation
und Stadtplanung

Anke Schmahl,
Siedlungsmonitoring
GBG – Mannheimer
Wohnungsbaugesell-
schaft mbH

Michael Schnellbach,
Geschäftsführer Bundes-
gartenschau Mannheim
2023 gGmbH

Jörg Schrader,
Sachgebietsleitung
Stadtentwicklungsplanung,
Fachbereich Geoinformation
und Stadtplanung

Birgit Schreiber,
Kinderbeauftragte,
Fachbereich Demokratie
und Strategie

Christian Specht,
Oberbürgermeister
Stadt Mannheim

Dieter Teynor,
Teamleitung
Gebäudewirtschaft,
Fachbereich Bildung

Dr. Artemis Tsoupas,
Fachbereich Bildung,
Jugend, Gesundheit

Ralf Walther,
Pressesprecher, Stabsstelle
Presse und Kommunikation

Jens Weisener,
Fachbereich Geoinformation
und Stadtplanung,
stellvertretender Leiter
Projektgruppe Konversion

Alfred Woller,
Bildung, Jugend, Gesundheit,
Jugendhilfeplanung

Konzept und Entwicklung
Quartier Spinelli

Städtebauliches Konzept:
Jörg Wessendorf,
Marius Kreft,
Studio Wessendorf, Berlin

Fortschreibung städtebau-
licher Masterplan: Hähnig
Gemmeke Architekten
und Stadtplaner Partner-
schaft mbB, Tübingen

Freiraumplanung Grünzug:
Stephan Lenzen,
Philip Haggeney,
RMP Stephan Lenzen
Landschaftsarchitekten, Bonn

Mobilitätskonzept:
Carolin Erven, AS+P –
Albert Speer + Partner GmbH,
Frankfurt/Main

Quartiersentwicklung:
MWS Projektentwicklungs-
gesellschaft mbH / GBG
Wohnungsbaugesellschaft
Mannheim

Freiraumplanung erster
Bauabschnitt: Keller Damm
Kollegen GmbH Landschafts-
architekten Stadtplaner

Betreuung Umbau U-Halle:
Georg Bock, Fachbereich
Geoinformation und
Stadtplanung, Projektgruppe
Konversion

Umbau U-Halle:
Hütten & Paläste Architekten

Landschaftsplanerische
Studie Areal Spinelli,
FreiRaumLab: Thomas Gräbel,
studio urbane landschaften
GmbH, Basel

Rahmenplan Spinelli

Konzept, Redaktionsleitung:
Fachbereich Geoinformatio-
nen und Stadtplanung,
Projektgruppe Konversion:
Jens Weisener (Projektleiter),
Sally Below, sbca

Forschungspartner
Klimaökologie und Energie:
Karlsruher Institut für
Technologie (KIT), Institut für
Regionalwissenschaft (IfR),
Prof. Dr. Joachim Vogt;
Institut für Angewandte
Geowissenschaften (AGW),
Prof. Dr. Stefan Norra;
Institut für Geographie und
Geoökologie (IfGG),
Dr. Denise Böhnke;
Hochschule für Technik
Stuttgart (HFT), Projekt i_city
Intelligente Stadt,
Prof. Christina Simon-Philipp,
Karin Hopfner

Konzept, Realisation und
Moderation Fachwerkstätten/
Bürgerveranstaltungen:
Sally Below, sbca, Berlin

Mitwirkung Thema Wohnen:
Arnt von Bodelschwingh,
Lena Abstiens, RegioKontext
GmbH, Berlin

Jugendbeteiligung:
Stefan Salewski,
Manfred Shita, Jan Sichau,
Stadtjugendring
Mannheim e. V.

Illustrationen: Wulf Kramer,
Yalla Yalla! – studio für
change, Mannheim

Gestaltung: Florian Renschke,
Drei meiner Kollegen,
Mannheim

Gestaltung
Kommunikations-
materialien

Zeichnungen Postkarten:
Maria Garcia Perez, Madrid

Gestaltung Postkarten,
Raumbuch und Programm
Symposium: Heilmeyer &
Sernau, Berlin

318

weitere Abbildungen in
diesem Buch

Fotos S. 14–22:
© Daniel Lukac

Grafik S. 38–39:
© Basis Studio Urbane
Landschaften, Bearbeitung
Heilmeyer & Sernau

Foto S. 54–55:
© Daniel Lukac

Foto S. 56 oben:
© Lukac + Diehl

Foto S. 56 unten:
© Lukac + Diehl

Foto S. 57 oben:
© Daniel Lukac

Foto S. 57 unten:
© Lukac + Diehl

Foto S. 58–59:
© Daniel Lukac

Foto S. 60 oben:
© Lukac + Diehl

Foto S. 60 unten:
© Daniel Lukac

Fotos S. 118–151:
© Sally Below, Caritas
Mannheim, Connective Cities,
Christopher Dell, Seida
Feldheim, Moritz Henning,
Richard Link, Nikola Neven
Haubner, Annika Schmidt,
Julia Spindelmann,
Arnt von Bodelschwingh

Fotos S. 210:
© Daniel Lukac

319

Herausgeber:innen:
Sally Below, Christopher Dell

Konzept:
Sally Below, Christopher Dell

Redaktionsleitung:
Sally Below

Redaktion:
Christopher Dell, Moritz Henning, Sarah Reiche, Jens Weisener

Projektträger Spinelli FreiRaumLab:
sbca, Sally Below

In Kooperation mit der Stadt Mannheim, Projektgruppe Konversion, Jens Weisener

Umschlagmotiv:
Alexander Lech, BÜROHALLO

Lektorat:
Maike Kleihauer

Korrektorat:
Miriam Seifert-Waibel

Lithografie:
Bild1Druck, Berlin

Gedruckt in der Europäischen Union

Das Spinelli FreiRaumLab wurde von Januar 2022 bis Juni 2024 durch das Bundesministerium für Wohnen, Stadtentwicklung und Bauwesen im Rahmen der Nationalen Stadtentwicklungspolitik gefördert.

Bibliografische Information der Deutschen Nationalbibliothek

Die Deutsche Nationalbibliothek verzeichnet diese Publikation in der Deutschen Nationalbibliografie; detaillierte bibliografische Daten sind im Internet über *http://dnb.d-nb.de* abrufbar.

jovis Verlag
Genthiner Straße 13
10785 Berlin

www.jovis.de

jovis-Bücher sind weltweit im ausgewählten Buchhandel erhältlich. Informationen zu unserem internationalen Vertrieb erhalten Sie in Ihrer Buchhandlung oder unter *www.jovis.de*.

ISBN 978-3-98612-067-2 (Broschur)

ISBN 978-3-98612-068-9 (E-Book)

Bundesministerium
für Wohnen, Stadtentwicklung
und Bauwesen

NATIONALE
STADTENTWICKLUNGS
POLITIK